SÄUGETIERE

SÄUGETIERE

DORLING KINDERSLEY
London, New York, Melbourne, München
und Delhi

Lektoratsleitung Jonathan Metcalf
Gestaltung Bryn Walls
Cheflektorat Liz Wheeler
Chefbildlektorat Phil Ormerod
Lektorat Angeles Gavira
Bildredaktion Ina Stradins
Herstellung Liz Cherry
Umschlaggestaltung Karen Shooter

BERATER UND MITARBEITER
Dr. Paul Bates, David Burnie, Mic Cady, Jonathan Elphick,
Dr. David Harrison, Dr. Christopher A. Norris, Steve Parker,
Malcolm Pearch, John Woodward

Für Dorling Kindersley produziert von
studio cactus
13 SOUTHGATE STREET WINCHESTER HAMPSHIRE SO23 9DZ

GESTALTUNGSTEAM
Bildredaktion Sharon Moore
Gestaltung Dawn Terrey, Laura Watson
REDAKTIONSTEAM
Lektorat Kate Hayward
Redaktion Polly Boyd, Elizabeth Mallard-Shaw

Bibliografische Information Der Deutschen Bibliothek
Die Deutsche Bibliothek verzeichnet diese Publikation in
der Deutschen Nationalbibliografie;
detaillierte bibliografische Daten sind im Internet über
http://dnb.ddb.de abrufbar.

Titel der englischen Originalausgabe:
Mammal

Übersetzung Dr. Brigitte Rauth-Widmann, Wissen
Redaktion Dr. Andrea Kamphuis, Köln

ISBN 3-8310-0580-X

Printed and bound in Italy by L.E.G.O.

Besuchen Sie uns im Internet
www.dk.com

INHALT

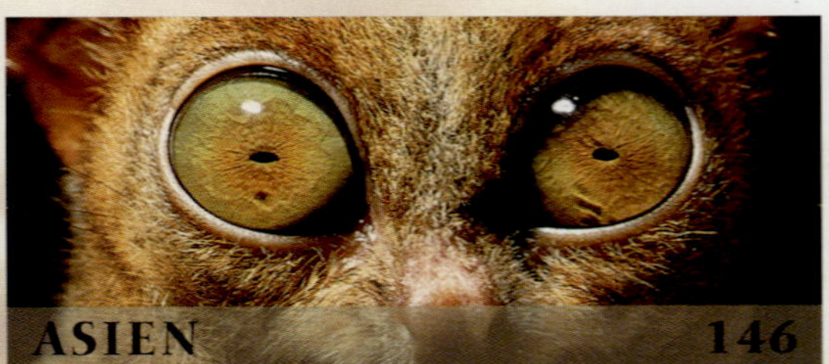

VORWORT

Ende des 18. Jahrhunderts entwickelte der bekannte Taxonom Carl von Linné ein Klassifikationssystem, in dem er warmblütige Tiere, die ihren Nachwuchs mit Milch ernähren, Säugetiere nannte. Diese Bezeichnung umfasst neben jenen Tieren, die wir gemeinhin für Säugetiere halten, also den plazentalen Säugern (einschließlich unserer selbst), auch die Marsupialier oder Beutelsäuger Australasiens und Südamerikas und die Monotremen, die Eier legenden Kloakentiere Australiens und Neuguineas. Es gibt also drei Gruppen von Säugetieren.

Überall wo Leben möglich ist, gibt es auch Säugetiere – in jedem Lebensraum, in jeder Klimazone, und stets ist ihre Lebensweise eng an ihr jeweiliges natürliches Umfeld angepasst. Viele Arten, besonders Fleischfresser wie Wolf, Fuchs und Braunbär, sind extrem anpassungsfähig. Andere wiederum, z.B. die Antilopen im Grasland Afrikas, sind stark spezialisiert. Stellen wir uns nur einmal vor, unsere frühen menschlichen Vorfahren wären nicht derart anpassungsfähig gewesen und hätten nicht gelernt, Feuer zu machen und Kleidung herzustellen: Wir würden womöglich nur in tropischen Klimaten leben können, dort, wo wir einst entstanden sind, so wie unsere engsten Verwandten, die Schimpansen.

Dieses Buch beschreibt und würdigt die enorme Vielfalt und unglaubliche Schönheit der wild lebenden Säugetiere. Zwar gäbe es ohne domestizierte Arten wie Kühe und Schafe weder Landwirtschaft noch Kulturen, aber wir sollten auch daran denken, dass auch das Dasein unserer wilden Verwandten mit dem unseren verwoben ist und ihr Überleben oft genug in unserer Hand liegt.

JULIET CLUTTON-BROCK

EINLEITUNG

KURZSCHNABELIGEL

WAS IST EIN SÄUGETIER?

Warm, pelzig, lebhaft, wachsam, anpassungsfähig: Das sind die Eigenschaften, die wir hauptsächlich mit Säugetieren assoziieren. Von allen Gruppierungen des Tierreiches interessieren und faszinieren uns die Säuger wohl am meisten – vermutlich auch deshalb, weil wir selber welche sind.

ROTES RIESENKÄNGURU

AFRIKANISCHER ELEFANT

SÄUGETIERGRUPPEN
Kloakentiere wie der Ameisenigel legen Eier, aus denen Junge schlüpfen. Beuteltiere wie Kängurus gebären winzige Babys, die ihre Entwicklung in einem Beutel fortsetzen. Plazentatiere, der Elefant etwa, bringen weit entwickelten Nachwuchs zur Welt. Doch alle drei säugen die Kleinen nach der Geburt.

HAUPTMERKMALE

Säuger sind Wirbeltiere mit einem einzigartigen Charakteristikum, das ihrer Gruppe den Namen gab: Das Weibchen hat Milchdrüsen, besonders entwickelte Körperstrukturen an Brust oder Bauch, die Milch produzieren. Alle Säugetierkinder werden anfangs mit dieser Milch ernährt.

Die meisten Säugetiere weisen zusätzliche Charakteristika auf; so haben sie zum Beispiel als einzige Tiere eine Körperumhüllung aus Fell oder Haaren. Es gibt aber Ausnahmen: Einige sind alles andere als pelzig. Wale zum Beispiel sind nahezu haarlos.

Säugetiere sind zudem warmblütig. Dieser Ausdruck ist etwas irreführend, weil eine »kaltblütige« Eidechse an einem heißen Tag in der Wüste eine höhere Körpertemperatur erreichen kann als eine Rennmaus. Zutreffender ist die Bezeichnung endotherm, was bedeutet, dass die Tiere in ihren Körpern selber Wärme erzeugen können, und zwar durch Verstoffwechselung energiereicher Nahrung. Dieser Prozess wird zudem intern kontrolliert, so dass die Körpertemperatur, unabhängig von der Umgebungstemperatur, stets gleich (homoiotherm) bleibt. Kaltblütige Tiere wie Reptilien und Fische müssen Wärme von außen aufnehmen, um eine optimale Temperatur in ihrem Körper zu erzielen. Wird die Umgebung kälter, sinkt auch ihre Körpertemperatur. Unterhalb eines kritischen Punktes können ihre Muskeln nicht mehr arbeiten. Das Aktivitätsniveau kaltblütiger Tiere hängt also von den Außenbedingungen ab.

DER URSÄUGER?
Die ersten Säugetiere vor mehr als 200 Mio. Jahren sahen vermutlich den heutigen Tupaias oder Spitzhörnchen ähnlich.

Die Fähigkeit der Säugetiere, ihre Körpertemperatur zu kontrollieren und somit in fast jeder Umgebung aktiv zu bleiben, macht sie außerordentlich anpassungsfähig. Etliche Arten haben Strategien entwickelt, um in den eisigsten Polarregionen, den höchsten Gebirgen, den heißesten Wüsten, in tiefen Seen und dunklen Höhlen, ja eigentlich in jedem Habitat zu überleben, einschließlich der Luft und des offenen Meeres. Nicht einmal die Insekten, die zahlenmäßig stärkste Tiergruppe, können den Säugern ihre weltweite Verbreitung auf dem Land und ihre Besiedlung des Wassers und der Luft streitig machen.

ERFOLG DURCH WANDLUNG

Zwei Möglichkeiten gibt es für Säugetiere, mit neuen Situationen fertig zu werden: Veränderungen des Körperbaus spielen sich über Jahrmillionen ab. Verhaltensweisen können sich hingegen innerhalb von Tagen, ja sogar Stunden ändern. Verglichen mit anderen Tieren hat ein typischer Säuger in Relation zur Körpermasse ein größeres Gehirn. Zudem sind diejenigen Gehirnregionen, die mit der so genannten Intelligenz zu tun haben, also etwa dem Lernen durch Versuch und Irrtum, besonders gut entwickelt. Diese Anpassungsfähigkeit sowohl auf körperlicher als auch auf geistiger Ebene ist der Hauptgrund für den immensen Erfolg der Säugetiere.

EXTREME ANPASSUNG
Wale wie dieser Pottwal haben sich am weitesten von der ursprünglichen Säugerform entfernt, dem kleinen, pelzigen, spitzmausartigen Körper.

UNFLEXIBEL UND ENG UMRISSEN

Anders als die meisten Säugetiere verhalten sich ostafrikanische Nacktmulle sehr unflexibel. Sie leben in Gemeinschaftsbauen, wo jedes Tier eine zum Überleben der Kolonie wichtige Aufgabe erfüllt. Das System kann mit Insekten-, zum Beispiel Ameisenstaaten verglichen werden. Die Aufgaben sind streng definiert, und nur ein einzelnes Weibchen, die Königin, bringt Nachwuchs zur Welt.

SPEZIALAUFGABEN
›Arbeiter‹ graben Gänge als Speicher für Wurzeln und anderes Futter, andere versorgen die Jungen oder säubern die Kammern.

FLEXIBLES, AUSGREIFENDES VERHALTEN
Affen wie der Orang-Utan verhalten sich außergewöhnlich intelligent und anpassungsfähig. Ein Jungtier verbringt bis zu 8 Jahre bei seiner Mutter, um das Leben im Wald kennen zu lernen.

ENERGIEAUFWÄNDIGES DASEIN

Um seine konstante Körpertemperatur aufrechtzuerhalten, wandelt ein Säugetier fortwährend einen Teil seiner Nahrungsenergie in Wärme um. Daher muss es wesentlich mehr fressen als ein kaltblütiges Tier vergleichbarer Größe. Ein Beispiel: Löwe und Krokodil haben ungefähr denselben Speisezettel – hauptsächlich das Fleisch großer Beutetiere wie Gazellen und Antilopen. Der Löwe allerdings muss davon zehnmal mehr zu sich nehmen, um seine Körpertemperatur zu halten.

Die Qualität des Futters ist ebenso wichtig. Die Nahrung von Fleischfressern, den Karnivoren, enthält viel mehr Energie als die der Grasfresser (Herbivoren), denn Gräser, Blätter und ähnliche Pflanzenteile sind nährstoffarm und schwer verdaulich. Aus diesem Grund müssen z.B. Zebras mehr Nahrung zu sich nehmen

BLATTGREIFER-ZUNGE
Das seltene Okapi, ein im westafrikanischen Wald lebender Verwandter der Giraffe, wickelt seine 50 cm lange Zunge um Zweige, um so die Blätter davon abzustreifen.

FLEISCHSCHABER-ZUNGE
Die Vorderzähne des Löwen taugen nicht zum Kauen. Vielmehr nutzt er seine raue Zunge als Raspel oder Feile, mit der er zähes Fleisch zarter macht und mundgerechte Stücke abschabt.

als Löwen, um die nötige Energie für ihren Lebensstil zu gewinnen: immer in Habtachtstellung und zur Flucht bereit. Der hohe Futterbedarf sowohl der Pflanzen- als auch der Fleischfresser unter den Säugetieren spielt in den Nahrungsketten der Natur eine gewaltige Rolle.

Einige Säugetiere können ihre Körpertemperatur so stark regeln, dass sie bei Kälte einfach Winterschlaf halten, um Energie zu sparen. Sie schlafen dann so tief, dass ihre Körperkerntemperatur auf wenige Grade über Null sinkt. Das heißt aber nicht, dass sie nun kaltblütig wären: Sie steuern ihre Körpertemperatur nach wie vor intern; kaltblütige Tiere hingegen sind ganz von den Außenbedingungen abhängig.

MEHRZWECKFÜSSE
Otter fühlen sich an Land und im Wasser wohl. Klauen an den Zehen geben Bodenhaftung, die Häute dazwischen erleichtern das Schwimmen.

FÜR JEDEN DIE PASSENDEN ZÄHNE

Die unterschiedliche Lebensweise von herbivoren und karnivoren Säugern hat viele Anpassungen hervorgebracht, besonders am Kopf. Ein Blick auf das Maul und die Zähne eines Säugetieres, und man weiß, auf welche Nahrung es spezialisiert ist. Grasfresser wie Zebras, Gazellen oder Giraffen haben lange Kiefer mit großen, kräftigen Muskeln. Kleine Schneidezähne fassen das krautige Futter, unterstützt von der langen Zunge und den beweglichen Lippen, während zahlreiche breitflächige Backenzähne stundenlang mahlen. Fleischfresser wie Katzen, Wiesel oder Otter haben einen kurzen Fang, den sie weit öffnen können, um beim Beißen die Hebelwirkung zu verstärken und den großen Reißzähnen ein kraftvolles Zupacken zu ermöglichen. Ob Fleisch, Knorpel oder Knochen: Sie zerkleinern alles.

Weitere wichtige Gebissformen finden sich bei den Nagern und Insektenfressern. Zwei von fünf Säugerarten sind Nagetiere, etwa Ratten, Mäuse, Hörnchen, Biber und Stachelschweine. Ihr Hauptmerkmal sind die vier langen, meißelförmigen Schneidezähne im Ober- und Unterkiefer – ideal postiert, um zähe oder hartschalige Pflanzenteile zu benagen oder aufzubrechen, z.B. Nüsse, Samen und Wurzeln. Anders als bei den restlichen Säugern wachsen die Schneidezähne der Nager lebenslang weiter, um den ständigen Abrieb zu kompensieren. Insektenfresser wie die Hörnchen, Maulwürfe und Igel haben zahllose kleine, messerscharfe Zähne, mit denen sie Insekten, aber auch Würmer, Spinnen und Schnecken packen und zerteilen können. Alles fressende Säugetiere kombinieren verschiedene Zahnformen, mit denen sie eine breite Palette pflanzlicher wie tierischer Nahrung zu sich nehmen. Zu diesen Omnivoren zählen die Primaten, z.B. Affen und Menschenaffen.

ALLERLEI GLIEDMASSEN

Auch bei der Fortbewegung haben Säugetiere viele Anpassungen hervorgebracht. Die meisten Säuger haben vier Gliedmaßen, die sie aber nicht alle in derselben Weise nutzen. Einigen dienen die Beine fast ausschließlich zum Gehen oder Rennen. Bestens ans Laufen angepasst sind die Huftiere. Ihre langen, schlanken Beine haben weniger als die säugertypischen fünf Zehen, und jede Zehe ist mit einem robusten, aus leichtem Horn bestehenden Huf versehen. Bei Zebras und Pferden haben sich die Zehen jedes Laufes zu einem einzigen Huf vereinigt. Die Hauptmuskelmasse der Extremität befindet sich in ihrem oberen Teil, nahe dem Rumpf. So sind die unteren Bereiche einfach und leicht gebaut, was der Beweglichkeit und der Geschwindigkeit beim Laufen zugute kommt.

Einige Säuger – Affen und Nagetiere zum Beispiel – haben Vielzweck-Gliedmaßen mit Greifhänden und -füßen, die zum Klettern und zur Futterbearbeitung taugen. Zwei ganz unterschiedliche Säugertypen, die Fledermäuse und die Wale, haben Extremitäten mit großflächigen, breiten Oberflächen entwickelt. Fledermausflügel bestehen aus einer sehr dünnen, dehnungsfähigen, häutigen Membran (dem Patagium), die von verlängerten Fingerknochen gehalten wird. Bei Walen wie den Delphinen haben sich die Beine zu Schwimmflossen gewandelt.

ERSTE NAHRUNG

Das Erste, was ein Säuger zu sich nimmt, ob Fleischfresser oder Vegetarier, ist Muttermilch. Das Alter der Entwöhnung und Umstellung auf feste Kost schwankt zwischen 2 Wochen bei einigen Mäusen und mehreren Jahren bei Menschenaffen und Elefanten.

SÄUGEN
Rhesusaffenbabys werden herumgetragen und können jederzeit trinken. Zwischen ihren Flügen stillt eine Fledermaus (unten) ihre Jungen in einer »Wochenstube«.

SÄUGETIERE IN BEWEGUNG

Die Gliedmaßen der Säuger haben sich zu unterschiedlichen Werkzeugen entwickelt, so dass sie sich in allen Lebensräumen – auf dem Boden, in Bäumen, in der Luft oder im Wasser – behände fortbewegen können.

HUFE: BURCHELL-ZEBRA

HÄNDE: ORANG-UTAN

FLÜGEL: HUFEISEN-FLEDERMAUS

SCHWIMMFLOSSEN: SCHWARZDELPHIN

SICHERHEIT IN DER GROSSGRUPPE
Vor den jährlichen Wanderungen zu neuen Weidegründen bilden Weißbart-Gnus riesige Herden. Die Masse schreckt viele Fressfeinde ab, Jungtiere und Kranke bleiben dennoch gefährdet.

SOZIALES SPEKTRUM

Die meisten Tiere sind Einzelgänger; nur zur Fortpflanzung treffen sie sich mit Artgenossen. Viele Insektenarten – Ameisen, Wespen und Termiten – können hingegen nur in Kolonien überleben. Unter den Säugetieren finden wir beide Verhaltensextreme ebenso wie sämtliche Zwischenformen. So leben die meisten Kleinsäuger und auch Fleischfresser, vom Bär über den Tiger bis zur winzigen Spitzmaus, gewöhnlich allein, abgesehen von der Paarungszeit oder der Aufzucht ihrer Jungen.

PFLANZENFRESSER

Viele der großen Pflanzenfresserarten leben in Herden, so die Zebras, Hirsche, Giraffen und die Boviden, also z.B. Antilopen, Gazellen, Rinder, Schafe und Ziegen.

Ihre sozialen Interaktionen sind außerhalb der Brunftzeit nicht besonders komplex. Doch die Gruppe bietet Vorteile fürs Überleben jedes Einzelnen. Hier gibt es Hunderte von Augen, Ohren und Nasen, die Gefahren erkennen können. Sobald eines der Tiere eine Bedrohung wahrnimmt, warnt es mit seiner Schreckreaktion alle Gefährten. Ein Räuber muss fürchten, von der flüchtenden Herde niedergetrampelt zu werden. Wenn die Menge davonprescht, hat der Jäger außerdem Mühe, sich in der Unzahl an hetzenden Beinen, Körpern und Hörnern auf ein Opfer zu konzentrieren.

Ihren Kopfschmuck wie Hörner, Stoßzähne und Geweihe (siehe rechts) benutzen diese großen Herbivoren als praktisches Fresswerkzeug und zur Verteidigung. Er dient ihnen darüber hinaus als weithin sichtbares Symbol ihrer sexuellen Reife und Fortpflanzungsfähigkeit. Dies ist vor allem bei den Männchen wichtig, die damit Rivalen einschüchtern und Weibchen beeindrucken – ein werbendes Vorspiel der Paarung.

TEAMWORK
Tüpfelhyänen bilden weiblich dominierte Gruppen. Sie leben gemeinsam in einer Höhle, jagen im Team und verteidigen gemeinschaftlich ihr Territorium und den Nachwuchs.

FLEISCHFRESSER UND PRIMATEN

Die engsten und komplexesten sozialen Gruppen finden sich bei den Karnivoren und Primaten. Unter den Füchsen leben einige Arten in Dauerehe. Andere Mitglieder der Hundefamilie wie die Wölfe und Waldhunde bilden Rudel. Bei den Wölfen gibt es dabei ein streng hierarchi-

PELZMANTEL

Ein Fell- oder Haarkleid hält Kälte ab und schützt vor Verletzungen. Denjenigen Säugetieren, deren Überlebensstrategie das Verschmelzen mit der Umgebung ist, dient es auch zur Tarnung.

ZWEI SCHICHTEN
Wie viele Säuger hat der Nerz eine dichte, isolierende, weiche Unterwolle und eine schützende Außenhülle aus langen, groben Deckhaaren.

sches System, bei dem sich nur das »Alpha-Paar«, also das dominante Weibchen und Männchen, fortpflanzt. Untergeordnete Rudelmitglieder bringen Futter für die Jungen. Um Beutetiere, die größer sind als sie selber – einen Elch etwa – erbeuten zu können, arbeiten die erwachsenen Tiere zusammen. Wolfsverhalten ist allerdings sehr flexibel: Gibt es reichlich kleine Beutetiere wie Hasen und Kaninchen, dann sondern sich Rudelmitglieder ab, um allein zu jagen. Hyänen leben und jagen ebenfalls in Gruppen, während der Erdwolf ein Einzelgänger ist – ähnlich wie die meisten Katzen.

Bei den Primaten (dazu zählen Affen, Menschenaffen, Lemuren und Buschbabys) ist der Gemeinschaftssinn am stärksten und verschiedenartigsten ausgeprägt. Er reicht von der lebenslangen Paarbindung der Gibbons über die Großfamilien der Gorillas bis hin zu den noch größeren, aber lockeren Verbänden der Paviane und Kapuzineraffen. Schimpansen bilden kleinere »Freundschaftstrupps« innerhalb ihrer Gruppen, die sich oft zu größeren Gemeinschaften zusammenfinden und schließlich zu zahlenmäßig noch stärkeren Banden anwachsen. Zweck solcher Zusammenschlüsse ist immer die Ablenkung oder Vertreibung von Feinden. Ist die Gefahr vorüber, schwärmen alle wieder aus. Findet ein Gruppenmitglied eine üppige Nahrungsquelle, kommen die anderen hinzu und fressen mit. Manchmal unterstützen kinderlose Erwachsene Eltern als »Babysitter«.

KLEIN UND HEIMLICH
In einer Herde wäre der nur kaninchengroße Fleckenkantschil gut zu erkennen und damit gefährdet. So lebt dieses Hirschferkel im asiatischen Regenwald eben ein heimliches Leben als Einzelgänger.

KOPFSCHMUCK-MATERIAL

Das »Horn« des Nashorns wird aus verdichtetem Haar gebildet; Elefantenstoßzähne sind echte Zähne; Hirschgeweihe werden aus Knochensubstanz gebildet und jährlich abgestoßen; Rinderhörner bestehen aus Horn und wachsen lebenslang.

HÖRNER AUS HAAREN: NASHORN

STOSSZÄHNE AUS ELFENBEIN: ELEFANT

GEWEIHE AUS KNOCHEN: KARIBU

ECHTES HORN: SÄBELANTILOPE

AUFFÄLLIGE KOPFFORMEN

Die Gesichtsformen und -proportionen der Säuger sind zum einen von der Leistungsfähigkeit der Sinnesorgane geprägt und zum anderen von den an die spezifische Nahrung angepassten Kiefern und Zähnen.

GROSSER AMEISENBÄR

SCHIMPANSE

KOJOTE

SEEHUND

DAMAGAZELLE

»KÜHLOHREN«
Der zierliche Wüstenfuchs (S. 42) hat riesige Ohren, mit denen er das Krabbeln von Käfern im Sand erlauschen und zudem überschüssige Hitze abführen kann.

DER ZWECK BESTIMMT DIE FORM

Im Verlauf der Evolution hat fast jedes Körperteil eines jeden Säugetiers Veränderungen erfahren, um die Überlebens- und Vermehrungschancen in seinem speziellen Lebensraum zu erhöhen. Den zahllosen, vielfältigen Habitaten der Welt entspricht die riesige Formen- und Größenvielfalt der darin lebenden Tiere.

Vor allem die Sinnesorgane weisen große Unterschiede auf. Nachtaktive Säuger wie Mäuse, Ratten, Katzen und Fledermäuse haben große Augen, die den mattesten Lichtschein aufnehmen können. Robben leben in recht klaren Meeren, trotzdem haben sie große Augen, um ihre Beute im Wasser und Gefahren an Land auszumachen, Eisbären zum Beispiel. Flussdelphine dagegen sind nahezu blind: In ihrem Lebensraum, den schlammigen, trägen tropischen Flussläufen, lässt sich ohnehin fast nichts sehen. Um sich zu orientieren und Beute zu machen, setzen sie stattdessen Schall ein. Sie geben hochfrequente Klick- und Quieklaute von sich, aus deren Echo sie Informationen über die Entfernung und Größe von Objekten in ihrer Nähe beziehen.

EINGEBAUTE EXTRAS

Fledermäuse benutzen ein ähnliches auf Schallinformationen beruhendes System, um noch in dunkelsten Nächten fliegen und jagen zu können: die Echoortung. Bei einigen, z.B. den Langohr-Arten sind die Ohren wesentlich größer als der Kopf. Tatsächlich haben viele Säugetiere große trichter- oder tellerförmige Ohren, die sie so verdrehen können, dass sie schwächste Geräusche wahrnehmen und deren Richtung bestimmen können, ohne dafür den Kopf zu bewegen.

Große Ohren sind aber nicht nur für ein gutes Hörvermögen nützlich. Säuger, die in heißen Regionen wie Wüsten oder dem tropischen Grasland leben, setzen ihre Ohren als »Kühler« ein, um überschüssige Körperwärme loszuwerden. Dieses idealen Überhitzungsschutzes bedienen sich die winzigen Renn- und Springmäuse, die Kap- und Eselhasen, auch Wüstenfüchse, Großohr-Kitfüchse und das größte landlebende Säugetier, der Elefant. Da der Afrikanische Elefant in der offenen Savanne mehr Sonne aushalten muss als sein Vetter in den schattigen Wäldern Asiens, hat er die größeren Ohren.

SPÜRNASEN

Die Gesichtsform vieler Säugetiere wird vom Aufbau und der Größe ihrer Sinnesorgane, also vor allem ihrer Augen, Ohren und Nase bestimmt. Eine lang gestreckte Schnauze deutet auf einen »guten Riecher« hin: Dort gibt es viel Raum, in dem die Duftmoleküle aus der Luft eingefangen und analysiert werden können. Überwiegend

TRÜBES WASSER
Der chinesische Flussdelphin orientiert sich im trüben, düsteren Flusswasser mit seinem Tast- und Gehörsinn.

KLEINE UND GROSSE OHREN

Die Arten der Ordnung Hasentiere, vornehmlich Kaninchen und Hasen, weisen sehr unterschiedliche Ohrengrößen auf – eine direkte Anpassung an Lebensraum und Lebensweise. Die Tiere, die in sehr heißen, trockenen Regionen oberirdisch leben, haben die größten Ohren, solche, die in kälteren Klimaten oder unterirdischen Bauen wohnen, kleinere.

KALIFORNISCHER ESELHASE
Diese riesigen Löffel dienen der Wärmeabgabe im sengend heißen Wüstensommer im Südwesten Nordamerikas.

NÄCHTLICHER SPRUNG
Die Waldmaus ist bestens fürs nächtliche Leben ausgestattet: mit einer Schnuppernase, langen Schnurrhaaren, großen Ohren und riesigen Knopfaugen, die noch den geringsten Lichtschimmer wahrnehmen.

optisch orientierte Arten wie Affen und Menschenaffen haben ein flaches Gesicht und ein schlechteres Geruchsvermögen. Zu den Säugern, die sich primär auf ihren Riecher verlassen, zählen neben großen Pflanzenfressern wie Hirschen und Antilopen auch kleine, nachtaktive oder unterirdisch lebende Vertreter, speziell die Mäuse, Spitzmäuse, Maulwürfe und Blindmäuse. Ihre Schnuppernasen dienen dank der Schnurrhaare zugleich als hochempfindliche Berührungssensoren. Wie das Riechen funktioniert auch der Tastsinn bei völliger Dunkelheit.

ANPASSUNG AN EXTREME

Die unwirtlichsten Lebensräume verlangen die außergewöhnlichsten Veränderungen im ursprünglichen Bauplan. Um auch in den kältesten Regionen der Erde leben zu können, haben die Säugetiere schrittweise ihren Wärmeverlust reduziert. Das Fellkleid über der Haut wurde länger und dichter als in anderen Lebensräumen. Unter der Haut hilft eine Schicht aus fetthaltiger Substanz, Speck also, die Wärme im Körperinneren zu halten; dies vor allem bei Robben, Walen und anderen Meeressäugern. Die Extremitäten, an denen Wärme am schnellsten verloren geht, wurden stark verkleinert. Bei den Landbewohnern betraf dies auch die Ohren, das Maul und den Schwanz. Der Vergleich eng verwandter Säugearten in kalten und warmen Klimaten zeigt, wie stark ein extremer Lebensraum seine Bewohner verändert – so etwa den Polarhasen (S. 91) und den Kalifornischen Eselhasen (gegenüber und S. 71) oder den Eisfuchs (S. 91) und den Wüstenfuchs (gegenüber).

Auch das Verhalten passt sich oft den extremen Klimabedingungen an. Bei außergewöhnlicher Hitze suchen Wüstensäugetiere, ob Känguru oder Känguruˆratte, kühle, schattige Plätze auf, z. B. unter einem Baum, einem Felsvorsprung oder in einer Höhle. In den kalten Wintern des Nordens lernen die Tiere, heiße Quellen in ihrer Umgebung aufzusuchen, um sich einen warmen Schluck zu gönnen oder, wie im Fall der Japanmakaken (oben), ein heißes Bad zu nehmen.

TUPFENLOS SICHER
Der schwarze Panther ist ein Leopard, der vor allem in den undurchdringlichen Regenwäldern Asiens zu Hause ist. Dort ist er besser getarnt als die getupfte Variante.

NÜTZLICHE RESSOURCEN

Die Möglichkeit zur Verhaltensanpassung befähigt vor allem Affen und Menschenaffen, ihre Überlebensstrategien zu ändern. So können Kapuzineraffen und Makaken alle möglichen Futtersorten verwerten und aus fast jeder örtlichen Besonderheit Nutzen ziehen, vorausgesetzt, sie bietet genügend Schutz.

HEISSE QUELLEN
Im Winter suchen »Schneeaffen« (Japanmakaken) heiße Quellen an den Grenzen ihres Reviers auf.

LANGOHRFLEDERMAUS
Ihre Ohren, viermal länger als der Kopf, nehmen die Echos ihrer Ultraschalllaute ebenso auf wie die Flattergeräusche von Beutetieren, z. B. Motten.

WEISS UND WARM
Der dicke Pelz der neugeborenen Sattelrobbe ist weiß. So ist das Kleine auf dem Eis gut getarnt. Zusammen mit der Speckschicht unter seiner Haut hält er die Robbe auch bei Minusgraden warm.

EVOLUTION

Die Säugetiere haben eine lange und komplexe Urgeschichte. Schon kurz nach den ersten Dinosauriern erschienen sie auf der Erde, aber erst als diese großen Reptilien ausgestorben waren, verbreiteten und veränderten sie sich rasend schnell.

FRÜH UND WINZIG
Eines der ersten Säugetiere war *Morganucodon*. Es war ungefähr 10 cm groß. Seine Versteinerungen stammen aus Westeuropa und Ostasien.

DAS DRITTE SÄUGERMERKMAL

Zwei Charakteristika der Säugetiere sind das Haarkleid und die Milchdrüsen der Weibchen, mit deren Sekret die Jungen ernährt werden. Forscher, die sich mit Abstammung und Entwicklung beschäftigen, haben es meist mit Fossilienfunden zu tun, also etwa Knochen, Zähnen und anderen Körperteilen. Versteinerungen von Fell oder Haaren gibt es selten, solche von Brustdrüsen überhaupt nicht. Glücklicherweise haben Säuger ein drittes Merkmal, das auch in Fossilien leicht zu erkennen ist: drei winzige Knöchelchen tief im Ohr, genannt Hammer, Amboss und Steigbügel. Im Verlauf von Jahrmillionen der Evolution wanderten zwei Knochen aus dem Unterkiefer der Synapsiden – der reptilienähnlichen Säugervorfahren – bis zum Ohr und wurden dort Teil des Schall verstärkenden Systems, das es so nur bei den Säugetieren gibt. Durch die Eingliederung dieser Knochen ins Ohr besteht der Unterkiefer, der bei den Reptilien noch mindestens dreigeteilt war, aus einem einzigen Knochen. Neben den Veränderungen am Schädel, den Zähnen und anderen Körperteilen ermöglichen diese Merkmale eine eindeutige Identifikation eines Säugetieres aus Fossilfunden.

SPÄTER UND RIESIG
Das amerikanische Kaisermammut wog eine Million Mal mehr als *Morganucodon* (oben). Es lebte vor ungefähr 2 Mio. bis 10 000 Jahren.

ALLER ANFANG IST SCHWER

Die ersten Säuger lebten vor über 200 Mio. Jahren, gegen Ende der Trias. Die Dinosaurier waren gerade entstanden und breiteten sich in den unterschiedlichsten Entwicklungsformen aus. Die Evolution der Säugetiere verlief langsamer und weniger spektakulär: Die ersten Vertreter waren kleine, nachtaktive Insektenfresser, ähnlich den heutigen Tupaias (S. 10), und lebten wie Spitzmäuse. 140 Mio. Jahre lang beherrschten Dinosaurier das Land; kaum einer der unterdessen entstandenen und wieder ausgestorbenen Säuger wurde größer als eine Hauskatze. Die älteste der drei heute noch existierenden Säugerordnungen sind die Monotremen. Sie erschienen im frühen Jura (Diagramm unten), zu einer Zeit, als die Dinosaurier immer riesiger wurden. Die Marsupialier entwickelten sich in der Mitte der nächstfolgenden, der Kreidezeit, dicht gefolgt von der größten Säugerordnung, den Plazentaliern.

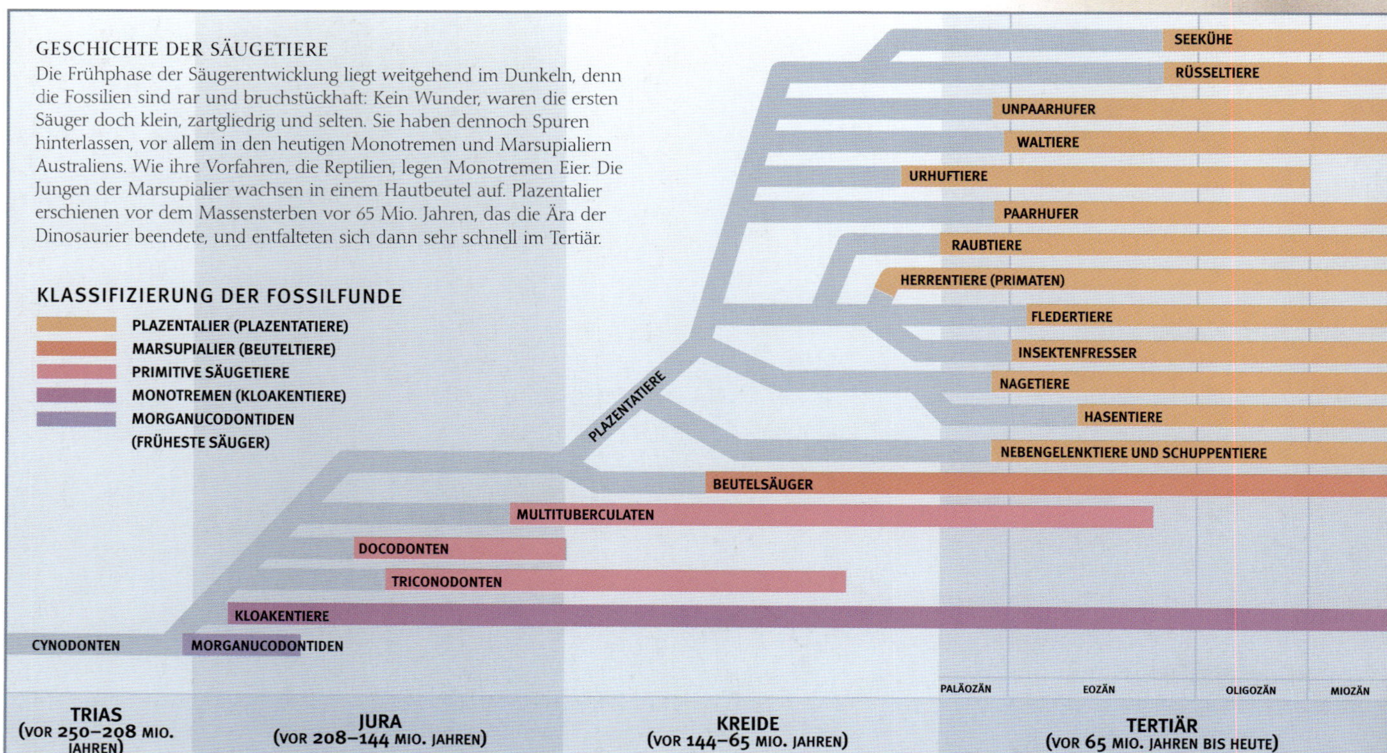

GESCHICHTE DER SÄUGETIERE
Die Frühphase der Säugerentwicklung liegt weitgehend im Dunkeln, denn die Fossilien sind rar und bruchstückhaft: Kein Wunder, waren die ersten Säuger doch klein, zartgliedrig und selten. Sie haben dennoch Spuren hinterlassen, vor allem in den heutigen Monotremen und Marsupialiern Australiens. Wie ihre Vorfahren, die Reptilien, legen Monotremen Eier. Die Jungen der Marsupialier wachsen in einem Hautbeutel auf. Plazentalier erschienen vor dem Massensterben vor 65 Mio. Jahren, das die Ära der Dinosaurier beendete, und entfalteten sich dann sehr schnell im Tertiär.

DER HEUTIGE WOLF
Der Wolf ist der letzte in einer langen Reihe wolfsähnlicher Räuber, die aber nicht alle zur Ordnung der Raubtiere zählen: *Hyaenodon* zum Beispiel, vor 30 Mio. Jahren, gehörte zu den Creodonten, die heute ausgestorben sind.

CYNODESMUS

CANIS DIRUS

DER WOLF VON GESTERN
Cynodesmus war eines der ersten Raubtiere, die den heutigen Hunden und Wölfen ähnelten. Vom Direwolf, *Canis dirus*, sind vor mehr als 20 000 Jahren im heutigen Los Angeles (USA) Hunderte in Teergruben versunken: ideale Fossilienfundstätten.

SÄUGETIERE AUF WANDERSCHAFT

Die Weltkarte sah einst völlig anders aus als heute. Als die ersten Säuger erschienen, begann der vor rund 650 Mio. Jahren entstandene Superkontinent Gondwana (heute Australien, Afrika, Südamerika, Indien und Antarktis) sich gerade aufzuspalten. Jede Landmasse nahm eine andere Zusammenstellung von Säugerarten mit, deren Nachfahren heute noch dort leben. Die Marsupialier etwa konnten in Australien überleben, da es dort keine großen Plazentalier gab.

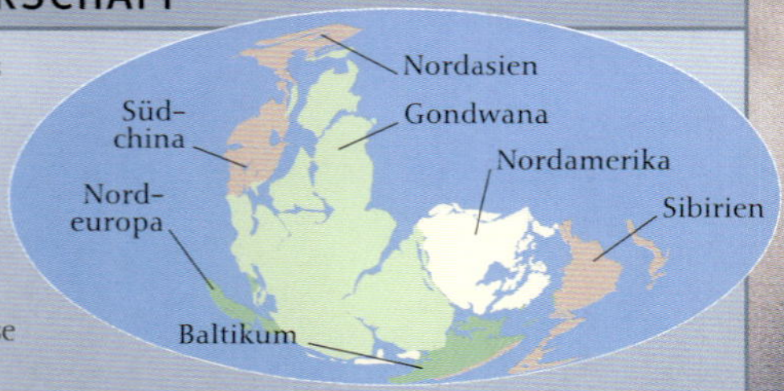

ALLES EINS
Dass man auf getrennten Kontinenten ähnliche Tiere findet, zeigt, dass die Landmassen vor der Kontinentalverschiebung verbunden waren.

SCHICKSALSSCHLÄGE

Über die Hälfte aller Säugetier-Ordnungen (d.h. der Hauptgruppen), die es jemals gab, sind ausgestorben. Nach ihrer Blütezeit verschwanden sie wieder, entweder infolge eines Klimawandels oder aufgrund der vernichtenden Konkurrenz um Futter und Lebensraum. Dieses Schicksal traf vor allem die Hufe tragenden Säuger, die Ungulaten. Südamerika etwa, wo es keine großen plazentalen Fleischfresser gab, war über Jahrmillionen durch Ozeane von Afrika und Nordamerika getrennt. So konnten dort während der letzten rund 60 bis 5 Mio. Jahre viele Huftiere, einschließlich der Litopternen und Notoungulaten, hunderte von Arten entwickeln. Diese ähnelten nicht alle den heutigen Pferden, Nashörnern, Tapiren, Kamelen oder Antilopen, sondern teils auch Kaninchen, Faultieren und Bären. Nicht einer dieser als Meridi-Ungulaten bezeichneten früheren Säuger Südamerikas konnte der Konkurrenz durch nordamerikanische Arten standhalten.

FRÜHER ERFOLG

Fossilfunde belegen, dass zahlreiche Säugerordnungen unmittelbar nach dem Untergang der Dinosaurier im frühen Tertiär entstanden sind, also vor ungefähr 65 bis 55 Mio. Jahren. Nach dieser Hochphase lebten viele von ihnen nur kurze Zeit, höchstens ein paar Jahrmillionen lang. Einige fassten aber Fuß – ihre Nachfahren leben heute noch; darunter zwei der am stärksten spezialisierten oder am höchsten entwickelten Säugerordnungen: die Fledertiere in der Luft und die Waltiere (S. 203) im Meer.

DIE SÄUGER GEHEN IN DIE LUFT

Fledermäuse wie *Icaronycteris* tauchen in den Fossilienbelegen mehrerer Kontinente vor rund 55 Mio. Jahren ganz plötzlich auf, und zwar als gut entwickelte, geschickte Flieger. Frühere Funde sind sehr selten. Moderne Fledermausarten haben weniger Zähne und am zweiten Finger keine Kralle mehr.

FLEDERMAUSFOSSIL
Fossilien der zierlichen Fledermausknochen sind rar. Diesen 50 Mio. Jahre alte *Palaeochiropteryx* fand man in der Grube Messel.

FRÜHESTE FLEDERMAUS
Icaronycteris aus Nordamerika ist eine frühe Fledermaus. Ähnliche Formen lebten in Europa, Afrika und Australien.

KLEINE BRAUNE FLEDERMAUS
Heute gibt es nahezu 1000 Fledermausarten – Fledertiere bilden die zweitartenreichste Säugerordnung.

AUFSCHWUNG UND UNTERGANG

Andere Säuger hatten früher mehr Erfolg als heute. Unter den Unpaarhufern (Perissodactylen) waren die Nashörner mit hunderten von Arten außerordentlich vielgestaltig und verbreitet. Einige glichen Pferden, andere Flusspferden oder Schweinen. Während die heutigen Nashörner allesamt Hörner tragen, war das früher meist nicht der Fall.

Das hornlose *Paraceratherium* (rechts) lebte in Asien. Mit einem

Kopf-Rumpf-Maß von 9 m, einer Schulterhöhe von über 5 m und einem Gewicht von 15–20 Tonnen war dieses Rhinozeros das größte jemals lebende Landsäugetier. Vor ungefähr 5 Mio. Jahren begann der Niedergang der Nashörner. Vermutlich waren auch die Frühmenschen nicht ganz unschuldig an den letzten Verlusten, wie am Schicksal des Wollnashorns, *Coelodonta*, in der letzten Eiszeit deutlich wird (rechts). Es überlebte die großen Eiszeiten der letzten Jahrmillionen in Eurasien – auf Höhlenzeichnungen in Europa, die vor rund 30 000 Jahren entstanden sind, ist es abgebildet; die Exemplare, die im Permafrost Sibiriens überdauert haben, sind noch keine 10 000 Jahre alt. Heute gibt es nur noch fünf Nashornarten – und ob diese überleben können, liegt an uns. Obwohl Nashörner unter Schutz stehen, ist gerade das nördliche Breitmaulnashorn, *Ceratotherium simum cottoni*, stark gefährdet.

Die Arten entwickeln sich zwar weiter und passen sich an, doch dies geschieht zu langsam, um mit dem Tempo, das wir beim Ausrotten an den Tag legen, mitzuhalten. Sollte der Mensch sein Verhalten nicht drastisch ändern, wird sich der katastrophale Artenschwund immer weiter fortsetzen.

PARACERATHERIUM

COELODONTA

NASHÖRNER VON FRÜHER
Das hornlose Nashorn *Paraceratherium* lebte vor 25 Mio. Jahren in Asien. Das Wollnashorn *Coelodonta* überstand extreme Klimawechsel; die Bejagung durch den Menschen – seines Hornes wegen – überlebte es nicht.

ÜBERLEBEN – ABER WIE LANGE NOCH?
Die heute auf Afrika und Asien beschränkten Nashörner sehen anders aus als viele frühere Arten. Das Spitzmaulnashorn ist das zweitseltenste; es gibt nur noch 3100 Exemplare.

DIE ROLLE DES MENSCHEN

Menschen stehen in den unterschiedlichsten Beziehungen zu den anderen Säugetieren: Wir freunden uns mit ihnen an, wir bilden sie aus, verehren sie, nutzen ihre Kraft und Wendigkeit, verwenden alle möglichen Produkte ihrer Körper – und: Wir essen sie.

VON TEILHABERN ZU HERRSCHERN

Vom Zeitmaß der Evolution aus betrachtet, hat es nur einen Wimpernschlag gedauert, dass die Menschheit von einem Bestandteil der Natur zu ihrem Beherrscher wurde, der riesige Gebiete zerstörte und deren Bewohner in Gefahr brachte, einschließlich der Säugetiere. Die vielgestaltigen Beziehungen zwischen Menschen und anderen Säugern haben zu unterschiedlichen Zeiten an verschiedenen Orten mehrere Phasen durchlaufen.

Die Frühmenschen verstanden sich auf den Gebrauch von Werkzeugen wie Faustkeilen, Steinsplittern und später Äxten und Speeren. Prähistorische Funde von Knochen großer Säugetiere (gut 1 Mio. Jahre alt) zeigen, dass man diese mit solchen Werkzeugen aufgeschnitten oder -geschlagen hatte. Vor 50 000 Jahren begann die Vielfalt an Waffentypen deutlich anzusteigen – ebenso der beherrschende Einfluss des Menschen auf sein Umfeld. Viele dieser Fortschritte gab es in Europa, wo, um menschliche Ansiedlungen herum, Zähne von Elefanten und Mammuts sowie Hirschgeweihe und Hörner von Antilopen und Gazellen verstreut lagen.

ZUGARBEIT
Um Pflüge und Karren zu ziehen, wurden kräftige Pferde gezüchtet. Als Traktoren diese Arbeit übernahmen, verschwanden immer mehr der traditionsreichen Kaltblutrassen (hier: Suffolk Punch).

TRANSPORT
Als unsere »besten Freunde« ziehen Hunde Schlitten durch den Schnee oder schnüffeln nach verdächtigen Substanzen.

ERSTE ÜBERJAGUNG?

Erste Formen von Kunst bildeten sich heraus. Beispiele sind die Felsbilder der Aborigines in Australien und die Höhlenmalereien, Schnitzkunst und Bildhauerei in Europa. Viele Kunstwerke zeigen Großsäuger, z. B. Giraffen, Antilopen, Flusspferde, Nashörner, Pferde, Elefanten, Löwen und Wölfe. In manchen sind Jagdszenen abgebildet, in denen dieses Großwild von Menschen verfolgt oder von Speeren durchbohrt wird.

Gerade in dieser Frühphase der Zivilisation wurden große Säugetiere zugleich verehrt und abgeschlachtet. Das Abklingen der letzten großen Eiszeit vor 20 000–10 000 Jahren scheint mit dem Verschwinden einiger Großsäugerarten von den nördlichen Kontinenten zusammenzutreffen, z. B. des Wollhaarmammuts, des Wollnashorns und des Höhlenbären. Der rasante Klimawechsel mag dabei mitgespielt haben, aber viele Experten vermuten, dass die Menschen mit ihren cleveren Jagdstrategien und verbesserten Waffen schon damals einfach zu viele Säugetiere abgeschlachtet haben.

SESSHAFTIGKEIT

Vor etwa 10 000 Jahren, als sich Menschen nicht mehr nur vorübergehend an einem Ort niederließen, sondern Dörfer und Städte errichteten, begann eine neue, entscheidende Phase der Zivilisation. Man säte Getreide aus und domestizierte Säugetiere: der Beginn der Landwirtschaft. Aus wilden, weit umherstreifenden Huftieren züchtete man gezielt zahmere, produktivere Nutztiere. Domestizierte Schafe (*Ovis aries*), Ziegen (*Capra hircus*), Schweine (Gattung *Sus*) und Rinder (Gattung *Bos*) wurden Teil des täglichen Lebens. Man hielt sie wegen des Fleisches, der Milch und der Häute, teils auch der Wolle. Die gefährlichen Jagdzüge wurden nun seltener nötig. Innerhalb weniger tausend Jahre war ein Großteil der Bevölkerung von naturnahen Jägern und Sammlern zu Dörflern und Städtern geworden.

ABBILDER
Felsen- und Höhlenbilder aus prähistorischer Zeit wie diese Malereien aus Namibia in Südwestafrika zeigen, wie sehr die großen Säugetieren die Menschen begeisterten – auch als Nahrungsquelle.

IUCN, ROTE LISTE, CITES

Die IUCN (International Union for the Conservation of Nature and Natural Resources) wurde 1948 von den Vereinten Nationen gegründet, um die natürlichen Ressourcen der Erde zu schützen. Sie führt die »Rote Liste« der bedrohten Arten, die auch für die Säugetiere regelmäßig ergänzt wird. Mehr als 10000 Wissenschaftler in aller Welt tragen Informationen zu diesem globalen Leitfaden der bedrohten Arten bei.

1973 unterzeichneten 81 Staaten den CITES-Vertrag (Convention on International Trade in Endangered Species) mit dem Ziel, den Handel mit lebenden und toten Exemplaren bedrohter Arten sowie mit entsprechenden Körperteilen und Produkten zu kontrollieren. Heute gibt es bereits über 120 Unterzeichnerstaaten.

WOLLE UND FLEISCH
Schafe sind nach Rindern wahrscheinlich die zweithäufigsten domestizierten Großsäuger. Allein in Australien gibt es mehr als 150 Mio. von ihnen.

NUTZTIERSCHUTZ
Hütehunde werden so ausgebildet, dass sie ihre natürlichen Instinkte unseren Wünschen und Bedürfnissen entsprechend einsetzen – nur ein Verhaltensaspekt bei der Domestikation.

NEUE FREUNDE

Weidende Nutztiere gilt es zu beaufsichtigen und zusammenzutreiben, um sie zu zählen, zu melken, zu scheren oder zu schlachten. Vermutlich trieben sich schon seit Urzeiten Wölfe (*Canis lupus*) und andere Hundeartige an den Lagerfeuern herum, bevor sie vor spätestens 10000 Jahren eine engere Beziehung zum Menschen eingingen. Dieser züchtete sie gezielt, bildete sie aus und schuf so erste Haushunde, die er mit verschiedensten Aufgaben betraute: Die Hunde wurden zu Jagdgefährten, beschützten ihre Besitzer und deren Nutzvieh und waren Spielgefährten. Noch immer ist der Hund unser beliebtester Begleiter. Ob winziger Chihuahua, riesiger Bernhardiner oder Dänische Dogge: Alle Hunderassen gehören der Art *Canis familiaris* an, die eine größere Bandbreite an Rassen und Größen zeigt als jedes andere domestizierte Säugetier.

Die Katze belegt in dieser Beliebtheitsskala Platz zwei. Sie hat eine kürzere Domestikationsgeschichte. Vermutlich stammt sie von nordafrikanischen Vertretern der Wildkatze *Felis sylvestris* ab. Seit rund 5000 Jahren wurde sie zunächst geduldet, dann als Jägerin, die Ratten, Mäuse und andere Nagetiere von Kornspeichern, Höfen und Wohnräumen fernhielt, hoch geschätzt. Manche ihrer Liebhaber beteuern, die Katze habe den Menschen gezähmt und nicht etwa umgekehrt.

PLAGEGEISTER
Waschbären, Füchse und Ratten sind ein vertrautes Ärgernis in manchen Regionen – sie machen Lärm und Schmutz, vernichten Futterlager und übertragen z.T. auch Krankheiten.

KRAFT UND BEWEGLICHKEIT

Ein Pferd kann schneller laufen als ein Mensch, und ein Wasserbüffel kann größere Lasten ziehen. Im Laufe der Zeit wurde eine ganze Reihe großer Säuger domestiziert, sowohl zum Lastenziehen als auch zum Tragen. Geritten wurden Pferde vermutlich erstmals in Zentralasien vor vielleicht 4000 Jahren. Indem sie Truppen transportierten und Streitwagen zogen, trugen Pferde weltweit zum Ausfechten der Landesgrenzen bei. In den letzten Jahrhunderten beförderten sie auch Kanonen und anderes Material an die Kriegsschauplätze. Das Przewalski-Wildpferd in Asien (S. 157) ähnelt der Ursprungsrasse, von der alle domestizierten Pferde abstammen, am meisten. Alle heutigen Pferde gehören zu einer einzigen Art, *Equus caballus*.

Es gibt noch weitere domestizierte Großsäuger, so den Wasserbüffel (*Bubalus bubalis/arnee*), den Esel (*Equus asinus*) und einige Arten aus der Familie der Kamele – z.B. das einhöckrige Dromedar (*Camelus dromedarius*) in Nordafrika und dem nahen Osten und das zweihöckrige Trampeltier (*Camelus bactrianus*) in Zentralasien. In Südamerika wurde schon vor rund 7000 Jahren damit begonnen, zwei weitere Mitglieder der Kamelfamilie zu domestizieren: Aus dem wild lebenden Guanako (*Lama guanicoe*) wurde das Lama und vermutlich aus dem Vikunja (*Vicugna vicugna*) das Alpaka.

VERWILDERTE SÄUGER

In Afrika und Asien kommen kaum wild lebende Dromedare vor. Aber als Lastenträger, der gut ans Wüstenklima angepasst ist, wurde diese Art in viele andere trockene Regionen ausgeführt. In Australien haben sich Dromedare dem Einfluss des Menschen entzogen und leben nun frei in den Outbacks. Auch Pferde, Hunde, Hausschweine und einige weitere Arten sind wieder in die Wildnis zurückgekehrt. Andere Säuger pflegen recht einseitige Beziehungen zum Menschen: Ratten, Hausmäuse, Rotfüchse und Waschbären nutzen unser Umfeld und werden zur Plage. Andere leiden darunter, dass wir ihre angestammten Lebensräume zerstören und sie an den Rand der Ausrottung bringen.

AM ABGRUND

Vorsichtig geschätzt ist jede vierte Säugetierart gefährdet, bei Primaten deutlich mehr: Über 40 Arten oder Unterarten sind aufs Stärkste von der Ausrottung bedroht – in manchen Regionen verschwinden innerhalb einer Woche ganze Wälder. Publikumsmagneten wie die Berggorillas und Orang-Utans können helfen, auch weniger »werbewirksame« Arten wie Fledermäuse und Beutelmäuse ins Bewusstsein zu rücken.

ZURÜCK ZUR NATUR
Südostasiens Orang-Utans sind stark bedroht. Jetzt trainiert man in Gefangenschaft aufgezogene Tiere fürs Überleben in der Wildnis.

EINTEILUNG DER SÄUGETIERE

Innerhalb des Tierreichs werden alle Säugetiere in der Klasse Mammalia zusammengefasst, die ungefähr 4470 Arten enthält. Andere Klassen mit ähnlichem Gewicht sind die Vögel (mit ungefähr 9000 Arten) und die Reptilien (mit fast 8000 Arten). Die bei weitem größte Gruppe innerhalb der Mammalier bilden die Nagetiere: Beinahe zwei von je fünf Säugerarten sind Nager.

SÄUGETIERORDNUNGEN

Großgruppen innerhalb einer Klasse werden als Ordnungen bezeichnet. Die meisten Säuger-Klassifikationen weisen 22 Ordnungen aus. Einige, wie Nagetiere und Fledertiere, beinhalten hunderte von Arten, andere nur zwei wie die Riesengleiter oder eine wie die Erdferkel. Die Zahl schwankt ständig, denn neue Arten werden entdeckt, andere sterben aus. So unterscheidet man neuerdings zwischen Afrikanischem und Waldelefant.

SCHNABELIGEL

EIER LEGENDE SÄUGETIERE
ORDNUNG Monotremata FAMILIEN 2 ARTEN 5

BEUTELSÄUGER
ORDNUNG Marsupialia FAMILIEN 22 ARTEN 292

INSEKTENFRESSER
ORDNUNG Insectivora FAMILIEN 6 ARTEN 365

BRAUNES LANGOHR

FLEDERTIERE
ORDNUNG Chiroptera FAMILIEN 18 ARTEN 977

RÜSSELSPRINGER
ORDNUNG Macroscelidea FAMILIE 1 ARTEN 15

RIESENGLEITER
ORDNUNG Dermoptera FAMILIE 1 ARTEN 2

ELLIOTS TUPAIA

SPITZHÖRNCHEN
ORDNUNG Scandentia FAMILIE 1 ARTEN 19

SCHLANKLORI

PRIMATEN (HERRENTIERE)
ORDNUNG Primates FAMILIEN 11 ARTEN 356

HALBAFFEN
UNTERORDNUNG Strepsirhini FAMILIEN 6 ARTEN 85

AFFEN UND MENSCHENAFFEN
UNTERORDNUNG Haplorhini

AFFEN
FAMILIEN 3 ARTEN 242

MENSCHENAFFEN
FAMILIEN 2 ARTEN 21

ZWEIFINGER-FAULTIER

NEBENGELENKTIERE & VERWANDTE
ORDNUNG Xenarthra FAMILIEN 4 ARTEN 29

SCHUPPENTIERE
ORDNUNG Pholidota FAMILIE 1 ARTEN 7

KANINCHEN, HASEN UND PFEIFHASEN
ORDNUNG Lagomorpha FAMILIEN 2 ARTEN 80

NAGETIERE
ORDNUNG Rodentia FAMILIEN 30 ARTEN 1702

STREIFENBACKENHÖRNCHEN

WALTIERE
ORDNUNG Cetacea **FAMILIEN** 13 **ARTEN** 83

BARTENWALE
UNTERORDNUNG Mysticeti **FAMILIEN** 4 **ARTEN** 12

ZAHNWALE
UNTERORDNUNG Odontoceti **FAMILIEN** 9 **ARTEN** 71

RAUBTIERE
ORDNUNG Carnivora **FAMILIEN** 7 **ARTEN** 249

HUNDE UND VERWANDTE
FAMILIE Canidae **ARTEN** 36

GROSSER PANDA

GROSSBÄREN
FAMILIE Ursidae **ARTEN** 8

KLEINBÄREN & VERWANDTE
FAMILIE Procyonidae **ARTEN** 20

MARDER
FAMILIE Mustelidae **ARTEN** 67

SCHLEICHKATZEN & VERWANDTE
FAMILIE Viverridae **ARTEN** 76

HYÄNEN UND ERDWÖLFE
FAMILIE Hyaenidae **ARTEN** 4

STREIFENHYÄNE

KATZEN
FAMILIE Felidae **ARTEN** 38

ROBBEN UND SEELÖWEN
ORDNUNG Pinnipedia **FAMILIEN** 3 **ARTEN** 34

ELEFANTEN
ORDNUNG Proboscidea **FAMILIE** 1 **ARTEN** 3

ASIATISCHER ELEFANT

SCHLIEFER
ORDNUNG Hyracoidea **FAMILIE** 1 **ARTEN** 5

ERDFERKEL
ORDNUNG Tubulidentata **FAMILIE** 1 **ARTEN** 1

SEEKÜHE
ORDNUNG Sirenia **FAMILIEN** 2 **ARTEN** 4

UNPAARHUFER
ORDNUNG Perissodactyla **FAMILIEN** 3 **ARTEN** 19

PFERDE & VERWANDTE
FAMILIE Equidae **ARTEN** 10

AFRIKANISCHER WILDESEL

NASHÖRNER
FAMILIE Rhinocerotidae **ARTEN** 5

TAPIRE
FAMILIE Tapiridae **ARTEN** 4

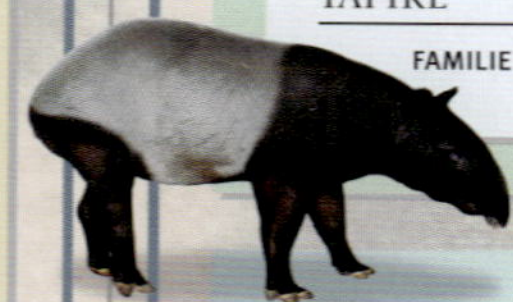
SCHABRACKENTAPIR

PAARHUFER
ORDNUNG Artiodactyla **FAMILIEN** 10 **ARTEN** 225

SCHWEINE UND PEKARIS
FAMILIEN Suidae und Tayassuidae **ARTEN** 17

BUSCHSCHWEIN

FLUSSPFERDE
FAMILIE Hippopotamidae **ARTEN** 2

KAMELE UND VERWANDTE
FAMILIE Camelidae **ARTEN** 7

HIRSCHE, MOSCHUSTIERE UND HIRSCHFERKEL
FAMILIEN Cervidae, Moschidae und Tragulidae **ARTEN** 56

GABELHORNTIERE
FAMILIE Antilocapridae **ART** 1

GIRAFFEN UND OKAPIS
FAMILIE Giraffidae **ARTEN** 2

RINDER & VERWANDTE
FAMILIE Bovidae **ARTEN** 140

SITATUNGA-ANTILOPE

AFRIKA

EVOLUTION

VOR 500 MIO. JAHREN lagen Afrika und Arabien etwas südlich des Äquators. Verglichen mit ihrer heutigen Orientierung standen sie fast »auf dem Kopf«: Das, was jetzt Südafrika ist, befand sich in einer nördlichen Lage, am Äquator. (Von allen großen Landmassen ist Afrika vermutlich am wenigsten um die Welt gedriftet.)

VOR 210 MIO. JAHREN umfasste Pangäa, der Superkontinent, sämtliche Hauptlandmassen. Afrika lag in der Mitte und hatte schon ungefähr seine heutige Orientierung. Die Ostseite Südamerikas passte nahtlos in Afrikas Westküste. Versteinerungen aus Lesotho im Süden deuten darauf hin, dass es damals (in der späten Trias) schon Säugetiere gab.

VOR 100 MIO. JAHREN begann Afrika sich vom Nachbarn Südamerika abzutrennen – der Südatlantik weitete sich aus. Die plazentalen Säuger beider Kontinente hatten keine Verbindung mehr zueinander, es entstanden mehr und mehr voneinander abweichende Typen.

VOR 6 MIO. JAHREN entwickelten sich in Afrika einige menschenaffenähnliche Lebewesen zu Menschenartigen, darunter wahrscheinlich auch unsere Vorfahren.

VOR 2–1 MIO. JAHREN formten Erdbewegungen auf der Ostseite des Kontinents den Ostafrikanischen Graben – riesige Spalten, die sich von den großen Seen bis zum Roten Meer erstrecken.

VOR 155 000 JAHREN erschien der moderne Mensch in Ostafrika und breitete sich über die ganze Erde aus.

VORIGE SEITE:
GEPARD
Dies sind die Augen des schnellsten Säugetiers der Welt. Ein Gepard kann erstaunliche 100 km/h erzielen.

LEBENSRÄUME AFRIKAS

Fast durchs Zentrum Afrikas hindurch verläuft der Äquator; deshalb ist es auf diesem Kontinent meist warm. Die Luftfeuchtigkeit schwankt aber ganz erheblich, so dass von der Wüste bis zum Feuchtgebiet alle Lebensräume vertreten sind.

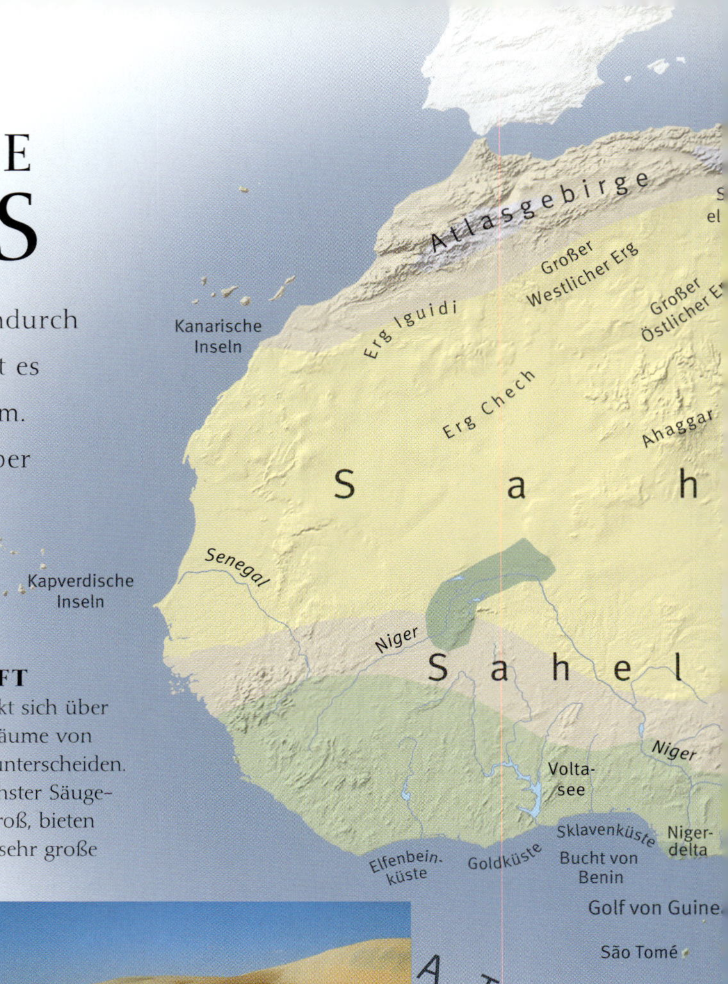

EINZIGARTIGE LANDSCHAFT

Der zweitgrößte Kontinent der Erde erstreckt sich über so viele Breitengrade, dass sich die Lebensräume von einer Klimazone zur anderen beträchtlich unterscheiden. Dies förderte die Entstehung unterschiedlichster Säugetiere. Zudem sind manche Habitate riesengroß, bieten also viel Platz und Nahrung, weshalb sich sehr große Säuger entwickeln konnten, z.B. der Afrikanische Elefant (das schwerste Landsäugetier der Erde) und die Giraffe (das höchste). Afrika ist auch die Heimat aller großen Menschenaffen außer dem Orang-Utan sowie vieler anderer, z.T. sehr seltener Arten, die es nur hier gibt.

WÜSTEN (S. 40–43)
Die Sahara ist fast so groß wie Europa. Sie besteht vor allem aus Steinen und Geröll; den Rest bilden Sanddünen, Übergangszonen, hügelige Gebiete und ein paar Oasen. Wüstensäuger haben außergewöhnliche Anpassungen hervorgebracht, um mit der Gluthitze, der kargen Vegetation, der geringen Deckung und natürlich mit dem Wassermangel fertig zu werden.

TROCKEN, FEUCHT, GEMÄSSIGT

Die meisten Lebensräume Afrikas erstrecken sich als bandförmige Zonen von West nach Ost über den gesamten Kontinent. In dem schmalen Streifen, der im äußersten Norden ans Mittelmeer grenzt, herrscht mediterranes Klima: lange, trockene und heiße Sommer; kurze Winter, kalt bis gemäßigt und feucht. Unmittelbar südlich davon wird das Klima plötzlich sehr heiß und trocken; Dürre herrscht vor – und der Sand und die Felsen der endlos scheinenden, weltgrößten Wüste: der Sahara.

Noch weiter südlich verwandelt zunehmender Niederschlag die Wüste in trockenes Gestrüpp, strauchiges Grasland und schließlich lichten Wald. Im Innern des Landes ließ die Kombination aus Regen und Hitze beiderseits des Äquators ausgedehnte tropische Regenwälder entstehen. Im östlichen Teil dieses Bereichs liegen die großen Seen und Schilfgürtel der Feuchtgebiete. Südlich des Regenwalds dehnt sich Afrikas tropisches Grasland aus, die Savanne, eine riesige Flachlandregion mit vereinzelten Bäumen. Darunter wird es zunächst subtropisch, dann nimmt das Grasland Steppencharakter an. Tief im Süden Afrikas finden wir wieder trockene Lebensräume: die Wüsten Namib und Kalahari.

GEBIRGE (S. 44–47)
Afrika hat kein »Rückgrat« aus Gebirgsketten – kein Gegenstück zu den Rocky Mountains, Anden, Alpen oder dem Himalaya. Die höchste Erhebung liegt im äthiopischen Hochland, wo mehrere seltene Arten leben, z.B. Blutbrustpaviane. Im Atlasgebirge im Nordwesten gibt es z.T. die gleichen Tiere wie in Südwesteuropa.

ZAHLEN UND FAKTEN

- **GRÖSSE:** 30 Mio. Quadratkilometer – etwas mehr als ein Fünftel der gesamten Landfläche der Erde.
- **KLIMA:** Es reicht von reinem Wüstenklima in der Sahara (z.T. das ganze Jahr kein nennenswerter Regen und im Hochsommer Temperaturen von über 40 °C) bis zu tropischer Feuchte im Westen (mit jährlichen Niederschlagsmengen von über 400 cm), dazwischen subtropische Trockengebiete im Südwesten, subtropische Feuchtgebiete im Südosten und mediterranes Klima im äußersten Nordwesten.
- **HÖCHTER PUNKT:** Kilimandscharo im Südosten, 5895 m.
- **LÄNGSTER FLUSS:** Nil, bis zu 6670 km, abhängig vom Quellfluss.
- **GRÖSSTE SÜSSWASSERSEEN:** Der Viktoriasee hat mit 68000 Quadratkilometern die größte Ausdehnung; der tiefste ist der Tanganjikasee mit 1440 m.

FEUCHTGEBIETE (S. 48–53)
In Afrika liegen einige der ausgedehntesten Feuchtgebiete der Erde. Ihre großen Seen befinden sich in den riesigen Becken entlang des ostafrikanischen Grabens. Im Norden speisen sie über die gigantischen Sudd-Sümpfe den Nil.

WÄLDER (S. 54–61)
Westafrikas Regenwälder sind nicht ganz so groß wie die des Amazonas. Sie bieten einigen der am stärksten bedrohten Arten der Welt Schutz, z.B. Flachlandgorillas und Waldelefanten.

GRASLAND (S. 30–39)
Afrikas Savannen, die sich durch lange, trockene Sommer und kurze Regenzeiten auszeichnen, sind der Lebensraum riesiger Herden großer Weidegänger, z.B. Zebras und Weißbart-Gnus.

GRASLAND

Mit rund 15 Millionen Quadratkilometern macht Grasland mehr als die Hälfte der gesamten Landfläche Afrikas aus. Während der Regenzeit kann dieser Lebensraum eine ungeheure Zahl großer Grasfresser ernähren – und damit auch die Raubtiere, die von ihnen leben.

TROCKENSAVANNE

OFFENE SAVANNE

BUSCHSAVANNE

GRASLANDTYPEN
Während der Trockenzeit wird das dürre Gras der Savanne goldbraun. Mit Beginn der jährlichen Regenzeit (bzw. Regenzeiten) fängt die Vegetation an zu grünen und zu blühen. Typisch für die offene Savanne sind die vielen einzeln stehenden Akazienbäume und das Meer aus Gras; in der Buschsavanne gibt es mehr Bäume und somit Nahrung für diejenigen Tiere, die Blätter fressen.

GIGANTISCHE WEIDEFLÄCHEN

Die meisten großen Weidegebiete Afrikas sind Savannen. Nicht nur Gras wächst dort, auch Büsche und Bäume formen diesen ausgedehnten Lebensraum, der sich südlich der Sahara über den Kontinent erstreckt. Die bestgeschützte Säugerfauna findet man in den Savannen Ostafrikas, in den berühmten Nationalparks und anderen Schutzgebieten, z. B. der Serengeti in Tansania und dem Masai Mara in Kenia.

Der Baumbestand in der Savanne ändert sich stark von Region zu Region. Auf der einen Seite gibt es die offene Savanne: nur Gras, so weit das Auge reicht, bloß hier und da ein paar vereinzelte Bäume (meist Akazien) oder Strauchgruppen. Das andere Extrem ist die Baumsavanne, in der die Bäume zwar nicht besonders eng stehen, aber ein ziemlich dichtes Blätterdach formen. Im Gegensatz zu den Akazien und den anderen Gehölzen handelt es sich hier um Laubbäume, die ihre Blätter regelmäßig abwerfen. Zwischenformen wie die Buschsavannen sind durch kleine Baum- und Strauchgruppen gekennzeichnet, die ein für Menschen oft undurchdringliches Dickicht bilden können und zum Teil – zum Schutz vor Fressfeinden – mit spitzen Dornen bewehrt sind.

SELTEN GESELLIG
Männliche und weibliche Geparde gehen, außer zur Paarung, getrennter Wege. Sind die Jungen entwöhnt, sondern die Mütter sich wieder ab; die Männchen bilden hingegen zur Revierverteidigung kleine Gruppen.

RIESIGE HERDEN

Auch die Grünflächen anderer Regionen der Erde – Nord- und Südamerika, Europa und Asien – waren einst Heimat riesiger Herden von Weidetieren. Doch nirgends konnten so viele verschiedene Säugerarten in so großer Zahl überleben wie in der afrikanischen Savanne. Dennoch hat, infolge der Bejagung durch den Menschen, die Bestandsdichte mancher Arten beträchtlich abgenommen – einige, wie das als Quagga bekannte ungestreifte Zebra, wurden sogar ganz ausgelöscht.

Tausende mampfender Mäuler regen das Gras zu neuem Wachstum an.

GEBORGEN IN GRUPPEN
Weidegänger wie die Impalas bilden oft Herden. So tun sich Fressfeinde schwer, sich auf ein Opfer zu konzentrieren.

ERNEUERUNG DER NAHRUNGSQUELLE

Die Weidegänger, die von der Savanne leben, helfen selber mit, ihren Lebensraum zu erneuern: Tausende mampfender Mäuler regen das Gras zu neuem Wachstum an. Was besonders wichtig ist: Dieses frische Grün enthält mehr Nährstoffe als das alte, das es ersetzt; zudem bilden die Pflanzen bei Beweidung statt eines einzelnen Halmes gleich mehrere aus. Sobald all diese Halme Samen tragen, steigt der Nährwert nochmals an, weil Grassamen gehaltvoller sind als Blätter und Stängel. So ist es kein Wunder, dass sich gerade trächtige und säugende Weibchen oft solche Samen tragenden Gräser heraussuchen.

Savannengras bildet aber nur in den feuchten Jahreszeiten Samen aus. Weidetiere müssen deshalb weit umherziehen, um fruchtendes Gras zu finden. Ihr z.T. sehr guter Geruchssinn, der es ihnen ermöglicht, Feuchtigkeit über weite Entfernungen wahrzunehmen, hilft ihnen, die frischen Weidegründe auszumachen.

GETEILTE VERANTWORTLICHKEITEN — VERHALTEN

Wie Menschen und andere Säuger mit hoher Lebenserwartung stecken auch Elefanten viel Zeit und Energie in die Aufzucht ihres Nachwuchses. Weibchen und Junge leben gewöhnlich in großen Familiengruppen unter der Aufsicht eines alten, dominanten Weibchens, der Matriarchin. Eine Kuh bringt etwa alle fünf Jahre ein Kalb zur Welt. Die Männchen leben allein oder in Junggesellentrupps.

KINDERBETREUUNG
Die Jungen werden – außer von ihren Müttern – auch von anderen Weibchen der Herde betreut. Diese übernehmen oft schon bei der Geburt eine Hebammenfunktion.

ZEBRA-RAUFEREIEN
Rivalisierende Zebra-Hengste beißen einander in den Nacken oder die Beine, wenn sie um Weibchen buhlen. Die Kämpfe führen bisweilen zu schweren Verletzungen.

SUHLENDES WARZEN-SCHWEIN
Warzenschweine lieben Schlammbäder – zum Kühlen und zur Parasitenabwehr.

JAGEN, UM ZU ÜBERLEBEN

In den Grasland-Regionen Afrikas haben es Räuber wie Beutetiere gleichermaßen schwer, mit den wechselnden Jahreszeiten, die entweder heftigen Regen oder strenge Trockenheit bringen, fertig zu werden. Die riesigen Herden Pflanzen fressender Säugetiere, die in den Weiten der Savanne leben, ernähren eine Vielzahl von Jägern, von Wildhunden und Hyänen bis zu den größten aller Fleischfresser, den Löwen. Obwohl diese imposanten Katzen die erfolgreichsten Räuber der Savanne sind, entkommt auch ihnen mehr als der Hälfte ihrer Beute. Die anderen Karnivoren, die dort jagen, haben ähnlich niedrige Erfolgsquoten.

Um den direkten Wettbewerb zu vermindern, haben sich die einzelnen Räuberarten auf verschieden geartete und große Beutetiere sowie auf unterschiedliche Jagd- und Tötungstechniken spezialisiert. Afrikas Wildhunde etwa arbeiten im Team. Hartnäckig verfolgen sie Zebras, Weißbart-Gnus oder Impalas über weite Entfernungen, bis sie ihre erschöpfte Beute gemeinschaftlich zu Fall bringen können. Schakale jagen paarweise meist kleinere Beute, auch Nutztiere; Servale (S. 53) pirschen durchs hohe Gras und schlagen ihre Beute, z.B. Nager, Vögel und andere Kleintiere, wie Hauskatzen. Leoparden (S. 55), Meister des Einzelkampfes, sind wenig spezialisiert und nutzen ein außergewöhnlich breites Nahrungsangebot: Sie nehmen alles vom Dungkäfer über Nager bis zu großen Antilopen; Geparde – die schnellsten Landsäuger der Erde – überwältigen mittelgroße Huftiere, z.B. Gazellen und Antilopen, ebenso wie kleinere Säuger, etwa Hasen, und zwar mit einem kurzen, blitzschnellen Sprint, bei dem sie Geschwindigkeiten von bis zu 100 km/h erreichen können.

MIT VEREINTER KRAFT
Eine Löwin packt mit ihren scharfen Krallen einen jungen Büffel am Rücken, während ihre Jagdgenossin versucht, dem Opfer die Luft abzudrücken.

VIELSEITIGE RÄUBER

Löwen jagen in Gruppen oder Rudeln Beutetiere von meist zwischen 50 und 300 kg, etwa Antilopen, Zebras oder Weißbart-Gnus. Nur kleinere Beute schlagen sie auch allein. Gewöhnlich erledigen Weibchen den Hauptteil der Jagd, doch die Männchen sind gleichfalls

WILDEREI

EINFLUSS DES MENSCHEN

Alle fünf Nashornarten sind sehr gefährdet, auch die beiden afrikanischen Arten: das Spitzmaulnashorn der Baumsavanne und das Breitmaulnashorn der offenen Savanne. Die Lebensraumzerstörung und im Falle des Breitmaulnashorns auch die Dürre spielen dabei eine Rolle. Hauptverantwortlich aber ist die Wilderei. Die Wilderer haben es nur auf das Horn abgesehen, das nicht aus Knochen, sondern aus haarähnlichem Material besteht. Zum einen wird es, zu Pulver zerrieben, in der traditionellen chinesischen Medizin zur Linderung von Fieber und anderen Krankheiten eingesetzt, zum anderen werden daraus aufwändige Schnitzereien als Griffe für die traditionellen afrikanischen Dolche gefertigt (und dies mit steigender Nachfrage). Zusätzlich zur Bewachung der Nashörner werden den Tieren deshalb vorsorglich die Hörner entfernt. So fehlt den illegalen Jägern der Anreiz.

NASHORN-WILDHÜTER

HORNENTFERNUNG
Unter Narkose wird mit einer Kettensäge das Horn entfernt. Das scheint dem Tier weiter nicht zu schaden.

ausgezeichnete Jäger. In schlechten Zeiten, wenn es z. B. wenig große Beutetiere gibt oder wenn ein Löwe krank oder verletzt ist, nimmt er auch Ratten, kleine Eidechsen oder sogar Fische. Bietet sich die Gelegenheit, versuchen aber sowohl die Rudel als auch die Einzeltiere, größere Beutetiere zu töten. Selbst die großen Giraffen, die mit Riesenschritten flüchten können, werden gelegentlich Opfer von Löwen. Es sind weniger die weiblichen als vielmehr die größeren, kräftigeren männlichen Löwen, die sich an derart große Beute wagen. Eine solche Mahlzeit hält dann lange vor.

WEHRHAFTE BEUTE

Ein Löwenrudel muss schon abwägen, ob es sich lohnt, einen so großen und wilden Säuger wie den Kaffernbüffel (S. 49) anzugreifen. Er gilt als unberechenbar und aggressiv und gehört zu den gefährlichsten Tieren Afrikas. Ein erwachsener Bulle erreicht eine Schulterhöhe von bis zu 1,7 m, wiegt rund 850 kg und kann fast 50 km/h schnell rennen. Außerdem sind sowohl männliche als auch weibliche Tiere mit zwei eindrucksvollen, stark gebogenen und spitzen Hörnern bewehrt, mit denen sie sich und ihre Kälber verteidigen.

Obwohl auch Warzenschweine (gegenüber) gebogene Hauer tragen und die Angewohnheit haben, bei Gefahr bzw. Hitze in tiefen Bauen zu verschwinden, fallen sie gelegentlich Löwen zum Opfer, und zwar vor allem dann, wenn sie beim genüsslichen Schlammbaden überrascht werden. Das Warzenschwein ist das einzige Schwein, das ausschließlich an ein Leben in reinem Grasland angepasst ist (die anderen suchen ihr Futter, besonders Blätter, vorwiegend im Wald), und wie die meisten Weidegänger kann es vorzüglich riechen, hören und laufen. Es wird bis zu 55 km/h schnell. Nicht die eindrucksvollen oberen stoßzahnähnlichen Hauer sind es, die die Löwen zu fürchten haben, wenn sie zum Angriff auf ein Warzenschwein ansetzen, sondern die viel spitzeren unteren, die tiefe Wunden reißen können.

Zu den bewaffneten Beutetieren, die dennoch gelegentlich von Löwen angegriffen werden, zählen auch das Afrikanische und das Südafrikanische Stachelschwein. Speziell vor deren Stacheln müssen sich die Großkatzen sehr in Acht nehmen. Werden diese Nagetiere attackiert, richten sie ihre Stacheln auf und drängen den Angreifer, mit ihrem Hinterteil voran, ab. Bei Körperkontakt können die Stacheln Wunden verursachen, die sich leicht entzünden und eitern, manchmal mit tödlichem Ausgang.

GEFÄHRLICHE BEUTE
Ein Löwenpaar pirscht sich vorsichtig an ein Stachelschwein heran. Seine langen, nadelspitzen Stacheln können sich ablösen und in der Haut stecken bleiben.

GRASLAND-BEWOHNER

FLEDERMÄUSE sind in trockenen, kargen Lebensräumen vergleichsweise selten. Hemprichs Schlitznasenfledermaus jagt in Nordafrika Fluginsekten.

MANGUSTEN leben meist als Einzelgänger, doch die in Südafrika beheimateten Fuchsmangusten bilden hochorganisierte Rudel, in denen sie gemeinschaftlich ihre Jungen versorgen.

DER ZORILLA (auch Bandiltis genannt) gräbt mit seinen langen Krallen Mäuse und andere Kleintiere aus. Bei Bedrohung versprühen seine Analdrüsen ein stinkendes Sekret.

MAULWURFSRATTEN verdanken ihren Namen der unterirdischen Lebensweise. Ideal zum Graben und Nagen sind die stumpfe, runde Schnauze und die großen Schneidezähne.

... dieser ausgedehnte Lebensraum, der sich südlich der Sahara über den Kontinent erstreckt.

IMMER AUF DER HUT
Erdmännchen – aus der Familie der Schleichkatzen – haben ein hoch entwickeltes Sozialsystem: Einige halten Wache, andere gehen auf Beutefang oder kümmern sich um den Nachwuchs.

BLATTFRESSER

Das bei weitem höchste Säugetier der afrikanischen Savanne, ja der Welt, ist die Giraffe.

Wenn sie auf ihren langen Stelzenbeinen steht, misst sie fast 6 m. Mit ihrem langen Hals, der beinahe die Hälfte ihrer Körperhöhe ausmacht, kann sie selbst die höchsten Äste der Bäume erreichen, die die Weiten des afrikanischen Graslandes überziehen. Dies verschafft der Giraffe einen Riesenvorteil gegenüber anderen Blattfressern, die ihre Nahrung näher am Boden suchen müssen. Eine erwähnenswerte Ausnahme ist der Elefant (S. 59). Seine enorme Stärke gestattet auch ihm, die Baumkronen zu erreichen. Seine Methode ist allerdings eine ganz andere: Er drückt die Bäume einfach um.

GIRAFFENGAZELLE
Mit einer Giraffe kann sie nicht mithalten, doch wenn sich diese Gazelle auf ihre Hinterbeine stellt und den langen Hals ausstreckt, erreicht sie Blätter bis in 2,5 m Höhe. So kommt sie höher hinaus als andere Antilopen.

Um ihre Riesenkörper zu versorgen, bringen Giraffen viel Zeit mit der Futteraufnahme zu. Blätter, Zweige und Blüten der verschiedenen Akazienarten mögen sie besonders gern. Akazien schützen sich jedoch vor Fraßfeinden mit furchtbar spitzen Dornen, die bis zu 5 cm lang werden. Die entschlossene und gut ausgestattete Giraffe wickelt jedoch einfach ihre lange, widerstandsfähige Zunge – die bis zu 53 cm lang werden kann – um die dornigen Triebe und reißt sie als Ganzes ab. Mit ihren kräftigen hinteren Backenzähne zermahlt sie ihre dornige Nahrung vor dem Verschlucken. Andere Anpassungen, wie z.B. ihr äußerst zäher, klebriger Speichel und eine spezialisierte Leber, befähigen die Giraffe, mit dieser widerspenstigen und für andere Tiere außerdem hochgiftigen Kost fertig zu werden.

Giraffenmännchen sind größer als die Weibchen, deshalb brauchen sie mehr Futter. Dies erklärt vielleicht, warum sie Zonen in der Savanne bevorzugen, die dichter und mit höheren Bäumen bewaldet sind. So kommen sie schneller an mehr Futter. Das dunkle Fleckenmuster des Giraffenfells ist in dieser Gegend besonders nützlich, weil es die Tiere optisch mit dem Licht- und Schattenspiel des Hintergrunds verschmelzen lässt. Weibchen leben eher auf offenen Flächen, wo kleinere, weiter verstreute Bäume wachsen. Sie tun dies vor allem dann, wenn sie Junge führen, denn die weite Sicht ermöglicht ihnen, Feinde früher auszumachen.

DER GEFAHR DAVONLAUFEN

Menschen und Löwen sind wohl die einzigen wirklichen Feinde der Giraffen. Auch wenn es manchmal so aussieht, wenn sie gemächlich durch die Savanne ziehen: Giraffen sind nicht langsam. Dank einer Schrittweite von 3–5 m erreichen sie eine beeindruckende Geschwindigkeit von über 50 km/h. So können sie den meisten Raubtieren einfach davonlaufen, vorausgesetzt, sie erkennen diese rechtzeitig und befinden sich auf ebenem Untergrund. In die Enge getrieben, können Giraffen zu fürchterlichen Gegnern werden, die mit langen, kräftigen und mit harten Hufen bewehrten Beinen ausschlagen.

Wird eine Giraffe überraschend überwältigt oder auf unebenes Terrain getrieben, wo sie langsamer werden muss oder ins Stolpern gerät, hat sie keine Chance, einem kampfeswilligen Löwenrudel zu entkommen – sogar ein ausgewachsener Bulle nicht. Tatsächlich haben Untersuchungen in einigen Gegenden wie dem Krüger-Nationalpark ergeben, dass fast doppelt so viele männliche Giraffen von Löwen getötet werden wie weibliche. Vielleicht liegt dies daran, dass sich die Männchen häufiger in den dicht bewaldeten Gebieten aufhalten, wo sie leichter angegriffen werden können, oder daran, dass sie aufgrund ihres Gewichtes langsamer sind.

MÜTTERLICHE OBHUT
Eine Giraffenkuh kann im Laufe ihres Lebens fünf bis zehn Kälber gebären. Einzelkinder sind die Regel.

FELLMUSTER
Entsprechend ihrer Fellzeichnung werden Giraffen in sechs Unterarten untergliedert. Die Musterung reicht von scharf begrenzten, regelmäßigen Flecken bis zu ziemlich verwaschenen. Auch die Farben können variieren – von tiefem Kastanienbraun oder Gelb bis zu fast Schwarz.

UNABHÄNGIGE REAKTIONEN

Giraffen leben meist in kleinen Herden. Bei Gefahr reagieren sie unabhängig voneinander und nicht – wie die anderen großen Herbivoren in ihren riesigen Verbänden – als Einheit.

HOCH HINAUS

EVOLUTION

Heutige Giraffen haben über zwei Meter lange Hälse. Die Giraffiden, die vor Millionen von Jahren in Afrika lebten – zu einer Zeit, zu der hier fast alles mit Regenwald bedeckt war – waren viel kleiner. Umgeben von genug niedrig wachsendem Blattwerk, brauchten sie gar nicht hoch hinaus. Als sich das Klima änderte, schwanden die Waldbestände allmählich und die Bäume standen weniger dicht. Nur die Giraffen mit längeren Hälsen konnten die zunehmende Futterknappheit überleben, denn sie erreichten auch die Baumkronen und konnten so der Nahrungskonkurrenz durch andere Blätter fressende Säuger entgehen.

HELLADOTHERIUM

Im Vergleich zu den heutigen Giraffen hatte dieses prähistorische Tier einen kurzen Hals und kurze Beine.

PALAEOTRAGUS

Der längere Hals dieser okapiartigen Urgiraffe war ein Vorteil gegenüber anderen Blätter fressenden Säugern.

KREISLAUFPROBLEM

Trinken kann die Giraffe nur in dieser gespreizten Stellung – sonst würde ihr das Blut vom Herzen ins Gehirn schießen.

LANGHALS

Erstaunlicherweise hat die Giraffe genauso viele Halswirbel wie der Mensch, nämlich sieben.

WEISSBART-GNUS UNTERWEGS
Gnus reagieren als Einheit: Bewegt sich eines, folgt die ganze Herde. Auf der Flucht können sie Geschwindigkeiten von 80 km/h erreichen. Damit sind sie fast so schnell wie Löwen.

ANTILOPEN

KURZPORTRÄT

Afrikas Grasland ernährt zahlreiche Herbivoren, gemeinhin als Antilopen bezeichnet. Diese Familie wird in drei Unterfamilien untergliedert: *Hippotraginae* oder Pferdeböcke, z.B. die Pferdeantilopen der Trockensavanne, *Alcelaphinae* wie die Kuhantilopen, die in lichtem Gehölz und in der Feuchtsavanne leben, und *Reduncinae* wie die Riedböcke und Moorantilopen, die man im hohen oder büscheligen Gras und in den Feuchtgebieten antrifft. Das Bleichböckchen gehört hingegen zu den Böckchen (*Neotraginae*), die offenes Grasland bevorzugen.

PFERDEANTILOPE

KUHANTILOPE

BLEICHBÖCKCHEN

RIEDBOCK

MOORANTILOPE

MASSENWANDERUNG

Jedes Jahr sind Ostafrikas Graslandgebiete Schauplatz eines einmaligen, durch die periodischen Vegetationsveränderungen ausgelösten Naturschauspiels: der Massenwanderungen der Weidegänger. Diese Herden von bis zu einer halben Million Tiere bestehen größtenteils aus den zottelbärtigen, krummhornigen Gnus, die ihren Namen wegen des seltsamen Grunztons tragen, den sie ausstoßen. Sie wandern oft zusammen mit einer anderen Antilopenart, der Leierantilope (S. 49), sowie mit Zebras (S. 31) und verschiedenen Gazellenarten.

Mit Beginn der Trockenzeit müssen diese Weidegänger die Savanne durchwandern, um neue Regionen mit frischem Gras zu finden – sonst verhungern sie. Jedes Jahr legen sie dabei mehr als 1300 km zurück. Sie überqueren riesigen Weiten und Flüsse und müssen Hunger, Durst und der Bedrohung durch Fressfeinde widerstehen, z.B. Krokodilen, Löwen, Afrikanischen Wildhunden und Tüpfelhyänen. Für lange Pausen, etwa zur Niederkunft, bleibt keine Zeit: Die Kälber werden während des Marschs geboren. Kurz nach der Geburt stehen sie schon auf den Beinen, und wenige Tage später müssen sie mit der Herde mitziehen, sonst kommen sie um.

TERMITENKOST

Das afrikanische Grasland ist mit riesigen, felsenartigen Gebilden durchsetzt, die von Termiten gebaut werden. Diese ameisenähnlichen Insekten verdauen Zellulose und belüften den Boden und dienen so dem Ökosystem der Savanne. Zudem bilden sie ein ausgesprochen nährstoffreiches Futter für eine Reihe von Tieren, vom Schakal über Warzenschweine und viele Vögel bis hin zu den auf Termitennahrung spezialisierten Säugern, z.B. Erdferkeln, Erdwölfen und Schuppentieren. Das Erdferkel (rechts) ist ein nachtaktiver Einzelgänger, der tagsüber in provisorischen Bauen schläft. Es kann schlecht sehen und macht Ameisen und Termiten mit der Nase ausfindig. Nachdem es deren Baue aufgebrochen hat, erkundet es mit seiner langen, klebrigen Zunge die Gänge. Das Schuppentier (links) geht ähnlich vor. Der mit der Hyäne verwandte Erdwolf (unten) führt ebenfalls ein nächtliches, einzelgängerisches Leben. Er ernährt sich hauptsächlich von Termiten, frisst aber auch Larven und andere Weichtiere.

Auch Schimpansen (S. 56) nehmen gelegentlich Termiten zu sich. Manche haben einen cleveren Trick entwickelt, um an die Tiere heranzukommen: Sie stecken Stöckchen oder Grashalme in die Hügelgänge und lecken die Termiten, die sich an diesen »Eindringlingen« verbeißen, einfach ab.

SCHUPPENTIER
Sein kiefernzapfenähnlicher Panzer schützt es vor den Bissen der Termitensoldaten, ebenso vor Raubtieren.

ERDFERKEL
Mit seinen riesigen, gebogenen Krallen und den kräftigen Muskeln dringt es in Termitenhügel ein. Deren Inhalt verspeist es innerhalb von 30 Sekunden.

GEDULDIGER TERMITENRÄUBER
Der Erdwolf (rechts) verharrt vor einem Termitenhügel (kleines Bild). Anstatt den Bau aufzubrechen, wartet er geduldig, bis Termiten auftauchen, die er dann aufleckt.

WÜSTEN

Die trockene, sonnenverbrannte Wüste, die in Afrika riesige Gebiete bedeckt, scheint auf den ersten Blick keinerlei Leben zu ermöglichen. Dennoch ist sie Heimat einer Vielzahl von Säugetieren, die Anpassungen entwickelt haben, um in einer der unwirtlichsten Gegenden der Erde überleben zu können.

WÜSTENTYPEN
In Afrikas Wüsten gibt es riesige Sandmassen, die durch Wind zu Dünen geformt werden, aber auch steinige Gegenden, die manchmal so viel Oberboden zurückhalten, dass sie einjährige Pflanzen ernähren können. Nach einem Regenguss blühen diese auf.

DER TROCKENE KONTINENT

Ein großer Teil sowohl nördlich als auch südlich von Afrikas Waldgebieten ist Wüste. Im Norden liegt die Sahara, die größte Wüste der Welt. Sie ist 9 Mio. km^2 groß und erstreckt sich über 14 Staaten. Im Herzen Südafrikas liegt die Kalahari, die 570 000 km^2 umfasst. Die Atlantikküste Südwestafrikas wird von der Namib-Wüste umsäumt, die 2000 km lang ist und fast 34 000 km^2 Fläche bedeckt.

Einige Gebiete dieser afrikanischen Wüsten werden von Sanddünen geprägt, andere sind unwirtliche Landstriche aus blankem Felsen und Geröll. Allen gemeinsam ist ein feindliches Element: Trockenheit. Übers Jahr gesehen, fällt zu wenig Niederschlag, um die austrocknende Wirkung der Sonne auszugleichen. So kann der Boden keine dichte Vegetation entwickeln, und die Gras fressenden Säugetiere müssen viel Zeit damit verbringen, um die wenigen Pflanzen zu finden, die hier wachsen. Um der Trockenheit widerstehen zu können, haben einige Pflanzen Anpassungsmechanismen entwickelt, um jeden verfügbaren Tropfen Flüssigkeit zu speichern. Andere nutzen die kurze Phase nach den seltenen Regenfällen, um zu sprießen, zu blühen und Samen zu bilden. Die Samen ruhen dann oft über Jahre, bis beim nächsten Regen neues Leben in ihnen erwacht.

Für Wüstensäuger sind zwei Dinge besonders wichtig: Sie müssen zusehen, dass sie nicht austrocknen und dass sie genügend Nahrung finden.

WÜSTENSPEZIALISTEN
Die Mendesantilope lebt in der Wüste Nordwestafrikas. Alle Feuchtigkeit, die sie braucht, bezieht sie aus ihrem Futter.

WÜSTENNOMADEN

Weil Pflanzenwuchs spärlich ist, müssen die großen Weidegänger, z.B. Kamele, Wüstenantilopen und Wildesel, riesige Gebiete durchwandern, um genügend Futter zu finden. Sie sind besonders gut daran angepasst, die

TRAGBARER SONNENSCHUTZ — VERHALTEN

Viele kleine Wüstensäuger sind streng nachtaktiv, aber das Afrikanische Borstenhörnchen nutzt den Tag. Es legt einfach seinen buschigen Schwanz (den andere Erdhörnchen nicht besitzen) über den Rücken und nutzt ihn als Sonnenschirm. Afrikanische Borstenhörnchen bilden eingeschlechtliche Kolonien. Männchen und Weibchen treffen sich nur kurzzeitig zur Paarung.

FUTTERN, WAS ES GIBT Afrikanische Borstenhörnchen ernähren sich von Wurzeln, Blättern, Samen – eigentlich von allem, was sie im Umkreis ihrer Sicherheit bietenden Baue finden.

zähen Blätter mehrjähriger Wüstenpflanzen zu fressen, zudem haben sie ein Gespür dafür, wo nach einem Regenschauer frisches Grün sprießt. Doch sie sind zu groß, um sich tagsüber unter der Erde oder zwischen Felsen zu verbergen. Da sie ständig der sengenden Sonne ausgesetzt sind, brauchen sie spezielle Anpassungen. Die meisten haben ein helles Fell, das sich weniger aufheizt; lange Beine ermöglichen nicht nur ausdauernde Märsche, sie halten auch den Körper weit über dem glutheißen Boden.

Wasserspeichern ist überlebenswichtig. Eine Taktik besteht darin, wenn Wasser verfügbar ist, enorme Mengen zu trinken und im Körper zu speichern. Kamele trinken bis zu 135 Liter auf einmal und speichern es in ihrem Magen. Außerdem halten sie, wie viele Säuger, ihren Flüssigkeitsverlust gering. Sie produzieren nur wenig Harn und beginnen erst zu schwitzen, wenn ihre Körpertemperatur weit über 40 °C ansteigt. Ihre schlitzförmigen Nasenlöcher schützen die Nase nicht nur vor eindringendem Sand, sondern reduzieren auch die Flüssigkeitsabgabe über die Atemluft.

Für Wüstensäuger sind zwei Dinge besonders wichtig: Sie müssen zusehen, dass sie nicht austrocknen und dass sie genügend Nahrung finden.

GROSSARTIG ANGEPASST Kamele haben lange Beine mit breiten, gepolsterten Füßen: bestens geeignet zum Schreiten auf Sandböden. Sie können wochenlang von den Fettreserven in ihren Höckern leben.

WÜSTENBEWOHNER

MAUSSCHWANZFLEDERMÄUSE fliegen nur nachts. Bei Futtermangel zehren diese Fledermäuse von Fettreserven, die sie eigens dafür anlegen.

KATZEN, wie diese Schwarzfußkatze, jagen in der Dunkelheit. Kleine, nachtaktive Nager sind ihre Beute.

SCHAKALE sind sehr anpassungsfähige Allesfresser, die nehmen, was sie kriegen können.

DICKSCHWANZMÄUSE und viele andere kleine Säuger knabbern nachts an Samen und Gräsern.

MULLE haben schwache, kaum erkennbare Augen und Ohren, da sie weitgehend unterirdisch leben.

WÜSTENGAZELLE
Die einzige Gazelle, die in den Wüsten Südafrikas lebt, ist der Springbock. Er wagt sich sogar bis in die trockensten Bereiche der Namib. Er kann fast ohne Trinkwasser auskommen, vorausgesetzt, sein Futter enthält mindestens 10 % Wasser.

HÖHLENBAUER

Anders als die großen Weidegänger können Säuger wie Mäuse, Spring- und Rennmäuse der Hitze entgehen, indem sie sich tagsüber in Höhlen verbergen. In der Kühle der Nacht kommen sie heraus, um an der spärlichen Vegetation und den Samen zu fressen. Weil sie nur einen geringen Bedarf haben, reicht ihnen diese Nahrung. Ihren Flüssigkeitsbedarf decken sie über den Tau, der sich nachts auf ihrem Futter niederschlägt. Ihr Verdauungssystem ist, wie bei den meisten Wüstentieren, aufs Wassereinsparen eingerichtet; deshalb müssen sie weniger trinken als Säuger in anderen Lebensräumen.

WÜSTENJÄGER

Trotz Futterknappheit können in der Wüste zahlreiche Tiere überleben. Insekten, Spinnen und Skorpione gibt es hier ebenso wie Schlangen und Eidechsen. Kaltblütige Tiere verbrauchen weniger Energie als die warmblütigen Säuger, weshalb sie mit weit weniger Futter auskommen.

Solche Tiere sind Nahrungsquellen für Wildkatzen, Füchse, Schakale, Hyänen und eine Reihe anderer Jäger, die auch Mäuse und Rennmäuse fangen. Die meisten in der Wüste lebenden Fleisch- und Allesfresser, z.B. der Schabrackenschakal (S. 41), sind Opportunisten, die auch Aas verzehren. Fleischfresser jagen normalerweise nachts, wenn es am kühlsten ist und die kleineren Tiere ihren Unterschlupf verlassen. Viele haben besondere Anpassungen für die nächtliche Jagd. Mit seinen riesigen Ohren kann z.B. der Wüstenfuchs (S. 16) auch noch das leiseste Geräusch wahrnehmen und eine potenzielle Mahlzeit aufspüren. Bei Tag sind solche großen Ohren auch wirkungsvolle Wärmeabstrahler. Viele Wüstentiere haben sie, unter anderem die Wüstenspringmaus (links).

RIESENSPRÜNGE
Lange Beine ermöglichen der Wüstenspringmaus eine weiträumige Futtersuche. Ihr langer Schwanz hilft balancieren.

GESUNDHEITSPOLIZEI — VERHALTEN

In der Wüste ist der Tod allgegenwärtig. Tote Tiere stellen eine gute Nahrungsquelle für Aasfresser wie Schakale und Hyänen dar. Dank ihres effektiven Verdauungssystems, das mit verwesendem Fleisch, Haut, Knochen und sogar Zähnen zurechtkommt, und ihrer besonders kräftigen Kiefer können Hyänen Kadaver vertilgen, die viele andere Raubtiere verschmähen.

STRANDMAHL
Ein gestrandeter Hai an der Küste zur Namib-Wüste ist für eine Hyäne ein Festtagsessen.

KNAPPE RESSOURCE
Das Aufsuchen der Wasserlöcher am Rande der Wüste ist für Tiere, die die meiste Zeit in trockenen Gebieten zubringen, überlebenswichtig. Während der Trockenzeit können die Tümpel jedoch stark schrumpfen oder sogar ganz verschwinden: Nur die widerstandsfähigsten Tiere überleben.

Trotz Futterknappheit können in der Wüste zahlreiche Tiere überleben.

AUF DER HUT
Wie andere Antilopen der Savanne zieht das wachsame Steinböckchen oft nach Regenfällen in die Wüste, um das frische Gras zu fressen.

GEBIRGSTYPEN
In Afrikas höchstgelegenen Regionen können die Temperaturen so stark absinken, dass der Schnee auf den Bergkuppen liegen bleibt. Auf niedrigerem, subalpinem Niveau speist das Wasser der saisonalen Regenfälle gemeimsam mit der Schneeschmelze die Quellen oftmals gewaltiger Flussläufe.

WARMER PELZ
Dickes Fell schützt den Berberaffen vor der frostigen Luft des Atlasgebirges, seinem letzten afrikanischen Rückzugsgebiet.

GEBIRGE

Afrikas Gebirgsgegenden, das Atlasgebirge im Nordwesten, die Drakensberge im Süden und das Äthiopische Hochland im Osten, sind Zufluchtsort für einige der seltensten Tiere der Welt. Der Kilimandscharo ist einer der wenigen Lebensräume am Äquator, in denen man eine alpine Fauna findet.

GEBIRGSVIELFALT

Afrika besteht keineswegs nur aus riesigen Wüsten und tropischen Regenwäldern: Es gibt hier auch Gebirge, in denen die Temperaturen häufig unter null fallen. Die höchsten Erhebungen, der Kilimandscharo (mit 5895 m Afrikas höchster Berg) in Tansania, der Mount Kenya (5199 m) in Kenia, der Mount Elgon (4321 m) an der Grenze Ugandas zu Kenia und der Toubkal (4165 m) in Marokko, sind die längste Zeit des Jahres schneebedeckt.

Die meisten Berge Afrikas sind durch die Erhebungen der Erdoberfläche entstanden, während Absenkungen in den sie umgebenden Bereichen riesige Becken bildeten. Nur das Atlasgebirge im Nordwesten und die Kap-Gebirgszüge im Südosten sind Faltengebirge, also eher durch Auffaltung als durch Anhebung der Erdoberfläche entstanden.

Südlich und östlich des Nil- und des Kongobeckens liegt das Land meist höher als in Nord- und Westafrika. Das ostafrikanische Grabensystem, das sich über fast 4800 km vom Roten Meer bis nach Moçambique erstreckt, entstand durch das Zusammenwirken von starken Faltungen und vulkanischen Aktivitäten. Viele der höchstgelegenen Regionen Ostafrikas sind vulkanischen Ursprungs. Südlich des Kongobeckens beträgt die durchschnittliche Landhöhe 900 m. Riesige Flächen mit einzelnen Felsen oder Tafelbergen sind typisch für solche Hochebenen.

SOZIALE WÄRME
Kap-Klippschliefer können ihre Körpertemperatur kaum regulieren, deshalb kuscheln sie sich zum Wärmen zusammen. In Felsspalten ist die Kälte der Bergregion etwas abgemildert.

SELTENE UND VIELFÄLTIGE LEBENSRÄUME

Da die einzelnen Bergketten oder Hochebenen jeweils auf verschiedenen Breitengraden liegen, gibt es in Afrikas Bergregionen die unterschiedlichsten Habitate. So können z.B. im warmen Klima der Berge nahe des Äquators Bäume in viel größeren Höhen wachsen als auf anderen Breitengraden – und gerade einen solchen Lebensraum brauchen einige der seltensten Tiere der Welt, z.B. die Berggorillas (S. 56).

Auf einem Berg ändern sich Klima und Vegetation deutlich mit der Höhe. Dieses höhenabhängige Nahrungsangebot bestimmt mit, welche Säuger in einer bestimmten Bergregion leben. Im äthiopischen Hochland, das an seinem höchsten Punkt (Ras Daschan) 4620 m erreicht, ermöglicht das kühle, feuchte Klima mehreren seltenen Arten das Überleben, z.B. den bedrohten Blutbrustpavianen (gegenüber). Diese auch Dscheladas genannten Affen leben in Höhen von 2000 bis 5000 m in sozialen Verbänden mit bis zu 600 Individuen. Ihre Nahrung besteht hauptsächlich aus Wurzeln, Samen und Grashalmen. Doch die Umgebungstemperatur des äthiopischen Hochlands steigt an, und mit ihr die Untergrenze der Bergvegetation. Das Resultat: Ganze Gruppen von Blutbrustpavianen sitzen ohne ausreichende Nahrung auf den flacheren Bergkuppen fest. Die Ausbreitung des Menschen verkleinert die Lebensräume der Blutbrustpaviane obendrein, und die prächtigen Mähnen der Männchen machen diese Tiere attraktiv für Wilderer.

FÜRS BERGLEBEN GESCHAFFEN

Viele der Säugetiere, die in den unterschiedlichen Bergregionen leben, haben einzigartige Verhaltensweisen sowie physiologische und morphologische Anpassungen entwickelt, um in diesem Lebensraum zurechtzukommen. So isoliert ihr Fell besser als das ihrer Verwandten im Flach-

TRITTSICHERE KLETTERER — EVOLUTION

Kräftige Beine ermöglichen dem Mähnenspringer bis zu 2 m weite Sprünge. Wie andere ans Bergleben angepasste Boviden (Horntiere) hat er kleine, harte Hufe – mit denen er leicht die Felskanten nehmen kann – und raue, griffige Ballen.

Die meisten Landsäuger meiden steile Abhänge, aber diese Bergsteiger haben einen guten Gleichgewichtssinn und keine Höhenangst. Die Jagd und die Ausbreitung des Menschen mit seinen Häusern und Viehherden haben den Mähnenspringer, den nubischen und den abessinischen Steinbock stark zurückgedrängt. In Marokko findet man Mähnenspringer noch an der Schneegrenze bei 3800 m, während der abessinische Steinbock bis auf 4500 m klettert.

ENTLEGENER ZUFLUCHTSORT
Der Mähnenspringer liebt abgelegene Stellen, die für Jäger schwer zugänglich sind.

Für einige der seltensten Tierarten der Welt sind die tropischen Gebirge Afrikas letzte Zufluchtsorte.

land. Diejenigen, die in felsigem Gelände leben, sind gute Kletterer. Einige der besten sind die Klauen tragenden Säuger, wie z.B. der Mähnenspringer (Kasten links) und der Steinbock Nordafrikas. Im felsigen Hochland, wo Wasser und Vegetation rar sein können, findet man die Kap-Klippschliefer (links). Ihre ausgesprochen leistungsfähigen Nieren ermöglichen es den Tieren, mit sehr wenig Wasser auszukommen. So können sie sich von beinahe jeder Pflanzensorte ernähren.

Über der Baumgrenze, wo das Land den ganzen Tag der heißen Sonne ausgesetzt ist, die Temperatur aber nachts abfällt, legen viele kleine Tiere tiefe Tunnelsysteme an, in denen sie den oberirdischen Extremen entgehen. In großen Höhen ist der Partialdruck geringer, und Säuger, die ständig so weit oben leben, haben physiologische Mechanismen entwickelt, um die Sauerstoffaufnahme in der dünnen Luft effizienter zu machen..

GESICHTSDRÜSE

VERHALTEN

Eine Besonderheit einiger Boviden, z.B. des Kleinstböckchens, des Rüsseldikdiks und des Klippspringers (rechts), ist eine deutlich sichtbare Drüse direkt vor den Augen. Mit den Sekreten dieser Drüse markieren beide Geschlechter Baumstämme und Zweige. Angetrocknetes Sekret um die Augen entfernen sich die Tiere bei der gegenseitigen Körperpflege. Den Klippspringer trifft man außerhalb der Nationalparks kaum noch an.

AUF ZEHENSPITZEN
Der Klippspringer ist einer der trittsichersten Bergbewohner. Seine winzigen Füße stehen wesentlich stärker aufrecht als bei den meisten anderen Boviden, so dass es so aussieht, als laufe er auf den Spitzen seiner Hufe.

HEIMAT ÄTHIOPIEN
Der vom Aussterben bedrohte Blutbrustpavian lebt in Großguppen im felsigen Hochland Äthiopiens. Beide Geschlechter haben einen roten Fleck auf der Brust.

LEBEN IM HOCHLAND

Die Vielseitigkeit der Vegetation auf den afrikanischen Berghängen bietet vielen großen Säugern und auch einer riesigen Zahl kleiner Tiere, hauptsächlich Nagern wie Ratten und Mäusen, ein Auskommen. Besonders auffällig ist die Afrikanische Maulwurfsratte (Kasten rechts) in den Bergregionen und dem Grasland Ostafrikas. Das lockere Vulkangestein der Hochländer ist ideal für ihre unterirdischen Bauaktivitäten.

Eines der größeren Säugetiere in den Bergen Afrikas ist das stark bedrohte Kap-Bergzebra (rechts). Von seinen Verwandten im Flachland unterscheidet es sich durch die orangefarbene Zeichnung oberhalb der Schnauze. Es ist der kleinste Vertreter der Zebragattung und auch der mit dem kleinsten Verbreitungsgebiet. Früher bewohnte es alle Bergzonen des Südens und Südwestens, heute gibt es nur noch winzige Populationen in Nationlaparks.

ERWISCHT
Bei der Jagd arbeiten mehr als 30 Afrikanische Wildhunde sehr eng zusammen – ein Jagderfolg wird so viel wahrscheinlicher.

SELTENE HUNDE

Der Afrikanische Wildhund (manchmal auch Hyänenhund genannt) ist ein scheuer, selten zu entdeckender Räuber. Sein wissenschaftlicher Name, *Lycaon pictus*, »bemalter Wolf«, stammt von den Wirbeln und Flecken in Schwarz, Weiß und Gelb in seinem gemusterten Haarkleid. Wegen seines mächtigen Schädels, des kurzen Fells und der kräftigen Kiefer ähnelt er einer Hyäne; auch mit einem Wolf hat man ihn verglichen, obwohl dieser viel schwerer ist und kürzere Beine hat. Seine Bewegungen und die winselnden Lautäußerungen rücken ihn aber eher in die Nähe bestimmter Haushundrassen. Sein muskulöser Körper und seine langen Beine sind wie geschaffen fürs Rennen: Er schafft bis zu 50 km/h. Beim Jagen verlässt er sich aber vor allem auf seine bemerkenswerte Ausdauer, die es ihm erlaubt, auch kräftige Tiere wie Gnus oder Zebras über weite Distanzen zu verfolgen.

FUTTER FÜR ALLE
Bricht die Beute nach unermüdlicher Jagd zusammen, verschlingen die Afrikanischen Wildhunde das Fleisch. Einen Teil würgen sie später für ihre Jungen wieder hervor.

Mögen sie bei der Jagd auch wild und erbarmungslos sein, untereinander verhalten sich Afrikanische Wildhunde ausgesprochen freundschaftlich und spielerisch. Sie zählen zu den geselligsten Caniden (Hundeartigen). Ein bis drei Dutzend Tiere leben in den gut organisierten Rudeln zusammen, in denen sie auch gemeinschaftlich ihren Nachwuchs aufziehen. Sie jagen im Team, und die Jungen dürfen noch vor den anderen Rudelmitgliedern fressen, sogar vor dem dominanten Paar. Weibchen bringen gewöhnlich sechs bis zehn Junge zur Welt, aber auch 16 Welpen pro Wurf wurden schon gezählt.

Diese Hunde sind ständig unterwegs. Doch sobald die Welpen geboren werden, suchen die Eltern einen sicheren Platz für ihren Nachwuchs, oft in einem verlassenen Warzenschwein- oder Erdferkelbau. Dort bleibt das Rudel dann so lange, bis die Jungen groß genug sind, um mit umherzuziehen.

ABESSINISCHER FUCHS
Einen der seltensten und scheusten Vertreter der Hundefamilie, den abessinischen Fuchs, bekommt man heute nur noch in zwei kleinen Nationalparks in Äthiopien zu Gesicht.

Afrikanische Wildhunde waren einst in allen Lebensräumen weit verbreitet, außer im Regenwald und der echten Wüste. Heute zählen sie zu den am stärksten gefährdeten Raubtieren Afrikas und kommen nur noch in verstreuten Populationen in der Savanne und in Berggegenden wie dem Kilimandscharo vor.

Das abgeschiedene äthiopische Hochlandmassiv ist Refugium für den extrem gefährdeten abessinischen Fuchs (oben), der auch abessinischer Schakal genannt wird. Dieses seltene Mitglied der Familie der Hundeartigen lebt nur noch in geringer Anzahl in den Schutzgebieten des Äthiopischen Hochlandes und der Bale-Berge. Sehr ungewöhnlich für Hundeartige, frisst er vorzugsweise Hasen- und Nagetiere wie etwa die Afrikanische Maulwurfsratte (rechts). Diese Nahrung sichert ihm das Überleben in großen Höhen, denn gerade dort gibt es große Nagerpopulationen.

HOCHLANDPAVIANE

In weniger großen Höhen (bis zu 2000 m) in Äthiopien und auf dem Horn von Afrika bewohnen Mantelpaviane die felsigen, spärlich bewachsenen Erhebungen. Diese Paviane leben in engen Familienverbänden, bestehend aus einem dominanten Männchen und bis zu zehn Weibchen sowie ihrem gemeinsamen Nachwuchs. Beim Umherziehen und der Nahrungssuche schließen sich einzelne Familien zu großen Verbänden zusammen. Die hochintelligenten und anpassungsfähigen Bärenpaviane (rechts), die in Wassernähe sowohl im Hochland als auch in den Küstenregionen Süd- und Südwestafrikas vorkommen, haben ein anderes Sozialsystem: Anstatt in Familienverbänden leben sie in großen Trupps aus einem dominanten Paar, anderen Erwachsenen und den Jungen.

Die Vielseitigkeit der Vegetation in den unterschiedlichen Höhen der afrikanischen Berghänge bietet vielen großen Säugern und auch einer riesigen Zahl kleiner Tiere ein Auskommen.

BERGBEWOHNER

BERGZEBRAS werden in zwei Unterarten unterteilt, das Kap-Bergzebra (im Bild) und das Hartmann-Bergzebra.

PAVIANE sind sehr anpassungsfähige Allesfresser. Der Bärenpavian frisst alles, von der jungen Gazelle bis zu Insekten und Früchten.

KLIPPSCHLIEFER sind sehr geschickte Bergsteiger. Drüsensekrete an ihren Pfotenballen geben auf glatten Felsen Halt.

GRABENDE NAGER wie z.B. die Afrikanische Maulwurfsratte buddeln riesige unterirdische Tunnelsysteme.

FEUCHTGEBIETE

Die Vielfalt der Lebensräume ist in den afrikanischen Feuchtgebieten fast ebenso groß wie im Regenwald. Doch im Tropenklima Afrikas können sich die Bedingungen dort auch rasch dramatisch ändern. Die Säugetiere, die hier leben, müssen deshalb sehr anpassungsfähig sein.

RÖHRICHT UND SUMPF

OFFENES WASSER

FEUCHTLANDTYPEN
In vielen afrikanischen Feuchtgebieten wachsen riesige Papyrus- und Schilfbestände, die zahlreiche Feuchtlandbewohner ernähren. In einigen Zonen gibt es weite, offene Wasserflächen. Dort leben ausgesprochene Wassersäuger, z.B. Flusspferde.

GRÜNE OASEN

Rund um die Flüsse und Seen Afrikas erstrecken sich riesige Feuchtgebiete, die Wasser, Futter und Lebensraum für eine Vielzahl von Säugetieren bieten. Viele dieser Feuchtflächen sind Oasen üppiger Vegetation, umgeben von trockenen Landstrichen. In Botswana etwa versickert der Fluss Okawango im riesigen »Schwamm« der Kalahari-Wüste und bildet so die gigantischen Okawangosümpfe. Im Südsudan breitet sich der Oberlauf des weißen Nils über die südöstlichsten Grenzen der Sahara aus und formt dabei den Sudd, ein riesiges, 130000km² großes Sumpfgebiet mit Papyrusstauden – das größte Süßwasserfeuchtgebiet der Welt. Zudem bilden, über die Wüsten und Savannen des afrikanischen Kontinents verstreut, kleinere Feuchtgebiete um Flüsse und Tümpel herum eigene Lebensgemeinschaften aus.

SUMPFANTILOPE
Sitatunga-Antilopen sind Feuchtzonen-Spezialisten. Oft waten sie schultertief durchs Wasser, um Binsen und Schilf zu futtern.

Alle diese Feuchtflächen verändern ihren Wasserstand je nach Jahreszeit. Während der Trockenzeit schrumpfen die Okawangosümpfe von 12000 auf 4000 km² Fläche. Kleinere Sümpfe und Wasserlöcher trocknen völlig aus. Die Feuchtgebiete sind für die dort heimischen Tiere reichhaltige, aber auch sehr anspruchsvolle Lebensräume.

DER FLUT HINTERHER
Litschi-Moorantilopen ziehen weit übers feuchte Land, dem jährlichen Hochwasser hinterher – und der frischen Vegetation, die nur hier im Flachwasser gedeiht.

INSEKTENABWEHR — VERHALTEN

Viele Großsäuger Afrikas wälzen sich aus einer Vielzahl von Gründen regelmäßig im Wasser oder Schlamm: Schlamm kühlt gut, weil das Wasser daraus nur langsam verdunstet. Zudem ist angetrockneter Schlamm eine vorzügliche Sonnencreme und wehrt auch Blutsauger wie Fliegen und Zecken ab. Da diese oft tödliche Krankheiten übertragen, kann ein solches Schlammbad sogar lebensrettend sein.

SCHLAMMPACKUNG Überzogen mit Schlamm, ist dieser Kaffernbüffel bestens geschützt vor Hitze, Sonne und Insekten.

BESUCHER UND BEWOHNER

Die Feuchtgebiete Afrikas sind Anziehungspunkt für viele Säugerarten, die nicht speziell ans Wasser angepasst sind, sich aber täglich zum Trinken einfinden, etwa Zebras, Weißbart-Gnus (S. 38) und Leierantilopen. Elefanten, Nashörner und Kaffernbüffel kommen nicht nur zum Trinken, sondern auch zum Baden. Gerade Elefanten lieben es, sich im Wasser zu wälzen, um sich abzukühlen und Parasiten abzuwehren. Ist das Wasser tief genug, tauchen sie komplett unter; sonst saugen sie Wasser mit ihrem Rüssel auf und besprühen sich damit.

Andere große Säuger sind hier eher Bewohner als Besucher, denn sie haben sich an den weichen, nassen Untergrund angepasst. Zu ihnen gehören die Feuchtlandantilopen der Unterfamilie *Reduncinae* (S. 39), etwa Ried- und Wasserböcke, Moor- und Litschi-Moorantilopen (Kasten rechts). Diese leben zwar nicht ausschließlich in Feuchtgebieten, sind aber auf die üppige Vegetation der Graszonen in Wassernähe angewiesen.

Wasserböcke und Litschi-Moorantilopen waten oft ins kühle Nass, um Wasserpflanzen zu fressen. Dank ihrer weit abspreizbaren Zehen sinken sie dabei im Schlamm nicht ein. Die Sitatunga-Antilope mit ihren gedrehten Hörnern (gegenüber), die ausschließlich in tiefem Marschland und den Papyrussümpfen im südlichen Zentralafrika lebt, zeigt diese Anpassung ebenfalls.

KURZPORTRÄT

ANTILOPEN

Etliche Antilopen sind ans Leben in bzw. an saisonal überfluteten Weideflächen und Sümpfen angepasst. Watend oder schwimmend suchen sie dort Futter und Zuflucht. Wenn sich der Wasserbock im Wasser versteckt, lugt manchmal nur seine Schnauze noch hervor.

WASSERBOCK

LITSCHI-MOORANTILOPE

LEIERANTILOPE

DIENSTBARE GEISTER
Unter Wasser sind Flusspferde oft Anziehungspunkt für Fische, die Algen von ihrer Haut und sogar aus ihrem Maul knabbern.

ZWERGFLUSSPFERD
Kleiner und seltener als das Flusspferd ist das Zwergflusspferd. Es kann länger an Land bleiben und bewohnt Flüsse und Sumpfgebiete in den Flachlandwäldern Westafrikas.

WASSERBABY
Flusspferd-Kälber werden zumeist unter Wasser geboren und gesäugt. Nur zum Luftholen kommen sie alle paar Sekunden an die Oberfläche.

BADEGEFÄHRTEN
Ohne in strukturierten Herden zu leben, dulden Flusspferde Gesellschaft. Wenn die Tümpel während der Trockenzeit wenig Wasser haben, drängen sie sich dort dicht zusammen.

JÄGER IM FEUCHTGEBIET

Die zahlreichen Pflanzenfresser, die sich von der reichen Vegetation der Feuchtgebiete ernähren, ziehen eine Vielzahl von Fressfeinden an. Der Serval – eine geschmeidige, langbeinige Katze – ist auf die Jagd im Schilf und hohen Gras spezialisiert.

Seine Beute sind Grasratten und andere Nager; im Flachwasser macht er auch Jagd auf Frösche, Fische und sogar Flamingos. Auch Schakale und Hyänen schleichen um die Flamingoschwärme, die sich an den Seen des ostafrikanischen Grabens aufhalten, herum. Sobald sich ein Vogel aus dem Verband löst, schlagen sie zu.

Feuchtlandantilopen, die sich gern in tieferem Wasser aufhalten, sind hier zwar gut geschützt vor Raubsäugern, fallen dafür aber oft Krokodilen zum Opfer. Die Antilopen- und Zebraherden, die nur ans Wasser kommen, um zu trinken und frisches Grün zu fressen, werden ständig von Löwen (S. 32), Leoparden (S. 55) und Wildhunden belauert. Vor allem während der Trockenzeit kommen riesige Mengen von Weidegängern an die Uferzonen mit ihrem letzten Grün. Für sie ist das eine magere Zeit – vielen ihrer Feinde hingegen bieten sich nun gute Jagdbedingungen. Bei so vielen Tieren an einem Platz haben sie nur die Qual der Wahl. Hunderudel scheuchen die Herden einfach auf und schnappen sich dann die schwächsten Tiere, die am weitesten zurückbleiben.

WASSERGIGANTEN

Nur wenige Räuber versuchen, den am besten ans Wasserleben angepassten Säuger Afrikas anzugreifen, das Flusspferd. Bis zu 3200 kg schwer und mit scharfen Hauern bewaffnet, ist es eine imposante Erscheinung. Günstig für ein Leben im Wasser sind die Schwimmhäute zwischen seinen Zehen. Seine Augen, Ohren und Nasenlöcher befinden sich weit oben auf dem Kopf. So kann es fast völlig untertauchen und dennoch Luft holen. Seine äußerst dünne Haut, über die es schnell viel Feuchtigkeit verliert, verbietet dem Flusspferd, lange an Land zu bleiben. Unter der glühenden Sonne Afrikas würde sie bald aufplatzen und das Tier müsste sterben. Etwas Schutz bietet das rote, schleimige Sekret aus seinen Hautdrüsen, das wie ein Lack antrocknet und für die Rosafärbung verantwortlich ist. Die effektivste Kühlung und den besten Schutz vor Austrocknung erfährt der Hippopotamus aber unter Wasser.

FLUSSPFERDWEGE

Flusspferde verbringen den Tag im Wasser; erst während der Dämmerung, wenn es kühler wird, kommen sie zum Fressen an Land. Jede Nacht frisst ein Tier über 40 kg Gras. Das erscheint viel, ist aber nur ein geringer Prozentsatz seines Körpergewichtes. Flusspferde mögen besonders Gras, das durch regelmäßiges Abweiden kurz gehalten wird. Deshalb kommen sie oft Nacht für Nacht zum selben Futterplatz zurück. Durch dieses ständige Hin und Her treten sie regelrechte Pfade aus. In den Sümpfen des Okawangodeltas gibt es sogar breite »Straßen« zu

GEBORENE TAUCHER — VERHALTEN

Da der Körper eines Flusspferdes fast dasselbe wiegt wie das von ihm verdrängte Wasser, kann es wie ein U-Boot untertauchen und am Grunde eines Flusses oder Sees entlangspazieren. Mehr als fünf Minuten kann es unter Wasser bleiben, ohne Luft zu holen; seine Nasenlöcher und Ohren verschließen sich dabei automatisch. Das alles funktioniert sogar im Schlaf: Regelmäßig kommt es an die Wasseroberfläche und atmet frische Luft, dann taucht es wieder ab – alles, ohne aufzuwachen. Die meiste Zeit des Tages verbringt es so, bevor es in der Dämmerung an Land auf Nahrungssuche geht.

UNERWARTETE ELEGANZ
Mag es an Land auch schwerfällig wirken, unter Wasser bewegt sich das Flusspferd mit der Grazie einer Ballerina.

EINSAMER JÄGER
Der verstohlene und heimliche Serval jagt alleine. Die großen Ohren helfen ihm, seine Beute im hohen Gras und Schilf auszumachen.

ihren Weidegründen, die sich in der Regenzeit in Kanäle verwandeln: Flusspferde als Baumeister der Feuchtgebiete.

Ein Flusspferd geht allein auf Futtersuche. Die erwachsenen Tiere haben keine Feinde; deshalb ist Herdenbildung eigentlich unnötig. Dennoch finden sich Weibchen in festen Gruppen zusammen. Ausgewachsene Männchen hingegen leben nicht gesellig. Rivalen vertreiben sie, wenn nötig, unter Einsatz der scharfen Hauer ihres Unterkiefers. Gibt keiner der Kontrahenten nach, können solche Kämpfe ausgesprochen blutig, gelegentlich sogar tödlich enden.

Vor allem während der Trockenzeit kommen riesige Mengen von Weidegängern an die Uferzonen mit ihrem letzten Grün.

WALDTYPEN
Die Wälder Afrikas können in drei Haupttypen untergliedert werden: den »Dschungel« des feuchttropischen Regenwaldes, den dunstig-feuchten Gebirgsnebelwald sowie den regengrünen oder Monsunwald, der in der Regenzeit von anschwellenden Flüssen und Bächen durchzogen ist.

WÄLDER

Obwohl Afrikas Waldgebiete nur einen kleinen Anteil der Gesamtfläche dieses großen Kontinents ausmachen, bedecken sie – absolut gesehen – ein riesiges Gebiet. Da die Wälder sich dies- und jenseits des Äquators über viele Breitengrade erstrecken, sind die Lebensräume, die sie bieten, extrem unterschiedlich.

HERZ DES WALDES

Afrikas größte Waldgebiete befinden sich am Äquator (tropischer Regenwald) sowie dies- und jenseits dieses Bereiches (regengrüner oder Monsunwald). Im äußersten Norden sowie Süden des Kontinents (gemäßigte Zonen) gibt es kleine Bereiche temperierten immergrünen Waldes. Im warmen, feuchten Klima des Äquators können Bäume in größeren Höhen wachsen als in anderen Breiten; so entsteht der Nebelwald. Im tropischen Regenwald ist das Klima das ganze Jahr über konstant warm und feucht. Im Monsunwald, wo sich der Jahresniederschlag in einer einzigen Regenzeit, dem Monsunregen, konzentriert, sind die Bedingungen weit weniger stabil.

Jeder dieser Lebensräume hat seine eigene Säugerfauna, deren Arten zum Teil selten und gefährdet sind.

GUT GEPANZERT
Bei Gefahr rollt sich das Schuppentier zu einer Kugel zusammen und richtet seine Schuppen auf.

WEIT ÜBER DEM BODEN

Viele Säugetiere leben in den Bäumen oder klettern hinauf, um zu jagen oder sich zu verstecken. Der Leopard (Kasten rechts), ein heimlicher und scheuer Jäger, verfolgt seine Beute, z.B. Affen und kleine Huftiere, mit atemberaubendem Tempo. Schuppentiere (links) haben eine Rüstung aus scharfkantigen, überlappenden Schuppen, die nicht nur Schutz vor Feinden, sondern auch Tarnung bietet – am Boden wie in den Bäumen. Zum Fressen bedienen sich diese zahnlosen Tiere ihrer bis zu 25 cm langen Zunge und der kräftigen Magenmuskeln, die die Insekten »zerkauen«. Ein Riesen-Schuppentier kann in einer Nacht mehr als 200000 Ameisen vertilgen.

Im tropischen Regenwald von Zaire lebt der seltene Zwergschimpanse oder

Jeder dieser Lebensräume hat seine eigene Säugerfauna, deren Arten zum Teil selten und gefährdet sind.

ZWERGSCHIMPANSEN-TAGESBETT
Nach einem Mahl aus Früchten und Gräsern ruht der Bonobo in einem Baumnest aus Zweigen und Blättern. Es ist schnell gebaut und wird meist nur einmal benutzt.

WALDBEWOHNER

LEOPARDEN sind mit die kräftigsten Wald- und Savannenbewohner, die auf Bäume klettern können. Sie schleppen ihre Beute bis auf die Äste, wo sie sie ungestört verzehren können.

SCHWEINE gibt es in ganz Afrika. Die größte Art dieser Familie, das hier abgebildete Riesenwaldschwein, ernährt sich von Gras und Buschwerk.

POTTOS sind dank ihrer beweglichen Gelenke ausgezeichnete Kletterer. Bei Gefahr rollen sie sich zu festen Kugeln zusammen.

HAMSTERRATTEN (hier die Gambia-Riesenhamsterratte) benutzen ihre Backentaschen als »Einkaufstüten«, um Futter in die Baue zu schaffen.

FLEDERMÄUSE wie dieser Grabflatterer (*Taphozus mauritianus*) schlafen häufig in Felsen und Bäumen.

Bonobo, ein naher Verwandter des Menschen. Leichter und graziler gebaut als andere Schimpansen, ist er ein flinker und geschickter Kletterer. Oft sieht man ihn Äste entlangbalancieren – bis zu 45 Meter über dem Boden.

AM WALDBODEN

Einer der größeren und gefährlicheren Waldbewohner ist das Riesenwaldschwein (oben). Seine großen Eckzähne wachsen waagrecht aus dem Kiefer. In Gruppen von bis zu 20 Tieren bewohnt es Regionen mit dichtem Wald- oder Bambusbewuchs von Liberia im Westen bis Äthiopien im Osten. Anders als die meisten Schweine wühlt es nicht im Boden, sondern ernährt sich überwiegend von saftigem Gras, und als Futterdieb durchstöbert es Eingeborenenhütten im Umkreis der Wälder.

Die Gambia-Riesenhamsterratte lebt zwar meist auf dem Boden, erklimmt aber oft Pflanzen und reißt dort Früchte ab, die sie zu Boden fallen lässt, um sie anschließend einzusammeln. Nicht nur als Haustier ist die Riesenhamsterratte beliebt, sondern auch als Delikatesse; man fängt sie daher in Fallen.

GEWUNDENE HÖRNER
Männliche und weibliche Bongos sehen sich ähnlich, da beide Hörner tragen.

In den feuchten Wäldern nördlich des Äquators lebt der Bongo, eine Antilope mit leierartigen Hörnern. In seinem angestammten Lebensraum sieht man ihn selten, denn die weißen Streifen an den Flanken und Beinen tarnen ihn vorzüglich im dichten Bodenbewuchs.

ZUFLUCHTSORT TOTHOLZ

Ein umgestürzter Baum kann zwar Lebensraum zerstören, doch auch Zufluchtsstätte für kleine Säugetiere sein, etwa für den Pinselschwanz-Bilch. Mit seinem weichen Fell und dem dicht behaarten Schwanz ist er eines der attraktivsten Nagetiere Afrikas. Auch die Elefantenspitzmaus mit ihrer langen, beweglichen und empfindlichen Schnauze schätzt das Totholz. Man findet dieses scheue Tier nur in Afrika, wo es überwiegend tags auf Futtersuche geht und sich fast ausschließlich von kleinen Wirbellosen ernährt.

REGENWALD

Der afrikanische Regenwald lässt sich grob in zwei gürtelförmige Bereiche unterteilen. Der kleinere, der Oberguinea-Wald, bedeckt die niedrigeren Regionen von Sierra Leone an der Atlantikküste bis in den Westen Ghanas. Man findet hier Diana- und Monameerkatzen, Ducker, Zibetkatzen, Stachelschweine und Schuppentiere (S. 54). Für die Verständigung im dichten Regenwald verlassen sich viele Tiere eher auf akustische Signale als auf optische. Die stimmgewaltigsten sind die Mantelaffen, die in der Morgen- und Abenddämmerung Schreie und hohe Brülllaute von sich geben.

Der zweite und größere Regenwaldbereich erstreckt sich von der Nordküste des Golfs von Guinea über Kamerun, Gabun und das Kongobecken zur Ruwenzori-Bergkette an der Grenze zu Uganda. Diese feuchte, dichte Vegetation, der klassische Dschungel, ist für viele der Inbegriff Afrikas. Drei Arten eines seltenen und gut erforschten Primaten leben hier: des Gorillas. Der östliche Flachlandgorilla lebt nur in den Wäldern des östlichen Kongo; der westliche Flachlandgorilla ist in der gesamten Region verbreitet; den Berggorilla (oben) findet man im östlichen Teil dieses Gebietes in ein paar kleinen Enklaven in höheren Lagen.

LERNEN
Indem sie dicht bei ihrer Mutter bleiben, sammeln junge Gorillas Erfahrungen fürs Waldleben – sozusagen aus erster Hand.

BERGWÄLDER

Der Gebirgsnebelwald an den hoch gelegenen Hängen der vulkanischen Virunga-Berge zwischen Uganda, Ruanda und dem Kongo ist die Heimat der einzigen bekannten Populationen von Berggorillas. Jede Gruppe wird von einem Alpha-Männchen dominiert, das sowohl seinen Harem als auch den gemeinsamen Nachwuchs energisch beschützt.

KÖRPERSPRACHE — VERHALTEN

Gorillas verständigen sich mit über 20 verschiedenen Lauten mit den Mitgliedern ihrer und anderer Gruppen; zusätzlich setzen sie Körpersprache ein. Um ungebetene Gäste, z.B. Menschen, abzuwehren, vollführt ein dominanter Silberrücken folgendes Ritual: Zunächst stößt er Schreie aus und nimmt ein abgerissenes Blatt zwischen seine Lippen; nach einer Reihe weiterer eindringlicher Rufe stellt er sich aufrecht und schleudert Blätter und Zweige durch die Luft. Dann trommelt er sich auf die Brust, läuft seitwärts und reißt Pflanzen aus. Schläge auf den Boden sind die letzte Warnung – danach kann ein Angriff folgen.

DROHGEBÄRDEN
Ein Silberrücken hält Gruppenmitglieder in Schach und weist Eindringlinge ab, indem er sich aufrichtet und auf seinen mächtigen Brustkasten trommelt.

KÖRPERPFLEGE
Schimpansen verbringen viele Stunden mit Körperpflege. Diese dient nicht nur dazu, das Fell von Parasiten zu befreien, sondern auch der Bildung und Stärkung sozialer Bande zwischen den einzelnen Gruppenmitgliedern.

SCHWINDENDE ANZAHL

Gorillas sind von Natur aus friedfertig. Normalerweise greifen sie nur an, wenn sie selbst oder ihre Familie bedroht werden (oben). Sie bewohnen oft entlegene Landstriche – pro Gruppe rund 25 bis 30 km^2 groß. Sie haben wenige natürliche Feinde, trotzdem nimmt ihre Zahl ständig ab.

Nicht die vereinzelten Leopardenangriffe bedrohen ihre Existenz, sondern der Mensch. Trophäenjäger trachten nach ihren Händen, Füßen und sogar ihren Köpfen. Eine regelrechte Wilderer-Industrie ist entstanden. Die zweite große Bedrohung geht von der sich ausbreitenden Landwirtschaft aus, die zur Rodung riesiger Waldgebiete und damit zur Zerstörung vieler typischer Lebensräume der Gorillas führt. Obwohl zum Schutz der Gorillas von bewaffneten Wildhütern bewachte Nationalparks eingerichtet worden sind, bleibt die Wilderei eine der größten Gefahren für das Überleben dieser Art.

KRAFTPAKETE — EVOLUTION

Gorillas sind die größten Primaten: Erwachsene Männchen wiegen durchschnittlich 160 kg, aufrecht stehend würden sie eine Höhe von 2,3 m erreichen. Gorillababys gewöhnen sich schnell an ihre Umgebung und entwickeln sich viel rascher als Menschenkinder. Mit 6 bis 7 Monaten sind sie bereits stark genug, um auf Bäume zu klettern. Berggorillas sind an ein Leben in Höhen bis zu 4000 m angepasst, denn sie tragen ein langes, zottiges Haarkleid, das sie warm hält.

SILBERRÜCKEN
Wenn erwachsene Gorillamännchen mit 9 bis 10 Jahren geschlechtsreif werden, färbt sich ihr Rücken silbergrau. Der »Silberrücken« steigt zum Anführer der Gruppe auf.

MITTAGSCHLAF
Eine Gorillagruppe – ein Silberrücken, mehrere Weibchen und Jungtiere – hält Siesta. Junge Gorillas spielen oft, während die Erwachsenen schlafen.

MANDRILL-PORTRÄT

Die Gesichtsfärbung des Mandrill-Männchens ist Zeichen seiner Autorität und schüchtert Feinde ein. Auch sein Hinterteil ist rot und blau gezeichnet.

AUF DEN LICHTUNGEN

Das allmähliche Zurückweichen der Waldgrenzen während des Pliozäns (vor 5,3 bis 1,8 Mio. Jahren) zwang viele Lebewesen, z.B. Paviane, von den Bäumen auf ein neues Habitat, die Ebene, auszuweichen und sich dort auf eine terrestrische Lebensweise einzurichten, denn die Fähigkeit, auf Bäume zu klettern, war jetzt nur noch von geringem Nutzen. Einige von ihnen kehrten schließlich in den Wald zurück, nicht, um in den Baumkronen zu wohnen, sondern um den natürlichen Schutz und das Futter des Waldbodens zu nutzen. Zwei dieser Arten, der Mandrill (gegenüber) und sein kleiner Verwandter, der Drill, können gelegentlich auf Waldlichtungen beobachtet werden, wo sie den Boden nach ihrer abwechslungsreichen Nahrung aus Früchten, Wurzeln, Trieben, Regenwürmern, Eidechsen, Schlangen und Nagern absuchen. Auch einer der Hauptfeinde des Mandrills, der Leopard (S. 55), nutzt die freie Sicht und die offenen Schneisen im Wald: um seine deckungslose Beute zur Strecke zu bringen.

Ein weiteres lebhaft gefärbtes Säugetier, das auf den Waldlichtungen West- und Zentralafrikas nach Nahrung wühlt, ist das Buschschwein (rechts). Es ist an seiner roten Farbe und den weißen Gesichtszeichnungen zu erkennen, die Widersacher abschrecken sollen.

Bemerkenswert ist das Ausbreitungsgebiet des Buschschweins: Als einzige landlebende Säugetiergattung kommt es sowohl auf dem afrikanischen Festland vor als auch in Madagaskar (S. 60–61). Dieser gute Schwimmer hat auch die Inseln im Viktoriasee besiedelt. Madagaskar aber soll es auf andere Weise erreicht haben: auf natürlichen Schilfflößen oder anderen schwimmfähigen Pflanzen treibend.

In Afrikas Wäldern gibt es viele Antilopen mit gewundenen Hörnern. Auch wenn viele Arten den Schutz von hohem Gras und dichtem Gestrüpp bevorzugen: Trinken müssen sie alle. In der Dämmerung ziehen sie zu den Waldlichtungen mit ihren Wasserstellen. Die kleinste dieser Antilopen ist der Buschbock, der wie die Bongos (S. 55) senkrechte weiße Streifen an den Flanken und Beinen hat (die Zeichnung lässt allerdings an den östlichen und südlichen Rändern des Verbreitungsgebiets nach). Waldtümpel ziehen viele Säugerarten an, von der Elenantilope, der größten Spiralhornantilope, bis zu winzigen Insektenfressern wie der Elefantenspitzmaus.

PINSELOHRSCHWEIN
Dieses Fluss- oder Buschschwein wühlt nach Knollen und Insektenlarven, und es folgt den Schimpansen nach, um sich an den Früchten zu laben, die diese von den Bäumen fallen lassen.

ZWIST

Zur Sicherung des Reviers oder des Familienzusammenhalts, bei Paarungsrivalitäten oder drohender physischer Gewalt kann es unter Waldbewohnern zum Streit kommen. Katzen markieren ihr Territorium mit Duftstoffen und bekämpfen Eindringlinge, die diese Warnung missachten. Mitglieder einer Schimpansengruppe klären, wie die Gorillas (S. 56), ihren Zwist meist rasch durch einschüchternde Gesten und Laute. Anders als Gorillas verhalten sich Schimpansen gruppenfremden Artgenossen gegenüber ausgesprochen aggressiv: Trupps erwachsener Männchen suchen ihr Territorium nach Eindringlingen ab und greifen sie an. Solche Begegnungen können mit schweren Verletzungen enden, ja sogar tödlich sein.

Mandrills und Buschschweine (links und oben) verlassen sich zunächst auf ihre Gesichtszeichnungen, um potenzielle Angreifer oder Rivalen einzuschüchtern und in die Flucht zu schlagen, aber damit sind ihre Mittel noch nicht erschöpft. Bloße Körperkraft oder Angriffslust ist jedoch Gewehren und Macheten nicht gewachsen. So wird der Mensch immer die größte Bedrohung für die Tiere der afrikanischen Wälder sein.

DER RÜSSEL DES ELEFANTEN — EVOLUTION

Fossilien aus dem Eozän (vor 33–55 Mio. Jahren) lassen vermuten, dass der Elefant aus Nordafrika stammt. Einer seiner frühesten Verwandten, *Palaeomastodon*, hatte zwar einen ähnlichen Zahnaufbau wie der moderne Elefant, aber keinen Rüssel. Diese Form der Bezahnung setzte sich auch beim Mastodon (oder *Gomphotherium*) fort, das einen kurzen Rüssel und Stoßzähne besaß. Während des Tertiärs (vor 1,8–65 Mio. Jahren) wanderten Mastodonten von Nordafrika in fast die ganze Welt. Sie wurden erheblich größer und schwerer und der Rüssel (der aus Nase und Oberlippe gebildet wird) verlängerte sich: vermutlich damit die großen Tiere an Wasser und Futter gelangen konnten.

VIELSEITIGE NASE
Der Elefant benutzt seinen Rüssel als Werkzeug, zum Fressen und Trinken, als Spritzschlauch, Schnorchel sowie zur Verteidigung.

HEIMLICHE LEBENSWEISE — VERHALTEN

Räuber wie Beute haben guten Grund, sich zu verbergen. Das gefleckte Fell eines Leoparden lässt ihn mit dem Fleckenmuster aus Sonne und Schatten auf dem Waldboden verschmelzen, wenn er sich an Affen oder kleine Huftiere wie die Ducker heranpirscht. Die Sitatunga-Antilope hingegen (S. 48) mit ihrem langen, braunen Haarkleid und dem gestreiften Rücken verschmilzt mühelos mit dem Hintergrund des Waldsumpfes. Wird sie beunruhigt, taucht sie bis auf ihre Nasenlöcher unter Wasser.

SCHWARZRÜCKENDUCKER
Diese kleine, nachtaktive Rundrücken-antilope verbirgt sich tagsüber in hohlen Baumstämmen oder im Dickicht.

KAFFERNBÜFFEL
Madenhackerstare picken die Parasiten von seiner Haut. Die waldbewohnende Unterart dieses Büffels, der Rot- oder Waldbüffel, lebt nur in Westafrika. Er ist kleiner als sein Verwandter in der Savanne.

AFRIKANISCHE GOLDKATZE
Dieser braune oder schwarze Jäger ist fast doppelt so groß wie die Hauskatze. Er fängt Baumschliefer, Vögel, Nager, Affen und kleine Antilopen.

LANGFINGER — EVOLUTION

Ein Charakteristikum des Aye-Ayes oder Fingertieres – eines Lemuren – ist die Gestalt seiner Hände. Alle Finger sind lang und haben gekrümmte Krallen; der Mittelfinger aber ist enorm verlängert und besteht fast nur aus Haut, Knochen und Sehnen. Das Aye-Aye benützt diesen flexiblen Finger nicht nur, um sein Gesicht akribisch zu säubern und sich zu striegeln, sondern auch zur Futtersuche: Es klopft an die Baumborke und lauscht nach Geräuschen von Maden. Dann bricht es die Borke mit den Zähnen auf und angelt die Beute mit dem Finger heraus.

EMPFINDLICHE SONDE
Der lange Mittelfinger des Aye-Ayes ist ein ideales Werkzeug, um nach Insekten und Maden zu forschen.

WÄLDER MADAGASKARS

400 Kilometer von Afrikas Südostküste entfernt, jenseits der Straße von Moçambique, liegt die Insel Madagaskar (587 041 km² groß). Madagaskars Wälder bieten eine Vielfalt von Lebensräumen und sind Rückzugsgebiet für viele seltene Säugetiere. Im Zentrum gibt es Gebirgswälder, im Westen und Norden Laubwälder und an der Ostküste Regenwälder. Viele Baumarten ähneln nicht nur denen, die man im nahen Afrika findet, sondern auch denen in Malaysia, Südamerika und Australien: ein Artenspektrum, das den Botanikern noch immer Rätsel aufgibt.

Nachdem der Superkontinent Gondwana zerbrochen war und sich Madagaskar von Afrika (und dem, was später Indien wurde) abgetrennt hatte, konnte sich die Tierwelt in Isolation entwickeln. Obwohl die Inselfauna einige Ähnlichkeit mit der auf Malaysia hat, haben sich viele besondere Formen entwickelt, die es nur hier gibt. Neben den vielen Lemurenarten, die man in den Waldregionen findet, lebt auf der Insel auch eine Vielzahl von Fledermäusen, Nagern, Insekten- und Fleischfressern. Diese Mannigfaltigkeit findet man aber nicht nur bei den Säugern, sondern auch bei den unzähligen Fisch-, Schmetterlings- und Reptilienarten.

LEMURENPARADIES

Lemuren gehören zur Ordnung der Primaten und dort wiederum zu den Halbaffen. Einige ihrer frühen Vorfahren entwickelten sich zu Affen und Menschenaffen. Die Lemuren aber schlugen einen anderen Entwicklungsweg ein, hin zu ihrem heutigen Erscheinungsbild, und zwar hauptsächlich auf Madagaskar. Wegen der geografischen Isolation der Insel und ihrer Fülle an natürlichen Lebensräumen verlief das Leben der Lemuren ohne größere Störungen. Einer ihrer wenigen Fressfeinde ist die Fossa (unten), ein schlankes, geschmeidiges, katzenähnliches Raubtier, das sowohl tags wie nachts jagt. Neben Lemuren erbeutet dieser kräftige Jäger und flinke Kletterer auch Nutztiere, weshalb er verfolgt wird. Neben dem Lebensraumverlust ist dies der zweite Grund dafür, dass der Bestand dieses Einzelgängers heute gefährdet ist.

Viele Lemurenarten gibt es nur auf Madagaskar. Man zählt 43 Arten, die in 3 Familien untergliedert werden: Katzenmakis, Wieselmakis und die Mittelgroßen Lemuren, zu denen die Echten Makis zählen. Zusammen mit der Familie der Indriartigen (Wollmaki, Sifaka, Indri) und der Familie der Fingertiere (Aye-Ayes, Kasten links) bilden sie die Teilordnung der Lemurenartigen. Der bekannteste der Echten Makis ist der Katta (gegenüber und Kasten unten), der das trockene Gebüsch, den Laubwald und die Dornstrauchsavanne Süd- und Südwestmadagaskars bewohnt. Auch in der Felsenregion des Andringitra-Massivs im Südosten der Insel gibt es eine isolierte Population. Ein einfach zu bestimmendes Mitglied der Familie der Indriartigen ist der Larvensifaka (links), den sein weißes, samtenes Fell und das charakteristische Braun an Kopfoberseite und Nacken von allen anderen Arten unterscheiden.

LARVENSIFAKA
Die Arme zur Balance weit ausgebreitet, springt dieses außergewöhnliche Tier graziös über Lichtungen und offenen Grund.

FOSSA
Der größte Fleischfresser Madagaskars, die Fossa, bewohnt Baumsavanne und Wald bis in 2600 m Höhe.

SCHUTZMASSNAHMEN

Madagaskars reiche Pflanzen- und Tierwelt wird vom Menschen bedroht. Viele der ärmeren Einheimischen haben kaum Alternativen zur Nutzung der natürlichen Ressourcen des Waldes, in dem sie große Flächen roden, als Bauland oder Weideland für ihr Vieh. Ist der Bewuchs erst gerodet, wird der Mutterboden schnell vom Regen weggeschwemmt, und sobald das Land ausgewaschen und unbrauchbar ist, wird es zu Gunsten neuer Rodungen aufgegeben. Diese Zerstörung von Lebensraum führt zum Rückgang einiger der seltensten Säugetiere Madagaskars (und der Welt). Um diesem Trend zu begegnen und um die Gegend zu schützen, wurden 22 Nationalparks gegründet, zudem werden verbesserte, umweltfreundliche Bewirtschaftungsmethoden eingeführt und sanfter Tourismus gefördert.

SONNENBAD — VERHALTEN

Der Katta ist leicht an seinem fuchsähnlichen Gesicht, den hellen orangebraunen Augen und seinem langen, schwarz-weiß geringelten Schwanz zu erkennen. Die Nacht verbringt er zusammen mit Artgenossen in Bäumen. Kurz nach Sonnenaufgang erwacht er und macht sich auf Futtersuche. Diese Lemuren leben sehr gesellig in Gruppen von etwa 20, mindestens aber fünf oder sechs Tieren. Kattas können täglich bis zu 600 m zurücklegen; ungefähr alle 200 m machen sie eine Pause, um zu fressen. Mit ihren geschickten Händen sammeln sie Blätter, Früchte, Blüten, Feigen und Bananen. Haben sie genug gefressen, setzen sie sich (anders als die meisten Arten) auf ihr Hinterteil, strecken ihre Arme aus und genießen ein Sonnenbad.

»KATZENMAKIS«
Der Katta gibt schnurrende und miauende Laute von sich. Deshalb wird er fälschlich auch als Katzenmaki bezeichnet.

KURZPORTRÄT

LEMUREN

Der laute Ruf des Grauen Halbmakis durchdringt leicht die dichten Bambuswälder, in denen er lebt. Der Große Wieselmaki und der Vari sind im Regenwald zu Hause, während der Braune Maki sowohl trockenen Laub- als auch feuchten Gebirgswald bewohnt.

GRAUER HALBMAKI

WIESELMAKI

BRAUNER MAKI

VARI

SCHWANZSIGNALE
Kattamännchen reiben ihre schwarz-weiß geringelten Schwänze mit Duftstoffen ein und ergänzen so die optische Signalwirkung um eine geruchliche Komponente.

NORDAMERIKA

EVOLUTION

VOR 500 MIO. JAHREN lag Nordamerika am Äquator, im Vergleich zu heute um 90 ° gedreht. Es war von Meer umgeben und teilweise überflutet. Fossilien von Meeresbewohnern aus dem Kambrium finden sich im Burgess-Schiefer am Fuße der kanadischen Rocky Mountains.

VOR 200 MIO. JAHREN waren alle Hauptlandmassen im Superkontinent Pangäa vereint. Nordamerika lag im Nordwesten, sein nordöstlicher Rand grenzte an Europa; Afrika lag südöstlich und Südamerika zog sich am heutigen Golf von Mexiko entlang.

VOR 100 MIO. JAHREN waren große Bereiche des zentralen Kontinents von flachen Seen und Lagunen bedeckt. Aus ihnen entstanden fossilienreiche Gesteine mit Überresten von Meeresreptilien, z. B. Plesiosauriern, die man heute weit im Landesinneren finden kann.

VOR 50 MIO. JAHREN wanderte Nordamerika (das zuvor im Osten mit Europa verbunden und Teil des nördlichen Superkontinents Laurasien war) westwärts – der Atlantik weitete sich aus.

VOR 5 MIO. JAHREN begannen sich Landbrücken zu bilden, die zeitweilig die Wanderung von Säugetieren zwischen Nord-, Mittel- und Südamerika ermöglichten.

VORIGE SEITE:
DER WOLF
Wölfe bewohnten einst große Teile Nordamerikas, heute trifft man sie fast nur noch im Norden an.

LEBENSRÄUME NORD-AMERIKAS

Nordamerika, das sich vom nördlichen Polarkreis bis zum Wendekreis des Krebses auf dem 23. Breitengrad erstreckt, bietet eine Fülle an Klimabedingungen und Lebensräumen – einige davon noch ursprünglich, andere schon ganz vom Menschen geprägt.

ARKTIS BIS TROPEN

In den vielen unterschiedlichen Lebensräumen Nordamerikas findet man viele der bekanntesten wild lebenden Säugetiere. Ihre Geschichte wurde maßgeblich von der letzten Eiszeit bestimmt, die vor 20000–10000 Jahren endete. Damals war die nördliche Hälfte des Kontinents mit Eis und Gletschern überzogen, die Klimazonen lagen äquatorwärts Richtung Süden verschoben. Mit dem Rückgang des Eises kamen einige der Pflanzen und Tiere in den Norden zurück.

Das endlos erscheinende Grasland im Landesinneren geht im Südwesten in Wüste, südwärts in trockene, felsige Buschlandschaften und nach Osten hin in Wald über. Im Norden gibt es riesige Waldgebiete mit Kiefern, Fichten, Tannen und anderen Koniferen. Früher bedeckte dieser boreale Wald mehr als ein Drittel des Kontinents und erstreckte sich südwärts entlang der Rocky Mountains. Kleinere, einzigartige Lebensräume sind z. B. der Streifen temperierten Feuchtwaldes entlang der nördlichen Pazifikküste, der von feuchten Seewinden genährt wird, und die im Südosten des Kontinents liegenden üppigen, immergrünen subtropischen Sumpfgebiete Floridas.

POLARREGION
(S. 90–93)
Mehr als die Hälfte des Jahres gibt es am Polarkreis Eis und Schnee. Die härtesten Bedingungen herrschen in der offenen, baumlosen Tundra am Rande des Nordpolarmeeres und der Hudson-Bay sowie auf den nördlichen Inseln. Von hier aus breitet sich im tiefen Winter Eis weit aufs Meer aus.

BEVÖLKERUNGSANSTIEG

Über viele Millionen Jahre hatte Nordamerika immer wieder Landverbindungen nach Asien (über die heutige Beringstraße) und die letzten paar Millionen Jahre auch nach Südamerika. So konnten zahlreiche Säugerarten, einschließlich des Menschen, auf den Kontinent gelangen und sich ausbreiten. Verglichen mit anderen Kontinenten ist Nordamerika, insgesamt gesehen, nur dünn besiedelt – Europa hat eine mehr als dreimal so hohe Bevölkerungsdichte. Dennoch haben die Industrialisierung, der ungehinderte Unternehmungsgeist und die technischen Entwicklungen der letzten zwei Jahrhunderte Landschaft und Tierwelt stark beeinträchtigt, einschließlich vieler hoch geschätzter Säuger.

GEBIRGE UND TROCKENREGIONEN **(S. 72–75)**
Im Westen des Kontinents bilden die Rocky Mountains einen ausgedehnten Felsrücken – ein abgelegenes Rückzugsgebiet für viele größere Säuger wie die Pumas. Im Südwesten schließen sich trockenes Buschland und Wüsten wie die Sonora an, im Süden die kahle, trockene Sierra Madre Mexikos.

ZAHLEN UND FAKTEN

- **GRÖSSE:** 24,3 Mio. km², fast ein Sechstel der gesamten Landfläche der Erde.
- **STAATEN:** Drei (Kanada, USA, Mexiko) in Nordamerika selbst; zusammen mit Mittelamerika bis Panama und den karibischen Inseln 23.
- **KLIMA:** Reicht von polaren Bedingungen mit Winterdurchschnittstemperaturen von -25 °C und nur drei frostfreien Monaten in der hohen kanadischen Arktis bis zu heißen Wüsten im Südwesten mit Sommerhöchstwerten um 40 °C.
- **HÖCHSTER BERG:** Mount McKinley in Alaska mit 6194 m.
- **LÄNGSTER FLUSS:** Mississippi-Missouri mit 6020 km; die großen Seen sind zusammen das größte Frischwasserreservoir der Erde mit einer Fläche von 246500 km².

LEGENDE LEBENSRÄUME

- GRASLAND
- TROCKENGEBIETE
- GEBIRGE
- FEUCHTGEBIETE
- WÄLDER
- POLARREGION

WALDGEBIETE (S. 80–89)
In den Waldgebieten im Norden Nordamerikas gibt es riesige Nadelholzbestände, in denen Elche leben. Neben diesen borealen Wäldern finden sich im Nordwesten temperierte Feuchtwälder, im Osten große Flächen Laubwaldes und in Mittelamerika tropischer Regenwald.

FEUCHTGEBIETE (S. 76–79)
Abgesehen von ein paar feuchten Hochlandgebieten entlang der nordwestlichen Pazifikküste, sind die Hauptregengebiete die Halbinsel Florida im Südosten und die höher gelegenen Zonen sowie die Küstenstreifen von Mittelamerika, wo Sümpfe und Marschland ganzjährig bestehen bleiben.

GRASLAND (S. 66–71)
In großen Bereichen des zentralen Teils von Nordamerika herrscht steppenartiges Klima mit heißen, trockenen Sommern und kalten, feuchteren Wintern. Der Regenmangel und die ständige Brandgefahr lassen kein Waldwachstum zu – Gräser, niedrige Sträucher und Gestrüpp bestimmen das Bild.

GRASLANDTYPEN
Im Frühjahr ergrünen die urwüchsigen Rolling Plains im Zentrum des Kontinents, im Frühsommer erscheinen auch Kräuter und bunte Blumen. Im Winter sind nach Westen hin die Hochlandweidegebiete der Rocky-Ausläufer schneebedeckt – nicht so das dichte, strauchige Buschland der Chaparrals im Südwesten.

GRASLAND

Die weitläufigen Prärien im Zentrum Nordamerikas scheinen ein romantischer Lebensraum zu sein, doch die Realität sieht ganz anders aus: heiß und dürregeplagt im Hochsommer, blank gescheuert von eisigen Winden und Schneestürmen im Winter – und stürmisch fast das ganze Jahr.

LEBEN IN DER WEITE

Afrikas Savannen (S. 30–39) überstanden die letzten Eiszeiten relativ unbeschadet, und weil es ganzjährig warm ist, konnten sich dort Dutzende verschiedener Antilopen, Gazellen und anderer Boviden entwickeln, ebenso Equiden (Pferde) wie z.B. Zebras. Ähnliches Grasland in Nordamerika hat stark unter den Eiszeiten gelitten, zudem sind die Winter dort viel kälter. Dies erklärt die relativ geringe Artenvielfalt bei den großen Weidegängern der Prärie. Die größten sind der Bison (S. 68–69) und ein paar Hirscharten; der Gabelbock (oben und S. 68) ist schon ein ganzes Stück kleiner.

Gabelböcke sind die einzigen Vertreter ihrer Familie, der *Antilocapridae*. Sie sind vermutlich enger mit Hirschen verwandt als mit Antilopen; dennoch werden sie oft als Antilopen angesprochen. Ihr Name stammt von den gabelartigen Zinken an den Hörnern. Die meisten Gabelböcke tragen Hörner: Bei den Männchen sind sie meist länger als die Ohren, bei den Weibchen entweder gleich lang oder kürzer. Die männlichen Tiere haben zudem ein schwärzliches Gesicht und dunkle Flecken am Hals, welche den Weibchen fehlen. Ungewöhnlich an den Hörnern ist, dass sie im Innern einen Knochenzapfen aufweisen wie bei den Antilopen, der von einer knöchernen Scheide umgeben ist, die abgestoßen wird und jährlich nachwächst wie bei den Hirschen.

BLITZSCHNELLE GABELBÖCKE
Der Gabelbock ist berühmt für die Schnelligkeit und Ausdauer, mit der er fast jedem Feind entkommt. Er frisst Gras, Kräuter und sogar Kakteen.

BEREIT ZUR FLUCHT

Bis zur Schulter misst der Gabelbock rund 90 cm. Er zählt zu den schnellsten landlebenden Tieren: Beim Sprint erreicht er über 80 km/h; ein wenig langsamer hält er viele Minuten lang durch. Einer seiner größten Feinde draußen in der Prärie ist der hoch anpassungsfähige Kojote (gegenüber),

STREIFENZIESEL
Er ist ein kecker und lebhafter Bewohner der Prärien an der Grenze der USA zu Kanada.

WARNFARBE — VERHALTEN

In den Prärien, Wiesen und Wäldern Nordamerikas leben sechs Skunk-Arten. Alle tragen ein auffälliges, schwarz-weiß gemustertes Haarkleid. Gefleckt, gestreift oder mit großen weißen Flächen auf dem Rücken soll es Feinde abschrecken, denn die Selbstverteidigung dieses Marders besteht darin, aus seinen Analdrüsen unterhalb des Schwanzes eine stinkende, hautreizende Flüssigkeit zu versprühen – möglichst in die Augen des Widersachers. Der Geruch ist so stark, dass dem Opfer fast die Luft wegbleibt. Bevor der Skunk die Flüssigkeit versprüht, trampelt er mit den Vorderpfoten, hebt seinen Schwanz und läuft mit einem merkwürdig steifbeinigen Gang schnell hin und her – alles zur Warnung, dass es gleich losgeht.

FEUERBEREIT
Dieser Streifenskunk wölbt seinen Schwanz über den Kopf: Jeden Moment kann er sein stinkendes, öliges Sekret absondern, das er bis zu 2 m weit versprüht.

ein kleinerer Vetter des Wolfs (S. 63–63, 90). Der Kojote wurde lange Zeit als Einzelgänger angesehen, der mit seinem traurigen Heulen Paarungspartner anlockt. Heute weiß man, dass einige Tiere feste Paarbindungen eingehen oder sogar Rudel bilden, ähnlich den Wölfen, allerdings mit einer weniger strikten Rangordnung.

Der Kojote ist ein opportunistischer Allesfresser. Er nimmt alles Mögliche zu sich: Gras, Pilze, Fleisch – z. B. Nager wie Ratten (S. 71) und Taschenratten (S. 70), aber auch den stark bedrohten Präriehund (Kasten rechts) und andere Hörnchen wie Ziesel (gegenüber).

Der Kojote wurde lange Zeit als Einzelgänger angesehen, der mit seinem traurigen Heulen Paarungspartner anlockt. Heute weiß man, dass einige Tiere feste Paarbindungen eingehen.

OPFER DER LANDWIRTSCHAFT

EINFLUSS DES MENSCHEN

Nordamerikas vermutlich seltenster Kleinsäuger, der Schwarzfußiltis, hat eine äußerst einseitige Kost: Präriehunde. Die drastische Dezimierung der Präriehundpopulationen (vorwiegend durch Gift, weil sie das Farmland zerstörten) hat ihn in den 70er-Jahren des 20. Jahrhunderts in der freien Wildbahn ausgerottet: zum einen, weil er nun kaum mehr Nahrung fand, zum anderen, weil er vergiftete Opfer fraß, deren Gift sich in seinem Körper ansammelte und zu einer schleichenden Schädigung führte. Krankheitsausbrüche, wie die Pest bei den Präriehunden und die Hundestaupe bei den Schwarzfußiltissen, taten ein Übriges. Gefangenschaftszuchten und kürzlich erfolgte Auswilderungen der Schwarzfußiltisse in Wyoming, South Dakota und Montana werden dieser Art hoffentlich wieder eine Zukunft in Freiheit ermöglichen.

RÄUBER UND BEUTE
Die Zukunft des Schwarzfußiltisses (links) hängt von dem Erhalt seiner Hauptnahrung, den Präriehunden (rechts), ab.

RUF DER WILDNIS
Das Heulen der Kojoten hallt in der Dämmerung über die Prärie. Mit ihren Rufen nehmen die Tiere Kontakt zueinander auf, zeigen ihr Territorium an und locken Paarungspartner herbei.

WIE DIE RIESEN FIELEN

Bevor europäische Siedler die Prärien erreichten, gab es dort mehr als 50 Mio. Bisons: Diese großen Weidegänger waren es, die das Bild der inneren Prärie bestimmten. Zu Beginn des 20. Jahrhunderts waren die Bisons fast verschwunden – geschlachtet wegen ihres Fleisches, ihrer Häute und anderer Körperteile und um Platz für Nutztiere zu schaffen. Nach umfangreichen Erhaltungsmaßnahmen liegt die Zahl der Präriebisons derzeit wieder bei annähernd 200 000, von denen allerdings mehr als 150 000 in privaten Parks oder kommerziell auf Farmen gehalten werden. Die andere Unterart des Bisons, der Waldbison im Norden des Kontinents, war schon immer viel seltener als der Präriebison. Mit nur noch rund 3000 Exemplaren gilt er heute als bedroht. Neueste gene-

EINGEZÄUNT

EINFLUSS DES MENSCHEN

Früher lebten die Weidegänger wie z.B. Bisons und Gabelböcke (S. 66) frei in der Prärie. Im Herbst suchten sie Schutz im Süden und im Flachland, im Frühling kehrten sie in die Präriegebiete zurück. Als breite, tief ausgetretene Pfade sind solche uralten Bison-Routen mancherorts noch zu erkennen. Zäune und Straßen hindern die Tiere heute daran, ihrem Instinkt zu folgen.

VERSTECKTE GEFAHREN
Dünne Drähte werden Präriebewohnern wie dem Gabelbock, der an Hindernisse nicht gewöhnt ist, zum Verhängnis.

tische Studien lassen vermuten, dass es sich beim Europäischen Bison oder Wisent (S. 184) um dieselbe Art handelt wie beim Amerikanischen Bison.

AUSSEHEN UND VERHALTEN

Der Bison ist der schwerste Landsäuger Nordamerikas und einer der größten Boviden überhaupt. Ein gut gewachsenes Männchen erreicht über 2 m Schulterhöhe und wiegt mehr als eine Tonne, die Weibchen erreichen drei Viertel davon. Beide Geschlechter haben kurze, dunkle, gebogene Hörner und eine zottige Mähne über Kopf, Hals und Schultern, die Männchen auch noch einen markanten Buckel. Eine typische Bisonherde, die von einem alten Weibchen angeführt wird, setzt sich aus Kühen, Kälbern und z. T. auch Halbstarken zusammen. Manche Bullen schließen sich den Herden an, andere bilden Junggesellengruppen. Auf Futtersuche legen Bisons täglich etwa 3 km zurück.

Scheinbar sorglos käuen sie wieder oder wälzen sich im Schlamm, doch sie sind ständig auf der Hut. Mit ihrem scharfen Gehör- und Geruchssinn nehmen sie Gefahren schon aus mehreren Kilometern Entfernung wahr. Werden Bisons aufgeschreckt, stürmen sie erstaunlich schnell davon. Einige größere Erwachsene verlassen die Herde sogar, um den Gegner zu stellen – mit gesenktem Kopf und drohendem Bodenscharren zeigen sie ihm, wie ernst sie es meinen. Eine Bedrohung, speziell für die Kälber, geht von Wölfen (S. 62–63), Kojoten (S. 67) und Pumas (S. 72–73) aus.

BRÜNSTIGE BISONS
Im Spätsommer ist das herausfordernde Gebrüll der Bullen über 5 km weit zu hören. Die Rivalen rammen ihre Köpfe gegeneinander.

BISON-ANSTURM
Trotz ihrer massigen Gestalt können Bisons mit bis zu 60 km/h losstürmen – entweder vom Widersacher weg oder auf ihn zu, um ihn niederzutrampeln.

GRASLAND-BEWOHNER

HIRSCHE wie der Maultier- oder Schwarzwedelhirsch ernähren sich im Sommer von Gras, Schösslingen und Kräutern, im Winter von Zweigen, Nüssen, Pilzen und Flechten.

FÜCHSE wie der Swift-Fuchs (oben), der im Zentrum der Prärie lebt, und der sehr ähnliche Groß-ohr-Kitfuchs (etwas westlicher) sind Allesfresser. Sie graben rund 4 m lange und bis zu 1 m tiefe Baue.

HIRSCHMÄUSE leben mit mindestens 20 Arten in den Prärien Nordamerikas. In idealen Habitaten, wo zum Beispiel Bartgras wächst, kann ihre Populationsdichte enorm sein.

TASCHENRATTEN leben unterirdisch. Ihr verzweigtes Tunnelsystem kann zusammen mehr als 30 m messen. So haben sie reichlich Zugang zu Graswurzeln und Knollen.

EINSAMES NACHTMAHL
Der Silberdachs ist ein nachtaktiver Einzelgänger. Seine Beute, z.B. Ratten, Wühlmäuse, Taschenratten und Erdhörnchen, gräbt er in Windeseile aus deren Bauen.

BEVÖLKERUNGSZYKLEN — VERHALTEN

In Nordamerika, vor allem im Gras- oder Buschland, leben sieben Arten von Baumwollratten. Sie fressen fast alles (Grashalme, Samen, Insekten, Würmer) und zu beinahe jeder Zeit, tags wie nachts. In manchen Jahren werden sie zur Plage; dann zieht es sie auch ans Wasser, wo sie Fische und Frösche fangen und Eier und Küken von Wasservögeln wie der Schopfwachtel vertilgen. Natürlicherweise folgt ihre Bevölkerungsdichte einem mehrjährigen Zyklus, aber wo die Tiere Feldfrüchte wie Zuckerrohr und Süßkartoffeln vorfinden, bleibt der Bestand ständig auf hohem Niveau.

TRAMPELPFADE
Die Baumwollratte aus dem Süden Nordamerikas klettert gern in Vogelnester und Futterspeicher. Bei der Nahrungssuche hinterlässt sie im Gras deutliche Pfade.

PRÄRIEHIRSCHE

Die meisten Hirsche leben in Waldgebieten. Zwei nordamerikanische Arten haben sich ans Leben im Grasland angepasst, obwohl sie Bereiche mit Schutz bietenden Baumgruppen bevorzugen. Beide sind sich sehr ähnlich, weshalb sie sich in Gefangenschaft erfolgreich paaren. Wild lebend tun sie dies selten, vermutlich wegen der feinen Unterschiede in ihrem Verhalten und Lebensraum. Der Maultier- oder Schwarzwedelhirsch (gegenüber) mag es etwas trockener. Er lebt weiter westlich – von den Grasgebieten zu den Rocky Mountains bis hinunter ins trockene Buschland und die Wüste im Südwesten Nordamerikas. Sein Schwanz ist unterseits weiß, auf der Oberseite schwarzbraun oder weiß, mit einer dunklen Spitze. Der Weißwedelhirsch (S. 80) ist anpassungsfähiger. Er lebt in den feuchteren Graslandbereichen im Osten, ebenso im Wald und Marschland. Sein Schwanz hat einen weiß begrenzten, dunklen Mittelstreifen, unterseits ist er weiß. Unterschiede gibt es auch beim Geweih: Beim Maultierhirsch hat es zwei nahezu gleich aussehende Äste, beim Weißwedelhirsch sind beide sehr unterschiedlich. Ungewöhnlich für Hirsche, bilden beide – außer in strengen Wintern – keine großen Herden. Es gibt nur kleine Junggesellentrupps und die Mutter-Kind-Gruppe.

KLEINERE GRASLANDBEWOHNER

Viele andere Präriebewohner bevorzugen bestimmte Zonen des Graslandes, vom Dorngras bis zu saftig-grünem Wiesengras. Der Kalifornische Eselhase (rechts) bewohnt erstere. Mit der Hitze des Südwestens kommt er gut zurecht. Die Wiesenwühlmaus (rechts) dagegen bevorzugt den gemäßigten Osten und hält sich auch gern am Wasser auf. Wie die meisten kleinen Nager des Graslandes gräbt sie einen schützenden Bau und ist sehr fortpflanzungsfreudig. Im Alter von kaum sechs Wochen wirft das Weibchen zum ersten Mal. Bis zu zehn Würfe bringt es jährlich zur Welt, jeder mit rund 10 Jungen. Jedoch überlebt kaum ein Weibchen auch nur ein Jahr – der Feinddruck ist einfach zu groß. Nicht nur Silberdachse und Füchse (gegenüber), auch Eulen, Falken und z.B. Katzen stellen ihm nach.

KALIFORN. ESELHASE
Die Jungen werden voll behaart und mit offenen Augen in einer flachen Mulde geboren, aus der sie sofort fliehen können..

WIESENWÜHLMÄUSE
Sie kommen in einem versteckten Grasnest oder einem flachen Bau zur Welt und sind anfangs völlig hilflos.

URHEIMAT DER PFERDE — EVOLUTION

Die Evolution der Pferde ist von den Paläontologen sehr gut erforscht worden. So weiß man, dass Pferde mit der Zeit immer größer wurden und sich die Anzahl ihrer Zehen reduzierte. Ursprünglich trug jeder Fuß fünf Zehen, jede Zehe mit einem kleinen, nagelförmigen Huf ausgestattet. Die erste und fünfte Zehe verschwanden zuerst, dann die zweite und vierte. Übrig blieb die mittlere Zehe, die nun vollständig mit einem großen Huf überzogen war. Nordamerika ist die Heimat vieler verschiedener Pferde, vom hasengroßen *Hyracotherium*, das vor 50 Mio. Jahren im Wald lebte, bis zum eleganten, ponygroßen *Hipparion*, das vor 2 Mio. Jahren in der offenen Prärie lebte. Die letzte große Eiszeit löschte sie alle aus. Die Evolution setzte sich in Zentralasien fort (Kasten S. 157), wo vor einigen tausend Jahren die Domestikation der Pferde begann. Nach Nordamerika gelangten sie erst wieder mit den Einwanderern im 16. Jahrhundert.

MESOHIPPUS
Dieses prähistorische Pferd erreichte eine Schulterhöhe von rund 60 cm. Es lebte vor 30–25 Mio. Jahren in Nordamerika und hatte an jedem Fuß drei Zehen.

HALBWILD
Mustangs sind die frei lebenden, verwilderten Nachkommen domestizierter Pferde, die von europäischen Siedlern um 1520 mit nach Nordamerika gebracht wurden.

GEBIRGE UND TROCKENGEBIETE

In Bergen wie den Rocky Mountains ist die Vegetation spärlich, besonders in den wüstenähnlichen südlichen Zonen, in denen kaum Niederschläge fallen.

TROCKENGEBIETS- UND GEBIRGSTYPEN
Auf den nördlichen Rockies gibt es auf den höheren Hängen immergrüne Wälder. Regenmangel führt im Süden zu buschiger Halbwüste mit Einsprengseln von echter Wüste.

DAS WESTLICHE RÜCKGRAT

Die Rockies, die sich fast 5000 km von Norden nach Süden erstrecken, bilden das westliche Rückgrat Nordamerikas. Ihre Ost-West-Ausdehnung schwankt zwischen 130 und 650 km, die Höhen reichen von 1500 m bis zu 4399 m auf der Spitze des Mount Elbert in Colorado. Im Norden der Rockies liegen die Alaskakette und die Mackenzie Mountains, an die sich südlich, entlang der Pazifikküste, die Coast Ranges und die Cascade Range anschließen; im Südwesten befinden sich die Sierra Nevada und noch weiter südlich die Sierra Madre. In all diesen Gegenden ist es meist felsig, in der südlichen Hälfte des Kontinents auch extrem trocken. Säugetiere sind hier recht selten. Wo es sie gibt, sind sie oft groß und spektakulär.

Wie Gebirge anderer Kontinente sind die Rockies für größere Raubtiere – die vor allem von Nutzviehhaltern aus dem Flachland vertrieben wurden – ein entlegenes

TERRITORIUM DES PUMAS
In den Bergen, wo Beute knapp ist, durchstreift ein Puma Gebiete von mehr als 1000 km². Gewöhnlich überlappen sich die Territorien von Männchen nur mit denen von Weibchen.

Rückzugsgebiet. Hier, wie in den großen borealen Wäldern im Nordosten (S. 80), leben Luchse, Rotluchse (S. 84–85), Pumas (gegenüber und rechts), Braun- und Schwarzbären (S. 74–75, 81), Wölfe (S. 62–63) und die Vielfraße (S. 81), große Marder.

Pumas, auch Berglöwen oder Panther genannt, konnten in Nordamerika mit am längsten überleben. Sie bewohnten die verschiedensten Lebensräume und waren von allen Säugern am weitesten verbreitet, sowohl in Nord- als auch in Südamerika. Im letzten Jahrhundert hat sich dies geändert. Mit einer Kopf-Rumpf-Länge von bis zu 2 m und einem Gewicht von 100 kg ist der Puma der größte Vertreter der »Kleinkatzen«. Tatsächlich ist er viel größer als einige der so genannten Großkatzen, etwa der Nebelparder (S. 169), und fast ebenso groß wie der Leopard. Im Vergleich zu seiner Körpergröße sind sein Kopf klein, die Beine kräftig und die Pfoten sehr groß. Mit Leichtigkeit springt der Puma über Klippen oder senkrecht 5 m hoch auf einen Felsvorsprung oder Ast. Seine Hauptbeute sind kleine Säuger wie z. B. Ratten, Erdhörnchen (rechts), Hasen, Kaninchen und Pfeifhasen (rechts). Er jagt aber auch größere Beute wie Dickhornschafe (S. 74), Schneeziegen, Hirsche und gelegentlich Nutzvieh. Mancherorts machen Maultierhirsche (S. 70) gut die Hälfte seiner Nahrung aus.

Meist lebt er als Einzelgänger. Doch Männchen und Weibchen bleiben oft auch über die Paarungszeit im Spätherbst hinaus für längere Zeit zusammen. Pumas sind äußerst mitteilsam; zu ihrem Lautrepertoire gehören schauerliche Schreie bei der Paarung, verschiedene Zischlaute, Knurren, leises Schnurren und ein seltsames, flötenähnliches »Pfeifen«.

GELBBÄUCHIGES MURMELTIER
Dieser füllige Nager wiegt kurz vor dem Winterschlaf bis zu 5 kg. Meist lebt ein Männchen mit mehreren Weibchen zusammen.

Mit Leichtigkeit springt der Puma über Klippen oder senkrecht 5 Meter hoch auf einen Felsvorsprung oder Ast.

DEN WINTER ÜBERSTEHEN

Außer in ihren südlichsten Teilen sind die Rockies im Winter von Eis und Schnee bedeckt. Im Herbst suchen wilde Schafe und Ziegen Schutz in den Wäldern der niederen Hänge – gefolgt von ihren Fressfeinden, den Wölfen, Kojoten, Pumas, Luchsen, Rotluchsen und z. B. Vielfraßen.

Kleinere Säuger können solche weiten Wanderungen nicht unternehmen. Sie können aber vor Ort ihre Aktivität reduzieren. So entgehen sie Feinden und sparen Energie. Nordamerikanische Pfeifhasen tun genau dies. Pfeifhasen sind kompakte, kurzohrige Verwandte der Kaninchen und Hasen (Ordnung *Lagomorpha*). Es gibt 26 Arten. Bis auf zwei, die im bergigen Westen Nordamerikas zu Hause sind, leben alle in Asien.

Pfeifhasen bewohnen Höhlen zwischen Felsen und Steinen. Auf dem umliegenden Grünland gehen sie auf Futtersuche. Im Herbst sammeln die Tiere Gräser und Kräuter und lagern sie in einer Art Heumiete als Wintervorrat ein. Das Gelbbäuchige Murmeltier (oben), ein großes Erdhörnchen der inneren Rockies, speichert Futter anderswo: Im Herbst frisst es, was es kann, und legt sich so ein Fettpolster an, mit dem es seinen bis zu achtmonatigen Winterschlaf überstehen kann.

BERGBEWOHNER

EINIGE KATZEN wie z. B. Pumas (oben) töten ihre Beute, nur selten fressen sie Kadaver. Andere, wie Luchse und Rotluchse, tun sich auch an Aas gütlich.

ERDHÖRNCHEN wie Richardsons Ziesel ernähren sich von verschiedenen Pflanzen, Larven und Würmern.

PFEIFHASEN wie der Amerikanische Pika verteidigen ihr Territorium energisch. Eindringenden Artgenossen fügen sie ernste Biss- und Kratzwunden zu.

ENERGIE SPEICHERN — VERHALTEN

In trockenen Berg- und Wüstenhabitaten sind zwei Ressouren knapp: Futter und Wasser. Viele Tiere haben komplexe Strategien entwickelt, um mit diesem Mangel zurechtzukommen. Ein Sonnenbad im Winter wärmt und spart so Nahrung, die sonst zur Wärmeerzeugung gebraucht würde. Und wer bei Hitze im Schatten bleibt, muss weniger schwitzen oder hecheln, um Wärme abzugeben. Damit wird wertvolle Flüssigkeit eingespart.

SCHATTENBAD
Das Audubonkaninchen aus dem Südwesten Nordamerikas sucht sich im Beifuß-Gestrüpp unter Felsen oder Büschen Schattenflecken. Es frisst abends und nachts, wenn es kühl ist.

DICKHORNSCHAF
Es weidet ruhig auf Bergwiesen und Weiden. Bei Gefahr springt es rasch auf nahe gelegene Felsvorsprünge. Seine breiten, harten Hufe geben ihm sogar auf nassem, rutschigem Untergrund sicheren Halt.

GRASHÜPFERMAUS
Kaum ein anderer Nager frisst so viel Fleisch wie sie: Insekten, Spinnen, Skorpione und andere Mäuse. Drei Arten bewohnen den trockenen Westen und Südwesten.

SCHAFE UND ZIEGEN

In den Hochgebirgslagen im Nordwesten Nordamerikas leben zwei bekannte Boviden: die Schneeziege und das Dickhornschaf (links). Erstere bewohnt die nördlichsten Rockies bis nach Alaska; letzteres lebt weiter südlich und östlich bis zu den Ausläufern der Great Plains. Sie sind eng verwandt und gehören zur Gattungsgruppe der Böcke (*Caprinae*). Ihre Verbreitung überlappt sich in den nördlichen Bereichen der inneren Rockies, wo sie zudem fast dasselbe fressen und ähnliche Feinde haben.

Doch es gibt auch große Unterschiede zwischen den beiden Säugern. Die Schneeziege hat langes, feines, weißlich-gelbes Fell; das Haarkleid des Dickhornschafs ist kürzer und bräunlich. Die Hörner der Schneeziege sind klein, spitz, dunkel und leicht gebogen, die des Dickhornschafs spiralig aufgedreht, hell und, wie der Name schon sagt, massig. Die Hörner eines großen Bocks können mehr als 1 m lang und bis zu 15 kg schwer werden – fast ein Fünftel seines Körpergewichts. Die Hörner des Weibchens sind kleiner und weniger gewunden.

Unterschiedlich ist auch ihr Verhalten. Die Schneeziegen kämpfen selten um Paarungspartner oder Futter. Falls sie es doch tun, sind die Kämpfe ernst, und beide Geschlechter können einbezogen sein. Sie stoßen ihre Hörner in die Flanken des Gegners, manchmal mit blutigem Ausgang. Die Köpfe rammen sie aber nie absichtlich gegeneinander. Dickhornböcke führen während der Brunftzeit eher ritualisierte, unblutige, dafür aber lang andauernde Duelle auf. Dabei stehen sie sich zunächst gegenüber, laufen weg, drehen sich um, stoßen mit gesenktem Kopf vor und rammen mit voller Wucht Stirn und Hörner gegeneinander: Das Krachen ist bis in die Gipfel zu hören. Es kann mehrere Stunden dauern, bis der Schwächere sich zurückzieht.

SCHWARZBÄR
Auf der Suche nach Flusskrebsen und anderen Süßwasserorganismen dreht der Amerikanische Schwarzbär in Bächen Steine um. Die Beute schöpft er mit den kräftigen Pfoten heraus oder saugt sie mit seinen beweglichen Lippen auf.

BRAUNBÄR
Bären markieren ihre gewohnten Routen mit Fellresten an Bäumen oder Felsen, Kratzspuren an Borken, Steinen oder Pfählen sowie Kothaufen.

BÄREN IN VIELEN FARBEN

Die Wildschafe und -ziegen der Rockies fallen gelegentlich den größten Beutegreifern der Gebirgsregionen zum Opfer: den Bären. Der kräftigste ist der Braunbär oder Grizzly (links und S. 81), der unterschiedliche Lebensräume bewohnt und auch auf anderen nördlichen Kontinenten vorkommt: in Südeuropa (S. 184–185) und im Himalaya. Der Amerikanische Schwarzbär oder Baribal (oben) lebt nur in Nordamerika und ist mit 300 kg ungefähr halb so groß wie der Braunbär. Er ernährt sich fast ausschließlich vegetarisch, z.B. von Wurzeln, Knollen, Früchten, Nüssen und Beeren. Trotz seines Namens ist der Schwarzbär nicht in jeder Gegend schwarz gefärbt: Im Westen der Rockies kann er gelbbraun oder zimtfarben sein, entlang der Pazifikküste stahlgrau.

FUTTER FÜR JEDE JAHRESZEIT

In Sachen Nahrung sind beide Arten ausgesprochen anpassungsfähig; sie nehmen beinahe alles, was die Natur bereithält: Im Frühling fressen sie zarte Triebe, Knospen und Stängel; im Sommer brauchen sie fleischreichere Kost – auch junge Schafe, Ziegen und Hirsche stehen dann auf ihrem Speiseplan; im Herbst, wenn Überfluss herrscht, tun sich die Bären nicht nur an Früchten, Beeren, Nüssen, Bienenlarven und Honig gütlich, sie wandern dann auch zu den Gebirgsbächen, wo sie während der jährlichen Fischzüge Lachse und Forellen (gegenüber) fangen. Die Fische sind nach der anstrengenden Wanderung vom Meer in ihre Laichgewässer erschöpft und eine leichte Beute. Die Bären brauchen sich bloß der Reihe nach aufzustellen und sie mit ihren langen Krallen aus dem Wasser zu angeln oder mit weit offenem Maul nach ihnen zu schnappen. Im zeitigen Winter kehren die Bären zu ihren Höhlen zurück, um Winterruhe zu halten.

GEWÖHNUNG — VERHALTEN

Nordamerikas Natur wird von zahllosen Touristen heimgesucht. Opportunistische Säuger, z.B. Waschbären (S. 82–83), Bären und Elche (S. 89), lernen – vor allem als Jungtiere – schnell, von wohlmeinenden, aber ahnungslosen Besuchern Futter zu erbetteln. Sie gewöhnen sich an die menschliche Präsenz, was ihr natürliches Verhalten und ihre Überlebensfähigkeit beeinträchtigen und zu Schwierigkeiten führen kann, etwa wenn sie sich weniger netten Menschen nähern.

BETTELNDE BÄRENBABYS
Putzig wie Teddys sind die Bärenkinder – doch sie wachsen zu großen, kräftigen, teils unberechenbaren Fleischfressern heran.

Die Fische sind erschöpft und eine leichte Beute. Die Bären brauchen sich bloß der Reihe nach aufzustellen und mit weit offenem Maul nach ihnen zu schnappen.

LEICHTE BEUTE
Bären lernen schnell, wo es Stromschnellen, Teiche und seichte Stellen gibt, an denen sich Fische wie Lachse und Forellen am einfachsten fangen lassen. Ein großer Braunbär kann innerhalb weniger Tage 50 kg davon fressen.

VOM UFER AUS JAGEN

Die Augen des Nerzes sind schlechter ans Sehen unter Wasser angepasst als die des Otters. So hält er von Steinen oder Sandbänken Ausschau nach Beute und taucht erst im letzten Moment ein.

FEUCHTGEBIETE

In Nordamerika gibt es fast jeden erdenklichen aquatischen Lebensraum: arktische Seen, die neun Monate im Jahr zugefroren sind, reißende Ströme, die Gebirgshänge hinunterstürzen, breite, langsame Fließgewässer, subtropische Sümpfe und mangrovenumsäumte Lagunen.

SÜMPFE UND MARSCHLAND

Nordamerikas bekanntestes Feuchtgebiet sind die Everglades, ein ursprünglich etwa 10000 km² großes subtropisches Sumpf- und Marschland im Süden Floridas. In diesem einzigartigen Lebensraum leben viele faszinierende Säuger, z.B. der rein aquatisch lebende, Pflanzen fressende Nagel-Manati (S. 110–111) und eine der seltensten Unterarten des Pumas, der Florida-Panther. Man schätzt seine Populationsstärke auf gerade einmal 50–70 Tiere. Das Sumpfkaninchen (rechts) ist ein weiterer Florida-Bewohner. Es knabbert Riedgras und Schilfrohr, sein oberirdisches Nest baut es aus Stängeln und Halmen. Auch dieser Säuger hat eine sehr gefährdete Unterart, das Hefner-Sumpfkaninchen aus dem südlichsten Zipfel Floridas.

DAS SUMPFKANINCHEN
aus der Gattung der Baumwollschwanzkaninchen kann dank großer, gespreizter Zehen gut schwimmen und auf Sumpfboden laufen.

SEEN UND FLÜSSE

Viel ausgedehnter als die exotischen Everglades sind die großen Flüsse und riesigen Seen im Norden und Osten des Kontinents, z.B. die Großen Seen – mit fast einem Fünftel des gesamten oberirdischen Süßwassers der Erde. In Nordamerika gibt es keine echten Süßwassersäuger wie etwa Flussdelphine in Asien oder im Amazonas (S. 110), doch viele semiaquatische Formen. Zwei bedeutende Gruppen sind die Nager, z.B. Biber (S. 78–79) und Bisamratte (S. 78), und die Marder, z.B. Otter und Nerze (gegenüber und Kasten rechts).

UNERWÜNSCHTE EXPORTE

Nerze und Bisamratten gehören zu den weniger willkommenen Gästen aus Nordamerika. Zu Beginn des 20. Jahrhunderts wurden – zur Gründung von Zuchtstämmen in Pelzfarmen – Amerikanische Nerze nach Europa, Asien und Südamerika exportiert. Schon bald entkamen einige Tiere in die umliegenden Feuchtgebiete. Die Einführung des an Land wie im Wasser sehr gefräßigen Nerzes beeinflusste die einheimische Tierwelt auf diesen Kontinenten stark: Er vertilgt Ratten, Mäuse, Wühlmäuse, Vögel und deren Eier, Amphibien, Fische, Flusskrebse und alles Mögliche andere. Nerze besetzen auch Territorien an Flussbänken und Seeufern, oft auf Kosten ihrer selteneren Verwandten, so des stark bedrohten, etwas kleineren Europäischen Nerzes sowie einiger Otterarten. Nerze jagen mehr an Land als Otter. Das hat sie bei Geflügelfarmern und andern Haltern kleiner Nutztiere in Verruf gebracht. Die Bisamratte ist ein großer Vertreter der Unterfamilie Wühlmäuse (*Microtinae*). Wie beim Nerz entkamen einige Exemplare aus Pelzfarmen und haben sich stark vermehrt. In Nordasien hat man sie auch ganz bewusst in der Wildnis eingeführt: als Jagdobjekte. Bisamratten schwimmen und tauchen ausgezeichnet – mindestens 15 Minuten können sie unter Wasser bleiben und mehr als 100 m weit tauchen. Sie ernähren sich nicht nur vegetarisch, z. B. von Schilf und Riedgras, sondern zur Abwechslung auch von Fischen, Fröschen und Schalentieren. Die Tiere errichten biberburgähnliche Baue (S. 78–79).

Die an Land wie im Wasser sehr gefräßigen Nerze vertilgen Ratten, Mäuse, Wühlmäuse, Vögel und deren Eier, Amphibien, Fische, Flusskrebse und alles Mögliche andere.

FEUCHTLANDTYPEN
Die Lebensräume in Feuchtgebieten sind von der Fließgeschwindigkeit des Wassers geprägt, die das Pflanzenwachstum bestimmt. In schäumendem Wildwasser wächst kaum etwas; von Schilfgürteln umsäumte Tümpel und Seen sind reich an Leben: an Wasserinsekten, Amphibien, Fischen – und den Säugetieren, die sie jagen.

JÄGER UND SAMMLER — VERHALTEN

Gibt es reichlich Nahrung, tötet der Nerz mehr Beute, als er gerade fressen kann. Den Rest legt er sich für später zurück. Wird er mit unzähligen, noch dazu eingesperrten Beutetieren wie z.B. Hühnern konfrontiert, gerät er in eine unnatürliche Situation. Er tötet dann immer weiter, scheinbar böswillig; dennoch folgt er damit wirklich nur seinem angeborenen Jagdinstinkt.

VORRATSKAMMER
Beute töten, um sie zu horten: für den Nerz und andere Raubtiere ein ganz natürliches Verhalten.

BISAMRATTE
Manchmal errichtet sie am Rand von Gewässern oder auf Inseln ein burgähnliches Nest – jedoch kleiner und einfacher als der Biber. Es besteht hauptsächlich aus Schlamm und Wasserpflanzen, ist bis 1 m hoch und misst meist 2 m im Durchmesser.

AMERIKANISCHER BIBER

Kein Säuger vergleichbarer Größe hat das natürliche Landschaftsbild derart verändert wie der Amerikanische Biber (rechts und gegenüber). Große Flächen im mittleren und nördlichen Nordamerika haben Flüsse und Tümpel, wo es einst keine gab: das Werk der Biber. Mit einem Gewicht von fast 25 kg und einer Kopf-Rumpf-Länge von 80–90 cm (sowie 30 cm zusätzlich für den breiten, flachen und geschuppten Schwanz) ist er – nach dem Capybara aus Südamerika (S. 106–107) und seinem europäischen Verwandten, dem Eurasischen Biber, der über 30 kg schwer werden kann – der drittgrößte Nager.

FÜRS WASSER GESCHAFFEN

Ähnlich dem Otter ist der Biber bestens für seine semiaquatische Lebensweise gerüstet: Seine Füße haben Schwimmhäute; seine Nasenlöcher und Augen können beim Tauchen mit ventilartigen Klappen verschlossen werden. Das Fell ist lang und dicht und wird peinlich sauber gehalten (gegenüber). Die Tasthaare sind lang und zahlreich. Sie dienen der Orientierung im trüben Wasser oder bei Nacht.

Biber können auch untergetaucht knabbern und nagen, ohne dass ihnen Wasser in den Rachen läuft, indem sie ihre Lippen nicht vor, sondern hinter den großen Schneidezähnen schließen. Nur wenige Säuger können dies. Zudem haben sie eine durchsichtige Nickhaut an jedem Auge, das »dritte Augenlid«, das sich beim Tauchen schließt, ohne die Sehfähigkeit zu beeinträchtigen. Und dann ist da noch der einmalige Schwanz, der vor allem Warnfunktion übernimmt: Bei Gefahr schlägt der Biber damit klatschend auf die Wasseroberfläche, danach taucht er ab. Durch das Geräusch alarmiert, flüchten sämtliche Familienmitglieder.

An Land watscheln Biber ungeschickt auf den kleinen Vorderbeinen und längeren Hinterbeinen, die Hüfte hochgereckt. Ihre Füße sind einwärts unter den Körper gedreht, sodass sie »über den großen Onkel« laufen. Der Kopf wird tief getragen.

DAMM- UND BURGBAU

Biber leben meist in Familiengruppen und ernähren sich vielfältig vegetarisch: von Knospen, Trieben, Blättern, Zweigen und Baumrinde, z. B. von Espen, Weiden, Erlen, Birken und Pappeln. Und sie fällen Bäume. Um an die zar-

FIT FÜRS WASSER — EVOLUTION

Der Sternmull aus Nordostamerika lebt teils an Land, teils im Wasser – ungewöhnlich für einen Maulwurf. Er bewohnt Sümpfe und die Uferzonen von Tümpeln, Bächen und Flüssen. Wie andere Maulwürfe gräbt er an Land Gänge, in denen er sein Nest errichtet und Futter speichert, das er aber im Wasser sucht. Seine unverkennbare Nase hat 22 fleischige, sensible Tentakel, mit denen er kleine Wassertiere aufspürt. Die schaufelartigen Vorderbeine dienen zum Graben, die Hinterbeine mit den langen, breiten Zehen zum Schwimmen. Sein langer, nackter und geschuppter Schwanz ähnelt dem des Bibers, ist aber schmaler.

FÜHLENDE FINGER
Die fingerähnlichen Tentakel des Sternmulls suchen im Schlamm und unter Steinen auf dem Gewässergrund nach Kleintieren wie etwa Insektenlarven, jungen Fischen, Wasserschnecken und Blutegeln.

BIBERLAND
Biber nutzen Seen, um ihren an Land jagenden Fressfeinden zu entrinnen. Zudem legen sie unter Wasser einen Wintervorrat an. Vor dem Burgbau errichten sie meist einen Damm (oben) aus Zweigen, Ästen, Schlamm und Steinen.

FAMILIENLEBEN
Biber leben in kleinen Familienverbänden aus einem erwachsenen Männchen und Weibchen und deren Nachwuchs. Pro Wurf werden 3–4 Junge geboren, voll behaart und mit geöffneten Augen.

ten Knospen und frischen Blätter zu gelangen, nagen sie selbst Stämme von mehr als 20 cm Dicke einfach durch. Das Holz der Bäume brauchen sie zum Bauen. Aus den Zweigen und Ästen errichten sie Staudämme (gegenüber): An einem günstigen Platz im Wasserlauf schichten sie einen Haufen auf und verstärken diesen mit Schlamm und Steinen. Die meisten Dämme sind etwa 20 m, manche aber über 500 m lang. Dahinter staut sich das Wasser und bildet ein tieferes Becken, in dem der Biber seinen kuppelartigen Bau, die Biberburg, errichten kann. Wo es bereits tiefe Zonen im Wasser gibt, ersparen sich die Biber den Dammbau. Auch die Burg besteht aus Zweigen, Ästen, Steinen und Schlamm. Mehr als 2 m kann sie aus dem Wasser ragen, ihr Sockel hat oft einen Durchmesser von mehr als 10 m. Der Eingang liegt unter Wasser und führt in eine mit trockenen Pflanzenteilen ausgekleidete Kammer über dem Wasserspiegel. Sie bietet den Bibern Schutz vor Landraubtieren wie Wölfen und Katzen sowie vor schlechtem Wetter; zudem gibt sie im Frühling eine wunderbare Wurfhöhle ab.

TÄGLICHE PFLEGE
Der Biber braucht täglich mindestens eine Stunde, um sein Fell vom Schlamm zu befreien und mit Öl zu imprägnieren.

WALDTYPEN
In den riesigen borealen Wäldern im Norden wachsen Kiefern, Fichten, Tannen und Lärchen. Die Laubwälder im Osten zeigen im Herbst flammende Farben. Mit Moos und Schlingpflanzen umwucherte Sumpfzypressen gedeihen im warmen, feuchten Süden rund ums Jahr.

WÄLDER

Vor rund 500 Jahren waren etwa zwei Drittel Nordamerikas von Wald bedeckt. In den letzten Jahrhunderten wurden große Flächen gerodet, doch sind auch weitläufige Bereiche erhalten geblieben – viele Gebiete mit altem Laubwaldbestand stehen heute unter Schutz.

NÖRDLICHE WÄLDER

Eine Reise quer durch Nordamerika würde durch nahezu sämtliche Waldtypen führen, die es auf der Erde gibt. Die Wildnis des borealen Nadelwaldes im Norden ist die Hochburg vieler der eindrucksvollsten Raubsäuger Nordamerikas, z.B. der Pumas (S. 72–73), Bären (gegenüber und S. 74–75), Wölfe (S. 62–63, 90), Vielfraße (gegenüber) und der mittelgroßen Katzen wie Luchse und Rotluchse (S. 84–86). Auch einige große Weidegänger wie Elche (gegenüber und S. 88–89) und Wapitis oder Rothirsche (gegenüber) sind hier zu Hause. Die Nadelwälder dehnen sich auch nach Süden hin aus, und zwar auf der Westseite des Kontinents, entlang der Felshänge der Rockies. Wegen der niedrigen Temperaturen und der Fäulnisresistenz der Nadeln vollzieht sich deren Zersetzung zu nährstoffreichem Boden im Borealwald nur langsam. Aus diesem Grund sind kleine Säuger wie Wühl- und Spitzmäuse hier viel seltener als in den Laubwäldern des Südens.

WEISSWEDELHIRSCH
Mit vollem Geweih ist er bereit für die herbstliche Brunft. In den nördlichen Wäldern wird er meist größer als im Süden.

LAUBWALD

Die ausgedehntesten Laubwaldbestände des Kontinents gibt es im Osten und Südosten, von den Great Lakes über das Appalachengebirge hinaus. Hier wachsen Ahorn-, Mahagoni- und Hickorybäume, Rot- und Weißbuchen sowie Eichen. Der Herbst verwandelt ihr Laub in ein flammendes Farbenmeer aus Gelb-, Gold- und Rottönen. Diese Wälder sind Heimat einer bunten Mischung von Kleinsäugern. Dazu zählen Hörnchenarten wie die Grauhörnchen (S. 91, 189), Waldmurmeltiere (gegenüber), zudem Ratten, Mäuse, Kaninchen, Opossums (S. 89), Füchse (S. 86), Spitzmäuse (gegenüber) und natürlich unzählige Fledermausarten. Zusammen mit anpassungsfähigen Arten wie Weißwedelhirschen (links) und Waschbären (S. 82–83) findet man viele von ihnen auch weit im Südosten, wo mehr Magnolien und subtropische immergrüne Pflanzen wie Kiefern, Zypressen und Palmen gedeihen. Auch

Die Wildnis des borealen Nadelwaldes im Norden ist die Hochburg vieler der eindrucksvollsten Raubsäuger Nordamerikas, z.B. der Pumas, Bären und Wölfe.

NATÜRLICHE LICHTUNG
Die Offenzonen, die einen Waldtümpel umgeben, werden regelmäßig von großen Herbivoren wie Elchen besucht. Durch Beweidung vergrößern sie solche Lichtungen allmählich (kleines Bild).

ein paar der größeren Beutegreifer leben in diesen Gegenden, etwa Schwarzbären, Pumas und Rotluchse.

WESTLICHER REGENWALD

In dem schmalen Streifen temperierten Feuchtwaldes entlang der Pazifikküste im Nordwesten gedeiht vor allem der Redwood-Baum oder Küstensequoia. In dieser Region leben einige spezialisierte Säuger wie das Chickaree (ein Rothörnchen), der Amerikanische Spitzmausmaulwurf (ein echter Maulwurf mit vielen Spitzmauseigenschaften) und das Stummelschwanzhörnchen.

Das urtümliche Stummelschwanz- oder Biberhörnchen ist trotz ähnlicher Gestalt nicht mit dem Amerikanischen Biber (S. 78–79) verwandt und lebt eher wie ein Maulwurf. Es gräbt mehr als 100 m lange Gangsysteme, ähnelt einer großen Wühlmaus und erscheint in der Dämmerung, um Pflanzennahrung zu sammeln.

KURZSCHWANZSPITZMAUS
Mit einer Kopf-Rumpf-Länge von bis zu 15 cm (Schwanz nur 3 cm) ist sie ein recht großer Vertreter ihrer Familie. Sie bewohnt vor allem die Laubwälder im Osten.

WALDBEWOHNER

BÄREN wie der Braunbär oder Grizzly waren einst in den Wäldern zu Hause, wo sie übers Jahr viele verschiedene Pflanzenprodukte fraßen.

MARDER, z.B. der Vielfraß, jagen kleine Säuger und Vögel und fressen auch größere Kadaver und Pflanzliches.

ERDHÖRNCHEN wie das Waldmurmeltier halten in ihren Bauen Winterschlaf.

HIRSCHE wie der Rothirsch fressen Blätter, Gräser und Kräuter. Im Jahreslauf durchstreifen sie unterschiedliche Gebiete.

WASCHBÄR
Unverkennbar Waschbär: langer Ringelschwanz, fuchsähnliches Gesicht mit dunklen Augenflecken – der »Banditenmaske«.

WASCHBÄREN

Einer der vertrautesten und anpassungsfähigsten Säuger dieses Kontinents ist der Nordamerikanische Waschbär (unten und gegenüber). Er ist der bekannteste Vertreter der Gattung *Procyon*, zu der auch zwei weitere Arten vom Festland Mittel- und Südamerikas und den Inseln zählen. Alle gehören sie zur Familie der Kleinbären (*Procyonidae*), ebenso wie die Südamerikanischen Nasenbären (S. 109) und die Wickelbären (S. 120). Trotz ihrer Verwandtschaft mit den Hunden und Bären leben sie vor allem auf Bäumen – besonders in feuchten Laubwäldern mit Bächen und Marschland. Waschbären haben ihren Aktionsradius im vergangenen Jahrhundert stark zum Menschen hin ausgeweitet. Ob Flussufer, Sumpf, Buschland, Halbwüste oder menschliches Umfeld, z. B. Parks, Gärten und Hinterhöfe: Die kleinen Kobolde fehlen nirgends.

GENERALISTEN

»Spezialisierte Generalisten« hat man die Waschbären genannt und in der Tat weist fast alles darauf hin: Anatomie, Verhalten und Kost. Stämmig, muskulös, aber auch behände, erklimmen sie mit Leichtigkeit Bäume, Zäune und sogar Wände. Dabei benutzen sie ihre langen, schlanken Zehen zum Greifen und den langen Schwanz zum Balancieren. Sie sind auch passable Schwimmer. Zum Jagen oder um Gefahren zu entweichen, gehen sie regelmäßig ins Wasser. Waschbären sind tag- oder nachtaktiv, je nachdem, wo sie leben und wann es etwas zu futtern gibt. Dreist und neugierig erkunden sie Felsspalten, kriechen unter Stämme und in Löcher – immer auf der Suche nach Nahrung. Diese ist äußerst vielfältig: Da wären erstens Wasserorganismen wie Fische, Frösche, Wasserschnecken, Schalentiere und Insektenlarven, zweitens kleinere landlebende Säuger wie Mäuse, Wühlmäuse und andere Nager, außerdem Vogeleier und Küken, Maden, Schnecken und Würmer – und schließlich drittens Vegetarisches wie z. B. Beeren, Samen, Früchte und Nüsse.

AUFGEPASST!
Junge Waschbären sind verspielt, tatkräftig und abenteuerlustig. Im Urwald richten sie sich in hohlen Bäumen ein. Sind keine Baumhöhlungen vorhanden, heben sie sich einen Bau aus.

FORTPFLANZUNG — VERHALTEN

An einer geschützten Stelle, z. B. unter einem Gebäude oder Felsen, baut das Waschbärweibchen ein Nest. Nach einer Tragzeit von 60–70 Tagen kommen die Jungen zur Welt, gewöhnlich im April. Meist sind es drei oder vier, aber auch bis zu sieben. Junge Waschbären bleiben mindestens 6 Monate bei ihrer Mutter, in den nördlichen Regionen auch bis zum nächsten Frühjahr. Dann trennen sie sich, um eigene Reviere zu besetzen.

WASCHBÄRENBABYS
Die Augen der Kleinen öffnen sich mit rund 3 Wochen. Sind sie 2 Monate alt, wagen sich die Waschbärenkinder nach draußen, um mit ihrer Mutter auf Futtersuche zu gehen.

FINGERFERTIGKEIT

An seinen Vorderpfoten hat der Waschbär lange geschickte »Finger«, die er beim Scharren und Graben einsetzt, ebenso zum Erfühlen von Beute, die sich in lockerem Boden und im Sand oder Schlamm auf dem Grund von Bächen und Tümpeln verbirgt. Der Waschbär scheint oft sein Futter zu waschen, indem er es im Wasser hin und her bewegt. Dies ist wohl eine angeborene Instinkthandlung, die eher mit dem Herausfischen des Futters aus wässrigem Schlamm zu tun hat als mit gezielter Säuberung. Sein angelsächsischer Name »raccoon« soll sich aus »arakun« oder »aroughcan« ableiten, was in der Indianersprache »mit den Händen kratzen« bedeutet.

Seine Fingerfertigkeit und neugierige, verwegene Art eröffnen dem Tier auch neue Futterquellen, was aber zu Konflikten mit Menschen führen kann. Es kann Riegel und Schlösser öffnen und sich so Zutritt zu Hühnerställen und Ähnlichem verschaffen, wo es dann fröhlich Eier frisst (rechts). Eine weitere Leibspeise des Waschbären ist, zum Leidwesen der Landwirte, frisches Getreide.

KULTURFOLGER

Im letzten Jahrhundert hat sich das Verbreitungsgebiet des Waschbären beständig nach Norden ausgedehnt – genauso wie die Flächen, die für Landwirtschaft und Bebauung gerodet wurden. In Siedlungen sind Waschbären ein vertrautes Ärgernis: Sie stöbern in Abfalleimern und auf Müllhalden herum, lärmen und machen Schmutz. Auch beziehen sie Unterkunft in Schuppen und anderen Außengebäuden – und bringen dort ihren Nachwuchs zur Welt.

In freier Natur leben Waschbären die meiste Zeit allein. Nur während der kurzen Paarungszeit im Januar und Februar sowie bei der Winterruhe in Gemeinschaftshöhlen kommen sie zusammen. Anders als der Winterschlaf ist dies nur eine lange Phase völliger Untätigkeit. In der Nähe von Gehöften und Städten mit ihrem guten Futter- und Unterschlupfangebot schließen sich aber oft 20 oder mehr Waschbären zu recht zerstörerischen Rudeln zusammen.

Anders als viele andere Fleisch fressende Säuger haben Waschbären kein festes, strikt verteidigtes Territorium, wohl aber Reviere, die sie regelmäßig durchstromern. Reviere von Männchen scheinen sich höchstens mit denen von zwei bis drei Weibchen zu überschneiden. Da sich die Tiere normalerweise aus dem Weg gehen, sind Begegnungen trotzdem selten. In einem typischen Waldhabitat beträgt die Reviergröße 30–70 Hektar, um menschliche Behausungen herum oft nur wenige Hektar. Ganz anders in trockenen Gras- und Buschlandschaften mit ihrem spärlichen Futterangebot: Hier kann sie 1000 Hektar übersteigen.

FLIEHENDES HÖRNCHEN
Im Blattwerk stöbern Waschbären auch junge Hörnchen, Vögel und deren Eier auf – ja eigentlich fast alles, was auf den Bäumen lebt.

EIER AUFBRECHEN
Waschbären stoßen Eier aus den Nestern auf den Boden oder werfen sie auf einen Stamm oder Stein in der Nähe. Dann öffnen sie die Schale vollständig mit den Pfoten und lecken den Inhalt auf.

FUTTERSUCHE
Suchend und scharrend bewegt der Waschbär seine Vorderpfoten oder »Hände« hin und her und ertastet so seine Nahrung. Schlammige Uferzonen von Tümpeln und Bächen sind beliebte Stöberplätze.

WINTERJAGD

Verzweifelt stürzt der Luchs voran, während der Hase zu entkommen sucht. Der Augenblick kann über zwei Leben entscheiden, denn bei geschlossener Schneedecke kann ein Luchs verhungern.

Der Kanadaluchs bewohnt den nördlichen Borealwald und jagt besonders gern Schneeschuhhasen – mit seinen ziemlich langen und breitpfotigen Läufen kommt er im Schnee ja gut voran.

BEUTEGREIFER DES WALDES

KURZPORTRÄT

Der Rotluchs bewohnt zentrale und südliche Regionen und frisst hauptsächlich Kaninchen. Der Festland-Graufuchs ist ein nächtlicher Räuber der südlichen Wälder. Er ernährt sich abwechslungsreich, etwa von Kleintieren, Früchten und Beeren. Das Nordamerikanische Katzenfrett findet man nur auf dem US-mexikanischen Hochlandblock. Seine Nahrung sind Kleintiere, Blütenpflanzen, Früchte, Baumsäfte und Nektar. Der Fischermarder bewohnt einen weitläufigen Ost-West-Gürtel vor allem in Südkanada und dem Norden der USA. Er frisst Säugetiere und Vögel.

ROTLUCHS

FESTLAND-GRAUFUCHS

NORDAMERIKANISCHES KATZENFRETT

FISCHERMARDER

FÜCHSE UND RAUBTIERE

Die mittelgroßen Raubsäuger der nordamerikanischen Wälder (Kasten oben) gehören zu mehreren Untergruppen der Säugetierordnung *Carnivora*. Zur Familie *Canidae* zählen Füchse wie der weit verbreitete Rotfuchs (S. 131, 188) und der Festland-Graufuchs (oben). Dieser klettert ausgezeichnet und lebt oft in Baumhöhlen, manchmal in mehr als 10 m Höhe. Auch viele Vertreter der fast nur in Amerika vorkommenden Kleinbärenfamilie sind darunter, so etwa der Waschbär (S. 82–83), der Wickelbär (S. 120) und das Nordamerikanische Katzenfrett (oben). Letzteres hat ähnliche Augenflecken wie der Waschbär und auch einen Ringelschwanz. Doch ist es kleiner und schlanker – einer Katze gleich. Es bewegt sich ausgesprochen schnell und geschickt in den Zweigen.

VIELE MARDER

Mehr als 20 Arten der lang gestreckten, kurzbeinigen und kurzschwänzigen Marder bewohnen Nordamerikas Wälder. Einige sind echte Klettermeister, andere bleiben lieber auf dem Boden. Darunter sind Mauswiesel (S. 91) und Hermeline (S. 179), die auf allen nördlichen Kontinenten vorkommen, sowie Stinktiere, etwa Fleckenskunks (S. 89), außerdem Otter, Amerikanische Nerze (S. 76–77), Vielfraße (S. 81) und Fichtenmarder. Letzterer hat eine Kopf-Rumpf-Länge von 40 cm, vergleichsweise lange, kräftige Beine und einen buschigen Schwanz. Dies sind Hinweise auf seine Gewohnheiten, denn er hält sich mehr in Bäumen auf als in Erdbauen. Zu seiner Hauptbeute zählen Hörnchen, z.B. das Grauhörnchen (S. 83, 189) und das Gleithörnchen (gegenüber).

Der »große Bruder« des Fichtenmarders, der Fischermarder (Kasten oben), sieht mit seiner Kopf-Rumpf-Länge von 60–70 cm und dem nochmals rund halb so langen Schwanz schon eher mardertypisch aus. Sein Name ist irreführend, denn er jagt nicht primär im Wasser, sondern überwiegend auf dem Boden, etwa Säuger und Vögel. Nur wenige Raubtiere greifen wie er sogar Baumstachler (S. 89) an, und zwar eher auf dem Boden als in Bäumen. Dazu springt er um die Beute herum und attackiert sie immer wieder direkt von vorn, denn Baumstachler haben die Angewohnheit, sich rasch umzudrehen und ihre spitzen Stacheln zu gebrauchen. Wenn der so an Nase, Lippen und Augen verwundete Nager allmählich ermattet, kann der Fischermarder sich daranmachen, die weichere Bauchseite aufzuschlitzen. Von einer solchen Beute lebt er schätzungsweise mindestens 2 Wochen; ein Hörnchen reicht nur für einen Tag.

CHIPMUNK
Dieses kecke Hörnchen ist die Hauptbeute der Fleischfresser Nordamerikas. In seinem Bau lebt es allein, Nahrung sucht es oft zusammen mit anderen.

WALDKATZEN

In Nordamerikas Wäldern leben auch zwei mittelgroße, kurzschwänzige Katzen: Der Kanadaluchs bewohnt den nördlichen Borealwald und jagt besonders gern Schneeschuhhasen (S. 90) – mit seinen ziemlich langen und breitpfotigen Läufen kommt er im Schnee ja gut voran. Der Rotluchs (Kasten oben) lebt im mittleren und südlichen Bereich des Kontinents. Er hat kürzere Ohrbüschel und Beine sowie ein dunkler getupftes Haarkleid, und er mag vor allem Baumwollschwanz-Kaninchen.

TOTSTELLREFLEX

VERHALTEN

Das Nordopossum ist der größte aller Beutelsäuger Amerikas und der einzige in Nordamerika – und eines der wenigen Beuteltiere, dessen Verbreitungsgebiet sich im vergangenen Jahrhundert ausgeweitet hat. Zur Selbstverteidigung stellt es sich einfach tot: Es fällt um und verharrt mit offenen Augen und geöffnetem Maul, ohne sich zu bewegen oder auf Reize zu reagieren. »Opossum spielen« wurde im Englischen zur Redewendung. Viele Fressfeinde, die eine zappelnde Beute instinktiv zerreißen würden, sind irritiert, verlieren das Interesse und ziehen von dannen.

REGLOS
Ein Nordopossum, das sich tot stellt, liegt halb eingerollt auf der Seite und reagiert auf überhaupt nichts mehr.

NACHTFLUG

Das Nördliche Gleithörnchen frisst – untypisch für Hörnchen – hauptsächlich nachts. Mit seinen riesigen Augen kann es im Dunkeln gut sehen. Seine Gleitflughaut ermöglicht ihm in den Bäumen die rasche Flucht.

HERBSTLICHE BRUNFT
Als Zeichen ihrer Stärke versuchen brünstige Elche sich gegenseitig abzudrängen. Das breitflächige und daher als Schaufel bezeichnete Geweih kann bis zu 20 kleine Enden tragen.

RIESIGE ELCHE

Die größten Pflanzenfresser der nordamerikanischen Waldregionen sind Hirsche. Besucher aus Europa, wo es dieselben Arten gibt, sind manchmal verwirrt wegen der Namensgebung. Der größte Hirsch ist der Elch (*Alces alces*). In Amerika heißt er »moose«, in Europa und Asien »elk«. Die Bezeichnung »elk« wird in Nordamerika jedoch für den Rothirsch (*Cervus elaphus*) verwendet, der dort, um die Verwirrung komplett zu machen, auch Wapiti (S. 81) genannt wird. (Einige Experten sind der Ansicht, dass der Wapiti nicht derselben Art angehört, und bezeichnen ihn als *Cervus canadensis*.)

LICHTUNGEN
Elche fressen in den Offenbereichen der Wälder unterschiedlichste Pflanzen, z.B. Gräser, Schilf und Riedgräser.

Der männliche Elch ist mit seinen 3,5 m Kopf-Rumpf-Länge ein eindruckvolles Tier. Er misst bis zur Schulter über 2 m und wiegt mehr als 750 kg. Sein gewaltiges Geweih mit bis zu 2 m Spannweite wächst, wie bei allen Hirschen, jedes Jahr neu. Im Herbst ist es voll entwickelt und bereit für die Brunftzeit (oben), bei der die mächtigen Männchen ihr Brüllen vernehmen lassen, mit den Geweihen aufeinanderprallen und ihre Kräfte messen. Meist sind daran nur zwei oder drei Tiere beteiligt, denn Elche sind eher einzelgängerisch.

Eine Elchkuh ist nur halb so massig wie ein Männchen und trägt, wie die meisten Hirschweibchen, normalerweise kein Geweih. Wie das männliche Tier hat sie eine verlängerte Schnauze und Oberlippe und einen fellbedeckten, fleischigen Lappen unter der Kehle. Dieser Kehllappen gibt den Elchen ihr unverwechselbares Aussehen. Anders als sonst bei Hirschen sind auch die Weibchen während der Brunft aktiv. Sie stellen sich zur Schau und röhren, um Männchen anzulocken, und tragen sogar untereinander Rangeleien aus.

Elche sind bis zu 50 km/h schnell und stark: Sie können schnell fließende Gewässer mit Leichtigkeit passieren und mit einem einzigen Hieb ihres breiten, scharfkantigen Hufes einen Wolf töten. Ihr bevorzugter Lebensraum ist eine Mischung aus Laubwald (speziell Pappeln, Birken, Weiden), Nadelwald, Sumpfland, Teichen und langsamen Fließgewässern, wo Wasserpflanzen gedeihen. Auf der Suche nach Seerosen und ähnlicher sukkulenter Vegetation können Elche, bis zu den Nasenlöchern untergetaucht, durchs Wasser waten. Oft tauchen sie auch noch mit dem Kopf unter Wasser, um an Wurzeln und Ausläufer auf dem Grund zu gelangen.

STACHLIGE WALDBEWOHNER

Ein ebenso typisches Säugetier der nördlichen Wälder ist der Baumstachler (rechts). Doch sein Verbreitungsgebiet erstreckt sich viel weiter nach Süden als das des Elches. Die wirkungsvolle Selbstverteidigungswaffe dieses Nagers besteht aus dicken, scharfen, umgewandelten Haaren, den Stacheln, die bis zu 8 cm lang werden und sich vor allem auf seinem Kopf befinden.

Baumstachler gehören zur Ordnung der Nagetiere. Sie klettern gut, aber langsam. Ihre Pflanzenkost ist sehr vielseitig: im Frühling Knospen und Blüten, im Sommer Halme und Blätter, im Herbst Nüsse und Beeren, im Winter Rinde und Koniferennadeln, dazu Feldfrüchte, wann immer es geht. Bei der Werbung im frühen Winter werden Nordamerikanische Baumstachler außergewöhnlich gesprächig, dann grunzen, kreischen, heulen und winseln sie.

GEFAHREN AUF DER STRASSE — VERHALTEN

Je mehr Menschen die Wälder und Wildparks besuchen, desto größer die Gefahr für die dort lebenden Säuger. Die Tiere warten auf Straßen, an Hütten und Picknickplätzen in der Hoffnung, durch immer hartnäckigeres Betteln Futter zu ergattern. Dadurch bringen sie sich und Menschen in Gefahr. Manchmal laufen sie sogar in den fließenden Verkehr hinein. Mehr als 100 Menschen sterben jährlich in den USA als Folge von Verkehrsunfällen, die durch den Zusammenstoß mit Hirschen verursacht wurden.

»ELCHTEST«
Zwei Elche schieben ihre großen Köpfe durch die geöffneten Fenster eines Autos, in der Hoffnung auf Futter. Diese großen Hirsche zusammen mit Autos: eine gefährliche Kombination auf den Straßen.

BAUMSTACHLER
Dieser stachlige Nager geht rückwärts auf Widersacher los und bohrt seine spitzen Stacheln in deren Fleisch. Die Stacheln brechen an der Basis ab, der Baumstachler entkommt.

STREIFENZEICHNUNG
Fleckenskunks haben sehr verschiedenartige Zeichnungen. Allen gemein sind die weiße Stirn und Schwanzspitze. Auch diese Art kann zur Selbstverteidigung stinkende Flüssigkeit versprühen.

SUBARKTISCHER WALD

BERGE UND GLETSCHER

POLARZONENTYPEN
Ausgedehnte Nadelwälder bedecken den Großteil des hohen amerikanischen Nordens bis hin zum Polarkreis. Jenseits davon erstrecken sich bis zur Küste des Nordpolarmeers einige hundert Kilometer relativ flachen, baumlosen Landes, die Tundra. Im Nordwesten liegen die vereisten Spitzen und die Ausläufer und Gletscher der Brooks- und Mackenzie-Gebirgsketten.

POLARREGION

Der riesige Tundragürtel, der an das Nordpolarmeer grenzt, ist vielleicht der unwirtlichste aller Lebensräume, die es an Land gibt. Die Temperaturen liegen wochenlang weit unter –30 °C; Bäume zum Schutz gibt es nicht, Tageslicht ist rar und die Nahrung liegt oft unter Schnee und Eis begraben.

DER ARKTIS TROTZEN

Die nördlichsten Teile Nordamerikas, zu denen auch die großen Inseln wie die Baffin-Insel und das riesige Grönland gehören, liegen überwiegend jenseits des nördlichen Polarkreises.

In diesen Breiten geht im Winter die Sonne phasenweise gar nicht auf; es wird entsetzlich kalt: Die Durchschnittswerte liegen im Januar und Februar bei –30 °C oder noch tiefer. Trotz dieser rauen Bedingungen haben Säugetiere Wege gefunden, um hier zu überleben.

Viele der Arten, die in der nordamerikanischen Polarregion leben, finden sich auch in ähnlichen Lebensräumen Nordasiens. Sie haben einige der unter Säugern wohl außergewöhnlichsten Anpassungen entwickelt, nicht nur gegen die klirrende Kälte, sondern auch gegen den Nahrungsmangel. Heftige Schneestürme können die Futtersuche jederzeit für mehrere Tage unmöglich machen, und sogar das Trinken kostet Energie, da das Eis durch Körperwärme verflüssigt werden muss.

POLARWOLF
Er ist der größte seiner formenreichen Art und der mit dem dicksten Fell. In der Arktis sind rein weiße Tiere häufiger als anderswo.

LEBEN IN DER TUNDRA

Etwa auf dem Breitengrad des nördlichen Polarkreises weicht der riesige Borealwald allmählich der Tundra, einer weiten, flachen und offenen Landschaft, die dem ungeschulten Auge unglaublich eintönig erscheint, besonders im Winter, wenn sie schneebedeckt ist. Doch sobald es im Frühling taut, offenbaren sich Sümpfe und Teiche, flache Hügel mit Moos, Gras und Riedgras und vereinzelte kniehohe Zwergweiden- und Birkengruppen. Nun verlassen lange Kolonnen von Karibus (S. 92) den schützenden Wald

Sobald es im Frühling taut, offenbaren sich Sümpfe und Teiche, flache Hügel mit Moos, Gras und Riedgras und vereinzelte kniehohe Zwergweiden- und Birkengruppen.

VERSCHIEDENE FELLFARBEN

EVOLUTION

Viele echte Arktisbewohner wie der Eisfuchs (rechts), der Polarhase (rechts) und die Hermeline des hohen Nordens verändern ihr Haarkleid jahreszeitabhängig. Im Herbst verlieren sie ihr braunes oder graues Sommerfell und ersetzen es durch ein dickeres, weißes Winterfell. Damit sind sie exzellent getarnt, aber auch besser wärmeisoliert, wenn Schnee und Eis Einzug halten.

SCHNEESCHUHHASE
In den nördlichen Wäldern wird dieser breitpfotige Hase im Sommer auf dem Teppich aus toten Nadeln zwischen den Bäumen fast unsichtbar. Im Herbst färbt sich sein Fell weiß.

und ziehen nordwärts, um den kurzen Tundrasommer zu nutzen. Ihre Hauptfeinde, die Wölfe (links), folgen ihnen nach und erbeuten schwächliche alte, junge und kranke Tiere. Der Karibu ist die einzige Hirschart, bei der auch die Weibchen Geweihe tragen. In Europa, wo man diese Art domestiziert, ist sie als Rentier bekannt.

Die Moschusochsen (links und unten) sind schon vor ihnen da, denn sie bleiben das ganze Jahr über in der Tundra. Sie ernähren sich von Riedgras und anderen Gräsern, die sommers in den Tälern wachsen. Im Winter wandern sie in höher gelegene Gebiete, in denen scharfe Winde die spärliche Vegetation aus Moosen und Flechten relativ schneefrei halten. Zu Beginn des 20. Jahrhunderts waren Moschusochsen durch Bejagung fast ausgerottet – man schätzte ihr Fleisch, ihre Häute und Hörner. Nach Auswilderung in ihren angestammten Lebensräumen wie Alaska (Nordamerika) und Norwegen (Nordeuropa) erholt sich ihr Bestand derzeit. Obwohl Moschusochsen Wildrindern ähneln, gehören sie zu einer anderen Boviden-Unterfamilie, den Ziegenverwandten (*Caprinae*). Sie sind demnach enger mit den Schneeziegen und Dickhornschafen (S. 74) verwandt. Das Deckhaar ist mit über 60 cm Länge das längste unter Säugern. Es bildet einen »Fransenmantel«, dem weder Regen noch Schnee etwas anhaben können. Die Unterwolle ist sehr dicht und wasserabstoßend. Die breiten Hufe verhindern ein Einsinken im Schnee. Beide Geschlechter haben schwere Hörner; sie dienen als Zeichen ihrer sexuellen Reife, zur Einschüchterung bei Streitigkeiten in der Herde und als Verteidigungswaffen gegen Wölfe und Eisbären (S. 92–93).

AUF VORRAT FRESSEN
Moschusochsen futtern hungrig die Sommerpflanzen, die die Tundra für kurze Zeit bietet – nur so können sie im Winter viele Tage ganz ohne Nahrung auskommen.

ARKTISBEWOHNER

EISFÜCHSE gehören zu den wenigen Säugern, die ganzjährig in der Tundra überleben können. Oft wandern sie auf der Suche nach Wal- und Robbenkadavern an der Küste entlang.

POLARHASEN leben rund ums Jahr in der Tundra. Gibt es nicht genug Pflanzenkost, nehmen sie ausnahmsweise sogar Aas zu sich.

MARDER wie das Mauswiesel bleiben lieber in bewaldeten Gebieten – dort jagen sie vor allem Lemminge, Schneemäuse und Kleinvögel.

EINIGE NAGER wie der Sibirische Lemming sind ganzjährig aktiv. Sie graben Gänge unter dem Schnee, die von ihrem Bau zu den Futterstellen führen.

DER KÖNIG DER ARKTIS

Der Eisbär ist der wichtigste Beutegreifer der Arktis und mit einer Kopf-Rumpf-Länge von mehr als 3 m und einem Maximalgewicht von über 700 kg eines der größten Landraubtiere der Erde. Der Braunbär oder Grizzly (S. 74–75, 81) ist zwar ebenso mächtig, aber ein Allesfresser, während der Eisbär zu über 90 % Fleisch frisst.

Bei den meisten Eisbären machen Robben über zwei Drittel der Nahrung aus, speziell Eismeer-Ringelrobben, aber auch Bartrobben, Klappmützen, Sattelrobben und Walrosse (S. 195, 206–207). Sie fressen auch Fische und kleine Wale. Einige Eisbären, die weiter von der Küste entfernt oder in der Nähe von menschlichen Behausungen leben, haben eine abwechslungsreichere Kost: Moschusochsen (S. 90–91), Karibus (unten), Hasen, Wühlmäuse, Lemminge (S. 91) sowie Vögel und deren Eier. In schlechten Zeiten, wenn Robben knapp sind oder die See bis weit vor die Küste zugefroren ist, können Eisbären Dutzende von Kilometern ins Landesinnere ziehen, wo sie sich mit Beeren, Moos und Flechten »über Wasser halten«.

GEGENSEITIGE HILFE
Eisbären und Eisfüchse tolerieren sich normalerweise. Mit seinen scharfen Augen kann der Fuchs helfen, Beute auszumachen. Nachdem der Bär gefressen hat, nimmt er sich die Reste.

Der Eisbär hat einen massigen Körper und einen kleinen, stromlinienförmigen Kopf. Er ist ein kraftvoller Schwimmer, der, wenn nötig, stundenlang mit seinen breiten Pfoten im eisigen Wasser paddeln kann (rechts). Bei einem Sprint an Land kann er leicht einen Menschen überholen und ein Karibu bis zur Erschöpfung treiben. Seine ausladenden Pfoten verhindern ein Einsinken, die fellbedeckten Sohlen geben Halt auf dem Eis.

EINZELGÄNGERISCHES LEBEN

Wie die meisten Mitglieder der Bärenfamilie leben Eisbären überwiegend als Einzelgänger. Die Tiere können sich an reichen Futterquellen treffen, z.B. an einem großen, gestrandeten Wal oder neuerdings auf Müllkippen an den Rändern menschlicher Siedlungen. Männchen

WANDERNDE KARIBUS
Karibus müssen auf dem Weg zur Tundra und zurück dicht am Meer gelegene Flüsse durchschwimmen. Hier sind sie durch Eisbär-Attacken gefährdet. Manche Bären haben die Angewohnheit, im Sommer ins Landesinnere zu wandern, wo sie eine vielfältigere Kost erwartet.

MÄNNLICHE SPARRINGSPARTNER
Nur junge bis mittelalte Eisbärenmännchen kämpfen um paarungsbereite Weibchen. Nach etwa dem 20. Lebensjahr nehmen die Paarungsaktivitäten bei beiden Geschlechtern ab.

SCHWIMMUNTERRICHT
Am Fell ihrer Mutter festgekrallt, ziehen Eisbärenkinder huckepack von einem Jagdgrund zum nächsten. Dabei können sie Hunderte von Kilometern im Jahr zurücklegen. Eisbären erreichen beim Paddeln rund 10 km/h.

und Weibchen finden im frühen Sommer für ein paar Tage zur Paarung zusammen, dann gehen sie wieder getrennte Wege. Männchen orten Weibchen am Geruch. Eisbären haben empfindliche Nasen und können Wal- oder Robbenaas in der klaren arktischen Luft angeblich über mehr als 10 km wahrnehmen.

Während der Paarungszeit können Männchen aggressiv werden: Sie richten sich auf und boxen einander mit ihren großen Vorderpranken (links). Trifft ein ausgehungertes Männchen auf ein Weibchen mit Jungen, kann es vorkommen, dass es die Kleinen tötet, um seinen Speisezettel zu erweitern.

KINDERZIMMER IM SCHNEE

Bei strengem Frost suchen die meisten Eisbären für einige Tage Schutz in einer Höhle oder einem Loch, und etwa im November errichten trächtige Weibchen Wurfhöhlen, z.B. unter einem Felsüberhang oder in einen Schneehaufen an einer Böschung. Sie besteht aus einem 2–3 m langen Gang und einer Kammer, die gerade groß genug für die Eisbärin ist. Sie bleibt normalerweise vier Monate darin und wirft meist zwei Junge. Wie bei anderen Bären sind die Neugeborenen im Vergleich zur Mutter winzig; sie wiegen 600–700 Gramm und sind zusammengerollt etwa so groß wie eine kleine Grapefruit. Ihre Augen sind fest verschlossen, ihr Fell ähnelt dem der Erwachsenen, ist aber noch kurz und flauschig.

Während sie die Jungen im schützenden Bau 3 bis 4 Monate säugt, lebt die Mutter von ihrem Körperfett. Im Frühling, wenn die Kleinen 10 kg oder mehr wiegen, verlässt die Familie die Höhle. Die Jungen fressen nun auch an der Beute der Mutter, und nach etwa 6 Monaten üben sie selber das Jagen, doch erst nach weiteren 6–12 Monaten werden sie entwöhnt. Ihre Mutter verlassen sie nicht vor dem zweiten Sommer; erst dann können sie allein überleben.

SCHLÄFRIGE BÄREN
Gibt es reichlich Futter, verbringen Eisbären bis zu 90 Prozent ihrer Zeit ruhend oder schlafend. Weibchen können sich im Alter von 5 Jahren erstmals fortpflanzen. Männchen, die doppelt so schwer werden wie sie, paaren sich meist nicht vor ihrem 9. oder 10. Lebensjahr.

JAGDTECHNIKEN — VERHALTEN

Eisbären haben verschiedene Jagdtechniken. An Land schleichen sie sich langsam an ihr Opfer heran und erstarren, wenn es aufschaut – in letzter Sekunde stürmen sie dann rasch voran. Bei der Wasserjagd liegen sie ganz ruhig in der Nähe des Atemlochs einer Robbe oder eines Wales auf dem Eis. Taucht ihre Beute auf, stürzen sie sich darauf und beißen fest zu. Eisbären legen oft die Pfoten über ihre Nase und schließen die Augen, um die dunklen Stellen in der weißen Umgebung zu verbergen.

ALLERLEI BEUTE
Ein Eisbär tut sich an seinem Fang (links) gütlich. Dieser Belugawal (rechts) hat Wunden, die ihm an seinem Atemloch von einem Eisbär zugefügt wurden.

SÜDAMERIKA

VOR 130 MIO. JAHREN war Südamerika mit Afrika verbunden, als Teil des südlichen Superkontinents Gondwana. Der Südatlantik musste sich erst noch bilden.

VOR 65 MIO. JAHREN, gegen Ende des Reptilienzeitalters, tat sich der Südatlantik auf. Gondwana spaltete sich auf, und Südamerika wurde zur Insel – wesentlich weiter südlich gelegen als heute. Von anderen Kontinenten isoliert, begannen sich die Säugetiere zu typisch südamerikanischen Formen zu entwickeln.

VOR 20 MIO. JAHREN verschob sich Südamerika nordwärts und näherte sich seiner jetzigen Position. Die Anden-Gebirgskette existierte bereits, doch eine Epoche von Bergfaltungen formte noch höhere Spitzen, besonders im Nordteil der Kette.

VOR 3 MIO. JAHREN sank der Meeresspiegel, gleichzeitig hoben sich die Anden weiter empor – so bildete sich eine Landbrücke zwischen Nord- und Südamerika. In einem großen biologischen Austausch wanderten Säuger zwischen den nun verbundenen Kontinenten hin und her.

VOR 18 000 JAHREN, gegen Ende der letzten Eiszeit, war das Klima trocken und der Regenwald des Amazonas beträchtlich kleiner als heute. Ein niedriger Meeresspiegel entblößte einen großen Festlandsockel vor Patagonien. Der Südteil der Anden war von einer Eisdecke überzogen – die Reste dieser Eisschicht existieren heute noch. Vermutlich erreichten nun auch Menschen Südamerika, den genauen Zeitpunkt kennt man jedoch nicht.

VORIGE SEITE:
NACHTAFFE
Südamerikanische Nachtaffen oder Mirikinas sind die einzigen vollkommen nachtaktiven Affen der Welt.

LEBENSRÄUME SÜDAMERIKAS

Südamerika ist ein Kontinent großer Gegensätze – von extrem trockener Wüste bis zum ausgedehntesten Flusssystem der Tropen, von flachen, trockenen Ebenen bis zu einer der längsten und höchsten Bergketten der Welt ist alles vertreten. Außerdem gibt es hier noch riesige Flächen tropischen Regenwaldes.

TROPEN

Der Südzipfel Südamerikas ist nur 900 km von der Antarktis entfernt. Da sich die Hauptlandmasse im Norden konzentriert, liegen dennoch vier Fünftel des Kontinents in den Tropen. Das riesige Amazonasbecken bildet das Herz Südamerikas. Die Region ist von gigantischen Flüssen, erstickender Hitze und täglichen Gewitterschauern geprägt. Für Pflanzen sind das ideale Bedingungen und so gedeiht hier der größte Regenwald der Erde – dessen Fläche aber derzeit rasch schrumpft.

Der Tierreichtum Amazoniens ist legendär: Fast 90 Prozent aller Primaten Amerikas leben in diesem gigantischen Raum, ebenso die Mehrzahl der Beuteltiere Südamerikas. Im Nord- sowie Südosten des Kontinents wird der Amazonas von den sanft ansteigenden Hochlandgebieten Venezuelas und Brasiliens flankiert, zum Westen hin endet die Ebene an den Anden. Diese großartige Gebirgskette, die sich von der Karibikküste bis zu den Felseninseln Kap Hoorns erstreckt, ist die Heimat einiger außergewöhnlicher Säugetiere, etwa der Vikunjas (S. 104) und Guanakos (S. 104). Diese beiden Mitglieder der Kamelfamilie sind bestens daran angepasst, in der dünnen Luft zu atmen, und ihr dickes Haarkleid schützt sie vor der Kälte der Nacht. An den Flachhängen der Anden regnet es selten und in Peru und Chile grenzen die Anden an die Atacama, die trockenste Wüstenregion der Erde.

GEBIRGE (S. 104–105)
Die bei weitem größte Gebirgskette Südamerikas sind die Anden. Im tropischen Teil leben auch in über 5000 m Höhe viele Säuger. Im tiefen Süden bedecken dauerhafte Eisschichten die meisten Bereiche über 3000 m.

TIEFER SÜDEN

Südlich der Tropen, im so genannten Südkegel, ändert sich der Landschaftscharakter. Der üppige Wald geht zunächst in Grasland, später ins trockene, windgepeitschte Buschland Patagoniens über. Die größten Säuger dieser Region sind eingeführte Rinder und Schafe, doch auch einheimische Beutegreifer wie z. B. Füchse (S. 104) finden in dieser dünn besiedelten Gegend ihr Auskommen. Im tiefen Süden fallen die Anden ab und enden in einer spektakulären Landschaft aus zerklüfteten Bergen, Eisdecken und Fjorden. Die Ausläufer der Gebirge sind von temperiertem Wald bedeckt – nirgends auf der Südhalbkugel erreicht diese Vegetationsart eine größere Ausdehnung als hier.

FEUCHTGEBIETE (S. 106–111)
In Südamerikas Süßwasserfeuchtgebieten gibt es dauerhafte Seen und Sümpfe, aber auch solche wie die Igapó-Wälder, die nur saisonal überschwemmt sind. Die meisten dort lebenden Süßwassersäuger können sowohl an Land als auch im Wasser existieren, aber man findet auch Delfine und Seekühe.

WALDGEBIETE (S. 112–125)
Tieflandregenwald bedeckte einst den Großteil des Amazonasbeckens; als Folge des Holzeinschlages und der Ansiedlung von Menschen nimmt die Fläche jedoch rasch ab. Verglichen mit den temperierten Wäldern des tiefen Südens gibt es hier eine verschwenderische Fülle unterschiedlicher Säugetiere.

GRASLAND (S. 98–101)
In Südamerika gibt es ein paar Regionen tropischen Graslands. Die ausgedehntesten Graslandflächen liegen allerdings südlich der Tropen, in der Argentinischen Pampa. Hier sind die Sommer warm und feucht, aber der jährliche Niederschlag reicht für die Bildung von Wäldern noch nicht aus.

WÜSTE (S. 102–103)
Die trockene subtropische Luft ist mitverantwortlich für die Wüstenbildung in Südamerika – ebenso wie die Anden, die für Feuchtigkeit bringende Winde eine unüberwindliche Barriere darstellen. Salzseen sind typisch für diese Wüstenlandschaft.

ZAHLEN UND FAKTEN

■ **GRÖSSE:** 17,8 Millionen Quadratkilometer, im Norden begrenzt von Kolumbien und Panama.

■ **LÄNDER:** 12 unabhängige Staaten. Mit einer Fläche von 8,5 Mio. km² nimmt Brasilien fast die Hälfte des Kontinents ein; Brasilien hat auch die meisten Einwohner (rund 165 Mio.).

■ **KLIMA:** Es reicht von feucht-tropisch, mit Durchschnittstemperaturen von 30 °C, bis zu subantarktisch. Kaltfronten, so genannte Friagems, dehnen sich manchmal nordwärts ins Amazonasbecken aus.

■ **HÖCHSTER BERG:** Der Aconcagua in Argentinien mit 6959 m – die höchste Erhebung auf der westlichen Hemisphäre.

■ **LÄNGSTER FLUSS:** Der Amazonas mit seinen ungefähr 6400 km Länge ist, wenn man von den beförderten Wassermassen ausgeht, der größte Fluss der Welt.

STRAUCHIGES GRASLAND

TROCKENES GRASLAND

GRASLANDTYPEN
Das Grasland Südamerikas wird von Ost nach West trockener, ebenso von Norden nach Süden. In den trockeneren Regionen wie z. B. in Patagonien bestimmen dürreresistente Sträucher das Bild. In anderen Gegenden ist der Boden mit einer geschlossenen Grasdecke überzogen.

GRASLAND

In Südamerika gibt es verschiedenartige Graslandtypen – Säugetiere ganz unterschiedlichen evolutionären Ursprungs treffen hier zusammen. Typische Weidegänger und Fleischfresser leben in diesen Gebieten neben einigen der ungewöhnlichsten Säugetierarten der Welt.

WEIDEGÄNGER DES GRASLANDS

Anders als in Afrika und Asien lebten in Südamerika nie Antilopen; dafür gab es hier vor langer Zeit einige andere riesige Weidegänger. Heutzutage sind die größten wild lebenden Grasfresser Hirsche. Im tropischen Grasland Venezuelas und Brasiliens lebt der Weißwedelhirsch (unten und S. 80), ein panamerikanischer Säuger, den es bis nach Kanada hinauf gibt. Er ernährt sich von Gräsern und Buschwerk und bleibt meist dicht an der Deckung. Wie die Vorfahren aller südamerikanischen Hirsche wanderten auch seine Ahnen von Nordamerika ein, als sich die beiden Kontinente vor rund 3 Mio. Jahren verbanden. Im Südosten liegt das größte Graslandgebiet Südamerikas, die Pampa, eine offene, fast ebene Weite, etwas größer als Texas. Heute wird die Pampa großteils als landwirtschaftliche Anbaufläche genutzt, doch in entlegenen Bereichen konnten viele der ursprünglichen Säugetiere des Graslands überleben.

Hier sind die Pampashirsche (rechts) zu Hause. Hirsche sind eigentlich Waldbewohner, diese Art jedoch hat sich an ein Leben in der Offenzone angepasst. Früher waren Pampashirsche äußerst zahlreich und für die

ANPASSUNGSFÄHIGE HIRSCHE
Zwei Weißwedelhirsche lassen auf der Flucht ihr charakteristisches Weiß aufblitzen. In ihrem riesigen Ausbreitungsgebiet arrangiert sich diese Art mit einer großen Vielfalt an Klimabedingungen.

Einheimischen ebenso wichtig wie die Bisons für Nordamerika. Als die Viehzucht Einzug hielt, nahm die Populationsstärke der Pampashirsche drastisch ab – nur in Nationalparks gibt es sie noch in großer Zahl.

Ein anderer Weidegänger der Pampa ist die Viscacha, ein großer Nager, der ebenso schwer ist wie der Silberdachs. Sie lebt in weitläufigen, manchmal über 100 m langen Tunnelsystemen, den Viscacheras, die bis zu 50 Tiere beherbergen können. In der Morgen- und Abenddämmerung verlassen Viscachas ihre Baue, um auf Nahrungssuche zu gehen. Berühmt sind diese Tiere für ihre Schnelligkeit und Agilität übertage und ihre unermüdlichen Grabaktivitäten, die sie schon mit Farmern in Konflikt brachte. Sie sind auch leidenschaftliche Sammler: Was immer oben herumliegt, die Viscachas schaffen es in ihren Bau.

PAMPASKATZE
Diese kleine Katze lebt in Wald- und Graslandgebieten, ebenso in Sümpfen und im Gebirge. Sie jagt auf dem Boden nach Beute.

BEUTEGREIFER DES GRASLANDS

Auch die Fleisch fressenden Säuger Südamerikas erreichten den Kontinent während des großen Nord-Süd-Austauschs. Ihre noch lebenden Nachfahren im Grasland sind der Mähnenwolf (Kasten unten), der Waldfuchs (S. 109) und die Pampaskatze (links). Seinem Namen zum Trotz ist der seltene Mähnenwolf enger mit Füchsen verwandt als mit Wölfen. Der häufigere Waldfuchs ist ein Opportunist, der alles zu sich nimmt, was er erhaschen kann, und in Küsten- und Flussnähe sogar Krabben fängt. Wie andere südamerikanische Füchse sucht er auch nach Kadavern. Die Pampaskatze hingegen fängt nur lebende Beute. Sie holt sich Nager und bodenbewohnende Vögel – auch Hausgeflügel.

PAMPASHIRSCH
Dieser Hirsch lebt in kleinen Gruppen mit bis zu 6 Tieren. Die Männchen haben Duftdrüsen an ihren Hinterfüßen, deren stechender Geruch dazu dient, Weibchen anzulocken und das Revier zu markieren.

Im Südosten liegt das größte Graslandgebiet Südamerikas, die Pampa, eine offene, fast ebene Weite, etwas größer als Texas.

EINZELGÄNGERTUM — VERHALTEN

Anders als Wölfe sind Mähnenwölfe Einzelgänger, die man schwer zu Gesicht bekommt. Obwohl sich Männchen und Weibchen oft dasselbe Revier teilen, jagen sie allein. Mähnenwölfe fressen in erster Linie kleine Nager und Vögel, wobei ihre Jagdtechniken fuchsähnlich sind – sie stürzen sich lieber auf ihre Beute, als ihr lange nachzujagen. Wie Füchse fressen sie auch Pflanzennahrung. Mähnenwölfe tragen ihren Namen wegen der dunklen Mähne, die sie sträuben, wenn sie sich bedroht fühlen.

GUTER ÜBERBLICK
Mit seinen außergewöhnlich langen Beinen kann dieser Pampasräuber übers hohe Gras schauen.

Wird der Ameisenbär bedroht, geben diese Krallen schreckliche Waffen ab.

AMEISENSPEZIALISTEN

Im Grasland können Ameisen und Termiten extrem zahlreich sein, doch nur ein paar Säuger haben sich darauf spezialisiert, sie zu fressen. Der südamerikanische Große Ameisenbär (unten und rechts) ist einer davon. Er wiegt bis zu 40 kg; mit seinem buschigen Schwanz kann er eine Länge von über 2 m erreichen. Drei kleinere Arten – der kleinste ist der Zwergameisenbär (S. 125) – leben in den Wäldern Südamerikas und sammeln ihre Nahrung in Bäumen.

Eine untypische Lebensweise erfordert ungewöhnliche Anpassungen: Alle Ameisenbären haben zahnlose Schnauzen und bandförmige Zungen, die mit klebrigem Speichel und nach hinten weisenden Stacheln versehen sind. Beim Fressen bewegen sich die Kiefer fast nicht, die Zunge jedoch schnellt ein und aus und fegt pro Minute Hunderte von Ameisen hinweg – das Tier schluckt ununterbrochen eine Speichel-Ameisen-Mischung.

RIESENAPPETIT
Ein Großer Ameisenbär kann mit seiner klebrigen Zunge über 30000 Ameisen oder Termiten am Tag vertilgen (links). Das stets einzelne Junge klammert sich mit seinen Krallen an die Mutter (oben).

Ameisenbären wählen ihr Futter mit Bedacht aus. Diejenigen Ameisen und Termiten, die auf Angriffe besonders aggressiv reagieren, meiden sie. Um an ihre Beute zu kommen, kratzen sie mit den Krallen ihrer Vorderfüße die Insektennester auf. Die Krallen des Großen Ameisenbären sind über 10 cm lang, und da er auf dem Boden lebt, bedarf es besonderer Vorkehrungen, um sie scharf zu halten – nämlich der Fortbewegung auf den Fingerknöcheln. Wird der Ameisenbär bedroht, geben diese Krallen schreckliche Waffen ab. Doch nur wenige Tiere stellen Großen Ameisenbären nach, z.B. Pumas (S. 72–73) und Jaguare (S. 122–125).

LANGNASENGÜRTELTIER
Im Laub stöbernd, sucht das Gürteltier nach Nahrung. Die Familie der Gürteltiere bewohnt vielfältige Lebensräume, z.B. Grasland, Wälder und Wüsten (S. 103).

TERMITENREICH

Während der letzten Eiszeit lebten in Südamerikas Grasländern gepanzerte, fast 250 kg schwere Säugetiere. Die letzten so genannten Glyptodons starben vor ungefähr 10000 Jahren aus, doch ihre nahen Verwandten, die Gürteltiere (rechts und S. 103), existieren noch. Es gibt etwa 20 Arten, von denen viele auch Termiten fressen.

In Wäldern bauen Termiten ihre Nester oft aus Holzfasern. Das macht es Insektenfressern leicht, sie auseinander zu ziehen. Kletternde Säuger wie die Zwergameisenbären (S. 125) und Tamanduas (S. 125) haben sich auf diese Nahrung spezialisiert. Im Grasland bestehen die Nester meist aus Schlamm, und dieser wird, von der Sonne gebacken, extrem hart. Kleine Gürteltiere haben Schwierigkeiten einzudringen; sie sammeln diejenigen Termiten auf, die ihren Bau zur Nahrungssuche verlassen. Das Riesengürteltier jedoch hat viel stärkere Klauen und Beine: Es kann ein solches Nest zertrümmern. Allerdings öffnet dieser gepanzerte Insektenfresser nicht bloß ein Nest, plündert es und zieht weiter; oft errichtet er stattdessen unter einem Termitenhügel einen dauerhaften Bau, der ihm gleich zweifach nutzt: als Schutzhöhle und als Nahrungsquelle. Riesengürteltiere fressen nach Einbruch der Dunkelheit. In einer Nacht legen sie rund 2,5 km zurück.

BLUTSAUGER — VERHALTEN

Wenige Säuger flößen Menschen solche Angst ein wie die Vampire. In Südamerika leben drei Arten in verschiedensten Lebensräumen, z.B. Grasland und Wald. Alle saugen das Blut schlafender Säuger oder Vögel. Ihrer Beute nähern sie sich auf allen Vieren, wobei sie spinnenartig über Äste oder den Boden eilen. Diese Fledermäuse saugen nur kleine Mengen Blut, dennoch können sie gefährlich sein, da sie manchmal Tollwut auf das Vieh – und gelegentlich auch auf den Menschen – übertragen.

GEMEINER VAMPIR
Vampire schneiden ein kleines Stück aus der Haut heraus und lecken das aussickernde Blut auf. Eine Substanz in ihrem Speichel hemmt die Blutgerinnung.

WÜSTEN

Die Atacamawüste an der Küste Chiles und Perus ist der trockenste Ort auf der Erde. Nur wenige Tiere können diese extrem trockenen Bedingungen überleben. Andere Wüsten Südamerikas sind hingegen reich an Säugern, insbesondere die weniger ausgedörrten Regionen Patagoniens.

EXTREME TROCKENWÜSTE

BERGHÄNGE

TROCKENHÜGEL

WÜSTENTYPEN
Je nach Breitengrad und Niederschlag zeigen Südamerikas Wüsten ein unterschiedliches Erscheinungsbild. Die innere Atacama ist extrem trocken und sieht aus wie eine Mondlandschaft. Weiter südlich hingegen sind die Osthänge der Anden mit Kakteen und Sträuchern übersät. Die Anden bewirken einen »Regenschatten«, der den Hochlandregionen Patagoniens ihr trockenes Klima beschert.

SÜDLICHE WÜSTEN

In Südamerika gibt es zwei Hauptwüstenbereiche, die durch die Gipfelketten der Anden getrennt werden. Im Westen ist die Atacamawüste zwischen Gebirge und Meer eingezwängt. In ihrem Zentrum kann der jährliche Niederschlag nur 0,1 mm betragen, so dass hier fast nichts wächst. Im Osten der Anden und weiter südlich liegen die etwas feuchteren Wüsten und Trockengebiete Patagoniens. Hier sind weite Landstriche mit dürreresistentem Buschwerk bedeckt.

Im Küstenbereich der Atacamawüste gibt es nur Großsäuger, die sich aus dem Meer ernähren: Südliche Seebären und die Meerotter. Diese leben zwar an Land, verbringen jedoch viel Zeit im Wasser und verbergen sich in Höhlen nahe am Strand. In der Wüste selber leben außer Kleinnagern wie Degus (S. 104) nur wenige Säugetiere. Lamas (rechts) sind allerdings in höheren Zonen ein gewohnter Anblick. Obwohl sie so scheu sind wie Wildtiere, sind Lamas domestizierte Nutztiere, die seit über 5000 Jahren in den Anden gezüchtet werden. Es gibt zwei bedeutende Rassen, das Ccara mit einem leichten und das Chaku mit einem schweren Vlies. Beide Rassen werden wegen ihres Fleisches und der Wolle gehalten, aber Ccaras dienen auch noch immer als Lastenträger, wie zu Zeiten der Inkas. Lamas teilen ihr dürres Weideland mit Wildeseln, den Burros – einem lebenden Vermächtnis der spanischen Eroberer. Wildesel sind eigentlich in den steinigen Halbwüsten Europas zu Hause, und so verwundert es kaum, wie gut sie an ihren neuen Lebensraum angepasst sind. Im spärlichen Grasland an den Ausläufern der Anden trifft man oft Herden mit 30 oder mehr Tieren an, die davonstürmen, sobald man sich nähert. An den Rändern der Wüste, wo es genug Niederschlag für Strauchwachstum gibt, gehört auch das Halsbandpekari (links) zur Säugerfauna. Dieses schweineähnliche Tier frisst alles Mögliche: Mit seinen scharfen Zähnen zupft es Blätter, mit der Schnauze durchpflügt es den Boden. Lange wurde es vom Menschen bejagt, doch es hat auch einen natürlichen Feind, den Puma (S. 72–73). Dieser bemerkenswert anpassungsfähige Jäger ist sowohl in der Wüste als auch im Tropenwald zu Hause.

HALSBANDPEKARI
Diese Tiere bewohnen unterschiedliche Lebensräume vom Südwesten der USA bis nach Argentinien: Wald, Savannen und Halbwüsten. In Südamerika jagt man sie wegen ihres Fleisches.

PATAGONIENS WÜSTEN

Mit seinem trockenen Klima und den zerstörerischen Sommerwinden gehört Pata-

SICHERHEIT DURCH GESCHWINDIGKEIT — VERHALTEN

Der Mara oder »Pampashase« (eigentlich ein Meerschweinchen) ist eines der wenigen Nagetiere, die im Offenbereich leben, und rennt bei Gefahr davon, anstatt unter die Erde zu flüchten. Bei einer Schulterhöhe von 50 cm wiegt er bis zu 16 kg; seine langen Beine haben hufähnliche Klauen. Der Mara sieht sehr gut und kann mit bis zu 45 km/h durchs Gestrüpp springen und hüpfen. In den Pausen setzt er sich auf sein Hinterteil oder legt sich hin und schlägt die Beine ein wie eine Katze. Maras werden über der Erde geboren, ihre ersten Lebenswochen verbringen sie aber in einer Höhle.

MUTTER UND KIND
Maras werfen meist zwei Junge, die bei der Geburt schon gut entwickelt sind und bei mehreren Weibchen Milch saugen dürfen.

gonien zu den am dünnsten besiedelten Teilen Südamerikas. Es gibt hier mehr domestizierte Schafe als Menschen, doch sind auch wild lebende Säugetiere häufig, so etwa zwei Gürteltierarten, nämlich das Neunbinden-Gürteltier (Kasten rechts) und das Langnasengürteltier (S. 100–101), außerdem Maras (Kasten links), unverwechselbare Nager, die aussehen wie eine Mischung aus Hirsch und Hase.

In diesem Teil des Kontinents leben auch zwei Fuchsarten, der Culpeofuchs (S. 104) und der Südamerikanische Graufuchs. Beide ernähren sich von den in Patagonien beheimateten Nagetieren, doch helfen sie auch dabei, zwei eingeführte Säuger kurz zu halten: das Europäische Wildkaninchen (S. 179) und den Europäischen Feldhasen (S. 174–175, 178–179). Nachdem diese beiden Arten Patagonien im frühen 20. Jahrhundert erreicht hatten, vermehrten sie sich so erfolgreich, dass sie mancherorts sogar zur Plage wurden.

GANZKÖRPERRÜSTUNG

EVOLUTION

Verschiedene Säugetiere haben einen Panzer aus Stacheln und Schuppen – Gürteltiere sind die einzigen, die sich mit verknöcherten, hautüberzogenen Platten schützen. Kopf, Schultern und Hinterteil des Gürteltieres sind mit zusammenhängenden Schilden bedeckt, während die Platten über seinem Rücken in Bändern angeordnet und von dehnbarer Haut unterbrochen sind. Bei Gefahr rollen sich manche Gürteltiere zu Kugeln zusammen, die meisten jedoch ziehen die Beine ein oder graben sich schnell in den Boden ein. Die Panzerung schützt vor Attacken und ermöglicht den Tieren, mit hohem Tempo durch dorniges Gestrüpp zu laufen.

NEUNBINDEN-GÜRTELTIER
Diese weit verbreitete Art hat in verschiedenen Bereichen ihres Ausbreitungsgebietes acht oder neun Bänder über dem Rücken.

Obwohl sie so scheu sind wie Wildtiere, sind Lamas domestizierte Nutztiere, die seit über 5000 Jahren in den Anden gezüchtet werden.

WEIDENDE LAMAS
An den kahlen Stränden eines Salzsees suchen Lamas nach Futter. Wie ihre Verwandten, die Kamele (S. 40–41, 156), können sie gut unter Extrembedingungen überleben.

BERGBEWOHNER

KAMELVERWANDTE wie das Vikunja kommen in Südamerika wild vor. Trotz seines zierlichen Aussehens ist es robust und frisst in extremen Höhen.

BÄREN ernähren sich häufig eher von pflanzlicher als von fleischlicher Kost. Der Brillenbär – Südamerikas einziger Bär – lebt fast ausschließlich vegetarisch.

FÜCHSE sind in den Anden häufig. Der Culpeofuchs bewohnt außer dem hohen Norden fast die gesamten Anden. Er errichtet seine Höhlen zwischen Felsbrocken.

NAGER leben in allen Höhenlagen der Anden. Der rattengroße Degu gräbt gut. Er kann zur ernsten Plage werden, denn er hat es auf Feldfrüchte abgesehen und legt Futterlager an.

AUF WACHPOSTEN
Von einer Bewegung alarmiert, ist das Guanako zur Flucht bereit. Seine langen Beine und kleinen Füße machen es zum guten Bergsteiger und zu einem unermüdlichen Läufer im Offengelände.

GEBIRGE

Die Anden erstrecken sich über die gesamte Länge Südamerikas und enthalten die höchsten Erhebungen der westlichen Hemisphäre. Die Säugetiere, die hier leben, sind daran angepasst, mit der dünnen Luft, der intensiven Sonnenbestrahlung und den manchmal bitterkalten Nächten zurechtzukommen.

DIE KORDILLEREN

Das Klima in den Anden unterscheidet sich deutlich von den umliegenden Tiefländern. Sogar in den tropischen Regionen können die Nachttemperaturen unter Null fallen, und die Niederschläge sind oft gering. Einige Gebirgsausläufer sind von Wald bedeckt; auf der eigentlichen Gebirgskette, den Kordilleren, wächst jedoch fast nichts. Dieser abrupte Übergang hat interessante Auswirkungen auf die Säugetiere Südamerikas. So gibt es Primaten in den Vorbergen, aber wo der Wald endet, endet auch ihr Verbreitungsgebiet.

In der dunstigen Hitze des tropischen Flachlandes kommt Grasland eigentlich nicht vor, doch in vielen Teilen der Anden dehnt es sich schier endlos aus. Die größten angestammten Weidegänger, die hier leben, sind das Vikunja und das Guanako (beide links), zwei anmutige Mitglieder der Kamelfamilie, die sich auf das Leben in großen Höhen eingestellt haben. Das Vikunja kommt in Offenbereichen bis zu einer Höhe von 5750 m vor, es ist auf die Tropen beschränkt. Das Guanako findet man bis Feuerland im Süden, oft in geringeren Höhen. Beide haben ein dichtes Haarkleid und ihr Blut enthält mehr rote Blutkörperchen als bei den meisten anderen Säugern. So können sie mehr Sauerstoff binden – und dann mit Leichtigkeit noch Höhen erklimmen, auf denen Menschen schon nach Luft ringen würden.

MEERSCHWEINCHEN
Anders als viele andere Nager leben Meerschweinchen in kleinen Familienverbänden. Sie haben eine lange Tragzeit, ihre Jungen werden weit entwickelt geboren.

DAS ALTIPLANO

Auf dem Hochplateau der Zentralanden, dem Altiplano, leben neben Vikunjas und Guanakos auch zwei domestizierte Arten, das Lama (S. 103) und das Alpaka. Alle vier sind eng verwandt, was sich darin zeigt, dass sie sich untereinander fortpflanzen können. Die Herkunft der Lamas und Alpakas ist noch nicht abschließend geklärt: Zunächst nahm man an, beide stammten vom Guanako ab, doch molekularbiologische Untersuchungen lassen vermuten, dass in Wirklichkeit Vikunjas die Ahnen der Alpakas sind. Das Vikunja hat eine extrem feine Wolle, ebenso das Alpaka – gerade wegen dieses außergewöhnlich üppigen Vlieses wird es gehalten.

Ein dickes Fell ist typisch für viele kleinere Säugetiere, die auch in diesen großen Höhen vorkommen. Das bekannteste von allen ist das Chinchilla (Kasten rechts), ein kaninchengroßer Nager, der zwischen Felsen in bis zu 5000 m Höhe lebt. Sein extrem weiches, dichtes Haarkleid wird hoch geschätzt, und zwar so sehr, dass Bejagung und Fallenstellerei diese Art an den Rand der Ausrottung getrieben haben. Ein verwandter Nager, die Chinchillaratte, hat ebenfalls ein prächtiges, wenngleich nicht ganz so wolliges Haarkleid. Sie frisst auch harte Pflanzenteile, die sie in ihrem ungewöhnlich langen Verdauungstrakt aufschließen kann.

Das Altiplano ist auch Urheimat des Meerschweinchens (unten). Vor mindestens 3000 Jahren wurde dieser anpassungsfähige Nager domestiziert und zunächst als Nahrungsquelle gehalten. In vielen Andendörfern und -farmen spielt es diese Rolle immer noch. Heute gibt es viele verschiedene Rassen, der Urtyp allerdings ist schon lange aus der Wildnis verschwunden.

BERG-BEUTEGREIFER

Pumas oder Berglöwen (S. 72–73) sind in den Anden weit verbreitet. Dieses Gebirge bietet aber auch kleineren, selteneren Katzen Schutz, die Nager fressen. Die kleinste ist die in Südchile vorkommende Chilenische Waldkatze mit nur 2 kg Gewicht. Sie bewohnt die bewaldeten Gebirgsausläufer und das Buschland. Die Bergkatze ist ungefähr doppelt so groß und lebt in offenem, felsigem Terrain in 5000 m Höhe. Südamerikanische Füchse (gegenüber) jagen ebenfalls Gebirgsnagetiere. Die größten Carnivoren der Anden schenken tierischer Nahrung hingegen nur wenig Beachtung: die Brillenbären (gegenüber). Sie bewohnen bewaldete Gebirgsausläufer und bergiges Grasland von Venezuela bis nach Bolivien. Hauptsächlich fressen sie Früchte und Bambus, tierische Nahrung macht weniger als 5 Prozent ihrer Kost aus.

GEBIRGSTYPEN
In Südamerika gibt es eine Vielfalt an Gebirgslandschaften: in den Anden z. B. scharf abfallende Gletschertäler, felsige Kuppen und Moore. Der ausgedehnteste Bereich der Andenkette, in Bolivien und Chile, umschließt ein weitläufiges Plateau, das Altiplano. Es ist rund 3500 m hoch.

PELZHANDEL — EINFLUSS DES MENSCHEN

Er steht für Wärme und Luxus: der Chinchillapelz, das teuerste Fell der Welt. Schon vor der Ankunft der Europäer war es beliebt, doch nach der Kolonialisierung nahm der Fellhandel rapide zu. Um 1900 exportierte allein Chile 500 000 Felle im Jahr. Aufgrund dieser riesigen jährlichen Verluste wurden Chinchillas extrem selten. Heute sind wild lebende Chinchillas gesetzlich geschützt, aber die Bejagung geht weiter und nur etwa 10 000 Tiere sollen noch in der Wildnis leben. Trotzdem ist diese Art nicht unmittelbar bedroht, da ungefähr 1 Mio. Tiere ihres Felles wegen in Gefangenschaft gehalten werden.

DOPPELTES FELL
Das Fell des Chinchillas erhält seine wärmende Wirkung durch die Unterwolle.

HOCHLANDWASSERFALL

GLETSCHERSEE

FEUCHTGEBIETSTYPEN
Die Flüsse, Seen und Sümpfe der meisten Feuchtlandhabitate Südamerikas liegen in tiefen Lagen, auf einem Untergrund, der wenig Flüssigkeit aufsaugen kann. In den östlichen Hochländern Venezuelas und Brasiliens gibt es fantastische Wasserfälle, in den Gletschertälern der Anden oftmals tiefe Seen.

FEUCHTGEBIETE

Südamerikas Flüsse befördern fast ein Viertel des fließenden Süßwassers der Erde. Während sich das Wasser langsam zum Meer bewegt, lässt es so viele Feuchtgebietslebensräume entstehen wie nirgendwo sonst auf der Welt – vom Schwarzwasserflüsschen bis zum fruchtbaren Sumpfgebiet.

AMAZONAS

Wegen seiner Größe und Form ist Südamerika ausgesprochen reich an Feuchtgebieten. In den Tropen schiebt sich feuchte Luft westwärts über das Amazonasbecken und sorgt oft für über 2000 mm Niederschlag in einem Jahr. Weit im Westen endet das Tiefland abrupt an den Anden, so dass Süßwasser ostwärts fließen muss – und dabei einen ganzen Kontinent durchquert, um zum Meer zu gelangen. Das Ergebnis ist der Amazonas, ein riesiges Flusssystem voll von Mäandern, Seitenarmen und Seen, das so groß ist wie sonst keines in den Tropen. Der Wasserstand des Amazonas steigt und fällt übers Jahr. Diese saisonalen Veränderungen werden weiter südlich, am Rande der Tropen, noch deutlicher. Der Rio Paraguay, der durch Südbrasilien und das angrenzende Paraguay fließt, tritt während der Regenzeit zwischen November und März über die Ufer. Seine Wassermassen ergießen sich über ein riesiges, fruchtbares Schwemmgebiet, das Pantanal, das größte Feuchtgebiet der Erde.

AM WALDRAND

Wenn das Wasser von den Anden ostwärts fließt, erreichen die Gebirgsflüsse schnell tiefere Lagen. Von da an verlangsamt sich die Reise und das Feuchtland wird vielfältiger. An den meisten Stellen sind die Ufer von

äumen gesäumt, doch gelegentlich wird der Wald von een und grasbedecktem, voll gesogenem Grund unterbrochen. Die Grasbereiche in Ufernähe sind die wichtigsten ebensräume für das Capybara (unten und links), den rößten Nager der Welt. Obwohl Capybaras mit hrem Maximalgewicht von 65 kg viel kleiner sind ls Flusspferde (S. 50–52), haben sie eine ähnliche ebensweise, denn sie nutzen das Wasser als Rückugsgebiet und fressen an Land. Mit ihren Schneideähnen beißen sie die Halme nahe am Boden ab. Sie rasen überwiegend spätnachmittags und abends nd verbringen den Rest des Tages, indem sie an Land der im seichten Wasser faulenzen. Capybaras leben in ruppen, die aus einem dominanten Männchen und seiem Gefolge aus Weibchen und Jungtieren bestehen. Trotz rer Größe sind sie verwundbar, z.B. durch Angriffe von roßkatzen und Greifvögeln. Beim ersten Anzeichen von efahr gibt ein Tier ein Bellen von sich, das die Gruppe larmiert. Erweist sich die Bedrohung als ernst, fliehen alle s Wasser, wohin ihnen nur wenige Räuber folgen können.

In diesem Lebensraum ist auch der Sumpfhirsch (rechts), ie größte Hirschart Südamerikas, zu Hause. Er hat weit bspreizbare und durch eine Membran verbundene Hufe, ie ihm helfen, im Schlamm sein Gewicht besser zu verteilen. Sumpfhirsche fressen Gras und Wasserpflanzen, wozu sie manchmal brusttief ins Wasser waten.

SUMPFHIRSCH
Hohe Feuchtlandpflanzen verbergen eine weidende Sumpfhirschkuh. Das Geweih der Männchen ist doppelt gegabelt. Anders als Hirsche in kühleren Klimaten werfen sie ihr Geweih nicht in einer bestimmten Jahreszeit ab.

AM OBERLAUF

Die ungewöhnlichsten Säuger in Südamerikas Feuchtlandgebieten leben in den Flüssen des Flachlands und in Gebirgsbächen. Der Schwimmbeutler, auch Wasseropossum oder Yapok genannt, ist das einzige Beuteltier, das sich ans Wasser angepasst hat, und zwar mit einem stromlinienförmigen Körper, einem langen Schwanz (je bis zu 40 cm), dichtem, Wasser abweisendem Fell und großen Hinterfüßen mit Schwimmhäuten. Der Schwimmbeutler jagt bei Nacht Fische und Krustentiere, die er mit seinen Tasthaaren und Vorderpfoten aufspürt.

Für plazentale Säuger bedeutet eine solche Lebensweise kaum Probleme, denn die Mütter können ihre Jungen in der Sicherheit eines Nestes zurücklassen, wenn sie tauchen gehen. Kleine Schwimmbeutler wachsen hingegen im mütterlichen Hautbeutel heran. Damit sie beim Tauchgang nicht ertrinken, wird der Beutel mit einem Muskelring am Eingang kurzzeitig verschlossen. Da die Schwimmbeutlerkinder einen niedrigen Sauerstoffgehalt ertragen können, ersticken sie dabei nicht.

SICHERHEIT IM WASSER
Ein Capybara bringt seine Jungen zu seiner Gruppe ins sichere Wasser. Zwischen den Zehen haben diese Nager ansatzweise Schwimmhäute und sie können bis zu fünf Minuten tauchen.

NUTRIA
Dieser aquatisch lebende Nager gräbt in den Marschen im Süden bis zu 15 m lange Baue. Mancherorts wird er wegen seines Felles gehalten.

IN STILLEN WASSERN

In den zahllosen Nebenflüssen des Amazonas leben verschiedene Beutegreifer. Der größte ist der Riesenotter (unten), der von der Schnauze bis zum Schwanz über 1,8 m messen kann. Er ist nicht nur der größte Otter der Welt, sondern auch der am besten ans Wasser angepasste. Mit seinen paddelförmigen, mit Schwimmhäuten ausgestatteten Füßen bewegt er sich an Land ungeschickt, im Wasser jedoch äußerst wendig – auch dank seines stromlinienförmigen Körpers, der flexiblen Wirbelsäule und des muskulösen Schwanzes. Otter fressen vor allem Fische, die sie mit dem Maul packen. In der trockensten Zeit des Jahres, wenn die Flüsse weniger Wasser führen und die Fische sich an den seichten Stellen konzentrieren, bringen sie in einem Bau am Flussufer ihre Jungen zur Welt. Mindestens sechs Monate bleiben die Kleinen bei ihren Eltern. Sie sind überaus aktiv und verspielt, und die Eltern beteiligen sich oft an ihren Tollereien. Sie verständigen sich mit einem reichen Repertoire an Lauten – vom leisen Schnurren bis zum

PAKA
Beide Paka-Arten leben als langbeinige Waldnager in Wassernähe. Wie die Capybaras (S. 106–107) und die Nutrias sind sie gute Schwimmer und fliehen bei Bedrohung ins Wasser.

RIESENOTTER
Dieser geschmeidige Fischfresser, etwa doppelt so groß wie andere Otter, teilt seinen Lebensraum mit der Anakonda, der er durch seine Schnelligkeit meist entkommt.

hohen Jaulen. Die meisten Fischotter jagen auch nachts, vor allem wenn Menschen sie tagsüber stören. Der Riesenotter ist ausschließlich tagaktiv und macht mit seinem lauten und neugierigen Treiben rasch auf sich aufmerksam: ein leichtes Ziel für Jäger, so dass er in einigen Gegenden bereits vom Aussterben bedroht ist.

FISCHENDE KATZEN

Hauskatzen sind bekanntermaßen wasserscheu, ebenso viele ihrer wilden Verwandten. Doch in den feuchten Tropen Amerikas ist Wasser allgegenwärtig. Raubtiere können es sich nicht leisten, es zu meiden. Südamerikas größte Katze, der Jaguar (S. 122–125), lebt in See- und Flussnähe. Er schwimmt gern und gut, fängt Fische, Kaimane und auch Fischotter (links). Der Ozelot (rechts) und die Wieselkatze (S. 125) begeben sich weniger gern ins Wasser, können aber gut schwimmen. Sie jagen auch vom Ufer aus, und in der Trockenzeit laben sie sich, wie andere Beutegreifer, an Welsen, die sie aus den austrocknenden Sümpfen holen.

OZELOT
Mit bis zu 15 kg Gewicht ist der Ozelot eine der größten der so genannten Kleinkatzen Amerikas.

Die Wieselkatze ist die untypischste Katze Südamerikas. Mit ihrem langen Körper, den kurzen Beinen und dem einfarbigen oder gesprenkelten Fell erinnert sie an ein Wiesel, obwohl sie mit Schwanz über 1,2 m lang werden kann. Der Ozelot hingegen hat katzentypische Proportionen und ein außergewöhnlich hübsches, geflecktes Fell. Für diese Attraktivität hat er einen hohen Preis bezahlt: Anders als die Wieselkatze wurde er ein Hauptopfer des Fellhandels (Kasten unten).

OPPORTUNISTEN AM WASSERRAND

In den Wäldern und Sümpfen des Tieflandes werden noch andere terrestrische Fleischfresser vom Nahrungsangebot am Wasserrand angezogen. Mindestens zwei der südamerikanischen Füchse sind darunter, so der Waldfuchs (rechts) und der Waldhund (S. 124) – ein kurzbeiniges, kaum bekanntes Mitglied der Hundefamilie. Waldhunde leben häufig in See- oder Sumpfnähe. Sie jagen in Rudeln, manchmal schwimmen sie bis ins tiefe Wasser hinaus, um ihre Beute zu erhaschen.

Waschbären bewohnen Feuchtgebiete in ganz Amerika. Besonders häufig sind sie dort, wo Bäume Deckung bieten. Der Nordamerikanische Waschbär (S. 82–83) kommt bis nach Panama vor, der Krabbenwaschbär (rechts) von dort über die Amazonasregion bis in den Süden. Verglichen mit seinem nördlichen Vetter ist die südamerikanische Art länger und schlanker, was durch ihr kurzes Fell noch betont wird. Krabbenwaschbären gehen nach Einbruch der Dunkelheit an den Gewässerrändern auf Nahrungssuche. Mit ihren empfindsamen Fingern stöbern sie unter der Oberfläche nach Futter. Der Mythos, Waschbären würden ihr Futter waschen, ist in diesem eigentümlichen Futtersuchverhalten begründet.

SÜSSWASSER-FLEDERMÄUSE

In der Abenddämmerung sind Südamerikas Wasserwege Anziehungspunkt für allerlei Fledermäuse. Viele kommen zum Trinken und um Insekten zu fangen, doch einige sind auch auf der Suche nach größerer Beute. *Trachops cirrhosus* etwa flattert an Wassergräben und Bächen entlang und ortet rufende Frösche. Anhand der Laute kann sie die essbaren von den giftigen Arten unterscheiden: Nur die bekömmlichen Frösche packt sie sich. Das Große Hasenmaul (rechts), auch Fischerfledermaus genannt, jagt an ausgedehnten, ruhigen Gewässern, wo sie springende Fische durch Echolot ortet. Hat sie einen Schwarm entdeckt, schlägt sie zu, indem sie mit ihren Hinterkrallen durchs Wasser pflügt. Sobald sie einen Fang gemacht hat, spannt sie ihre Schwanzflughaut als Sicherheitsnetz aus, damit die Beute beim Transport zum Maul nicht verloren geht. Fische fressende Fledermäuse haben oft gut entwickelte Beine und Krallen und ihre Fischfangtechnik ist der von Seeadlern und anderen Greifvögeln auffällig ähnlich.

FELLHANDEL

EINFLUSS DES MENSCHEN

In den 1960er-Jahren wurden jährlich bis zu 200 000 Ozelotfelle exportiert. Dann wurde die Tierart in den CITES-Anhang 1 aufgenommen: praktisch ein Handelsverbot. Die illegale Ozelotbejagung geht weiter, doch die Nachfrage sinkt, denn die Mode hat sich geändert und das Bewusstsein über die ökologischen Auswirkungen zugenommen. Man schätzt, dass es derzeit bis zu 3 Mio. Ozelots in freier Wildbahn gibt.

BEGEHRTE FELLE
Ozelotfelle erzielen wegen ihrer Schönheit hohe Preise – und weil keines dem anderen exakt gleicht.

FEUCHTGEBIET-BEWOHNER

DER WALDFUCHS bewohnt Lebensräume von Kolumbien bis Argentinien. Obwohl er nicht eigens daran angepasst ist, findet man ihn oft in Feuchtgebieten.

WASCHBÄREN sind – anders als in Nordamerika – nicht artenreich: Die einzige südamerikanische Spezies ist der Krabbenwaschbär. Er ernährt sich vielfältig, z.B. von Fischen, Wasserinsekten und Pflanzen.

NASENBÄREN sind mit Waschbären verwandt. Auch wenn sie oft in Wassernähe auf Nahrungssuche gehen, sind sie typische Waldtiere, die nachts in Bäumen schlafen.

FISCHE FRESSENDE FLEDERMÄUSE wie das Große Hasenmaul sind gefräßig. In Gefangenschaft lebende Tiere haben in einer einzigen Nacht 40 Fische verspeist.

TÄUSCHENDE KURVEN
Früher hielt man sie für Meerjungfrauen: Seekühe (hier ein Nagel-Manati) sind langsam; oft stehen sie regungslos im Wasser. Mit ihren Vorderflossen greifen sie nach Wasserpflanzen.

AMAZONAS-DELPHINE
Mit zunehmendem Alter verfärben sich die Inias von blaugrau zu rosa. Dank ihres ungewöhnlich beweglichen Halses können sie ihren Kopf verdrehen, um die Umgebung mit Schall zu sondieren.

DUNKLE WASSER

Während das Wasser ostwärts fließt, verschmelzen Nebenflüsse zu Wasserstraßen, die viele Kilometer breit sein können. Im östlichen Hochland Brasiliens ist das Flusswasser frei von Sediment und dennoch fast schwarz. Der Grund ist das aus abgestorbenen Pflanzen ausgewaschene Tannin. Im Hauptarm des Amazonas ist das Wasser extrem trüb, was Tieren die optische Navigation und Nahrungssuche erschwert.
Für den Amazonas-Delphin oder Inia ist die trübe Sicht kein Problem. Mit seinen 2,5 m ist er der größte Süßwasserdelphin der Welt und einer der größten aquatischen Beutegreifer des Amazonas. Nur der Pirarucu, ein Süßwasserfisch, ist ebenso gewaltig. Wie die vier anderen Flussdelphine (Indus-, Ganges- und La-Plata-Delphin sowie Chinesischer Flussdelphin) ist er fast blind, doch sein Echoortungssystem macht das wett: Mit Schall sondiert er das Wasser und Flussbett. Das Auflösungsvermögen ist so gut, dass er Fische, die sich in Netzen verfangen haben, herausholen kann. Wenn die Flüsse über die Ufer treten, schwimmen Inias in die umliegenden Wälder und bewegen sich geschickt zwischen den halb untergetauchten Bäumen hindurch.

Inias sind strikte Süßwassertiere, die bis zu 3000 km vom Meer entfernt vorkommen. Ein anderer südamerikanischer Delphin, der Amazonas-Sotalia, tritt hingegen regelmäßig in den Flussmündungen des Amazonas und des Orinokos und ebenso im Landesinneren wie im Meer auf. Der Amazonas-Sotalia ist einer der kleinsten Delphine der Welt, oft misst er weniger als 1,5 m.

Manatis pflegen einen gemächlichen Lebensstil und schwimmen mit nur wenigen Schlägen ihrer paddelförmigen Schwänze.

SANFTE GRASER

Südamerikas größte Säuger, Fluss- und Nagel-Manatis (oben), können schlecht sehen. Sie sind aber nicht wie Delphine in der Lage, sich ihren Weg mit Schall zu suchen. So navigieren diese tonnenförmigen Grasfresser mit ihrem Tast- und Geschmackssinn. Der Flussmanati lebt ausschließlich im Süßwasser, etwa in Schwarzwasserseen und Lagunen. Der Nagel-Manati kommt in Flüssen, Lagunen und geschützten Küstenbereichen vor. Manatis pflegen einen gemächlichen Lebensstil und schwimmen mit nur wenigen Schlägen ihrer paddelförmigen Schwänze. Seekühe vertilgen pro Tag bis zu einem Fünftel ihres Körpergewichts (bis zu 500 kg) an Pflanzen. Dieses fortwährende Grasen nutzt die Zähne schnell ab, doch die Tiere haben eine seltene Anpassung: Ihre Backenzähne werden ständig durch neue ersetzt, die im hinteren Teil des Kiefers durchs Zahnfleisch brechen.

MENSCHLICHE NEUGIER

EINFLUSS DES MENSCHEN

Seekühe lassen sich leicht vom Boot aus beobachten. In einigen Bereichen ihres Verbreitungsgebietes, z.B. in Florida, sind sie zu Publikumsmagneten geworden. Da sie recht träge sind und schlecht sehen, sind Sehkühe auch durch die Schifffahrt gefährdet. Viele haben Narben, die von Schiffsschrauben stammen. In ihrem gesamten Ausbreitungsgebiet in Amerika sterben jährlich Hunderte bei Zusammenstößen mit Booten.

SEEKÜHE BEOBACHTEN
Seekühe haben ein gutes Gehör – so bekommen sie mit, dass Menschen in der Nähe sind.

TROPISCHER REGENWALD

TEMPERIERTER WALD

TIEFLANDREGENWALD

WALDTYPEN
In Südamerikas Wäldern gibt es zwar einige einheimische Koniferen, aber die Laubbäume dominieren. In den tropischen Regenwäldern gedeiht eine ungeheure Vielfalt an Baumarten, im temperierten Wald jedoch sind Scheinbuchen, die ihre Blätter im Winter abwerfen, in der Überzahl. Die Tieflandregenwälder sind in den feuchtesten Monaten oft überflutet.

WÄLDER

Südamerikas Wälder erstrecken sich von den eisigen Stränden Südchiles bis zur dunstigen Hitze des Amazonasbeckens. Hier leben einige der gelenkigsten Primaten der Welt. Der Reichtum und die Vielfalt an Leben in diesen Wäldern kennt wenig Vergleichbares auf der Welt.

WALDREISE

Als sich europäische Naturforscher zum ersten Mal in die Wälder Südamerikas wagten, waren sie überwältigt von der Fülle an Pflanzen und Tieren. In dem beständig warmen und feuchten Klima in Äquatornähe wachsen Bäume zu Riesen heran und die immergrünen Wipfel bilden 30–40 m über dem Boden einen dauerhaften und komplexen Lebensraum. In diesen Wäldern lebt nahezu ein Drittel aller Primaten der Welt (S. 112–117), ebenso Faultiere (S. 118–119), Tapire (S. 120–121) und Großkatzen. Auch gibt es hier fast 70 Beuteltierarten – erfolgreiche Tiere, die neben ihren bekannteren australischen Vettern (S. 130–145) oft vergessen werden.

Ein bis zu 1900 km breiter Gürtel Tieflandregenwalds macht den Kern dieses Lebensraums aus. Trotz der zunehmenden Zersiedelung bleibt der Amazonasregenwald einer der größten zusammenhängenden Wälder der Erde. Anders als die Wälder in höheren Gegenden hat der Wald im Tiefland eine extrem lange Geschichte, denn er überdauerte die letzte Eiszeit. Daher hatten seine Pflanzen Zeit, sich in einer unerreichten Vielfalt zu entwickeln, was eine Fülle von Tierleben nach sich zog.

In Südamerika gibt es überwiegend Tieflandregenwald, dennoch bewohnen viele der Säugetiere auch die anderen Waldtypen. So sind einige der seltensten Primaten dieses Kontinents im Atlantischen Küstenwald zu Hause, einem schmalen Streifen, der sich einst fast durchgehend die Hügel der östlichen Küste hinuntererstreckte. Der Großteil dieses Waldes wurde gerodet. Um den Erhalt der dort beheimateten Primaten bemüht

NACHTSICHT

EVOLUTION

Die ersten Primaten, die es auf der Erde gab, waren wohl nachtaktiv, die heutigen sind fast alle tags unterwegs. Sie können Farben wahrnehmen und ausgezeichnet räumlich sehen – überlebenswichtig, wenn es gilt, fürs Springen Entfernungen einzuschätzen. Die Nachtaffen Südamerikas haben den Trend umgekehrt: Ihre Augen haben die Sehpigmente, die für die Farberkennung nötig sind, eingebüßt. Die plausibelste Erklärung für diesen evolutionären Rückschritt ist, dass die Tiere durch ihre nächtlichen Futtergänge Beutegreifern ausweichen können, vor allem Greifvögeln, und die Konkurrenz durch andere, tagsüber fressende Affenarten vermeiden.

NACHTAFFE
Dieser auch Mirikina genannte Affe ist klein, stämmig und hat riesige Augen.

man sich nun stark. Im saisonalen Wald, einem trockeneren Waldtyp, der vor allem in Venezuela und Nordbrasilien vorkommt, sind Säugetiere ebenfalls häufig, etwa Jaguare (S. 122–125), Pumas (S. 72–73, 102), Pekaris (S. 102) und Gürteltiere (S. 101, 103). Viele der Bäume verlieren jedes Jahr für mehrere Monate ihre Blätter; Trockenheit ist alltäglich.

Schließlich leben einige der Säuger Südamerikas in temperierten Wäldern, die sich von Südchile bis nach Feuerland erstrecken. Darunter sind die kleinsten Hirsche der Welt, die Südpudus, ebenso der Monito del Monte, der einzige Überlebende einer Beutelsäugerordnung, die andernorts ausgestorben ist.

»FÜNFTE HAND«
Schwarze Klammeraffen haben einen äußerst effektiven Greifschwanz, den sie beim Hangeln einsetzen – die biegsame Spitze ist kräftig genug, ihr ganzes Körpergewicht zu tragen.

GEFÄHRDETE TAMARINS

Viele Primaten sind unauffällig gefärbt – nicht so die Tamarins. Einige Arten dieser kleinen, hörnchenartigen, nur in Südamerika vorkommenden Affen gehören zu den schönsten und eindrucksvollsten Primaten der Welt. Das Goldgelbe Löwenäffchen (links) ist mit seinem glänzenden Fell und der rotgoldenen »Löwenmähne« das auffälligste von allen. Wie alle Tamarins hat es eher Krallen als Nägel, ist tagaktiv und frisst Kleintiere, Blütenpflanzen, Früchte und Baumsäfte.

Die Einordnung der Tamarins in die biologische Systematik wird nach wie vor untersucht. Man kennt derzeit rund 16 Arten (Kasten unten). Da sich Tamarinpopulationen oft an einem einzigen Ort konzentrieren, glauben viele Forscher, dass die tatsächliche Artenzahl noch höher ist. Die zuletzt entdeckte Art, *Leontopithecus caissara*, wurde Anfang 1990 in einer kleinen Aussackung des Atlantischen Küstenwalds in Brasilien gefunden. Unglücklicherweise liegt dieser Wald in einem der am dichtesten besiedelten Gebiete Südamerikas und nur 7 % seines einstigen Ausmaßes sind noch erhalten. Die Population wird auf gerade einmal 300 Tiere geschätzt. Somit gehören sie zu den seltensten Primaten der Welt.

Das Goldgelbe Löwenäffchen stammt ebenfalls aus dem brasilianischen Atlantikwald. Dank eines groß angelegten Zuchtprogramms nimmt seine Populationsstärke wieder zu – von rund 200 Tieren in den 70er-Jahren des 20. Jahrhunderts auf heute ungefähr 1000.

TAMARINS — KURZPORTRÄT

Seidenweiches Fell und prächtige Mähnen sind charakteristisch für Tamarins. Diese Affen sind durchschnittlich 60 cm groß – wovon der lange, flaumige Schwanz mehr als die Hälfte einnimmt. Alle Arten der kleinen Gattung der Löwenäffchen stammen aus dem Atlantischen Küstenwald Brasiliens. Lisztäffchen, Braunrückentamarins und Kaiserschnurrbarttamarins gehören zur größeren Gattung der Eigentlichen Tamarins. Mindestens 12 Arten leben über die südamerikanische Regenwaldzone verstreut. Es gibt sie im Norden bis nach Kolumbien und ostwärts bis nach Peru.

LISZTÄFFCHEN

BRAUNRÜCKEN-TAMARIN

KAISERSCHNURR-BARTTAMARIN

GOLDGELBES LÖWENÄFFCHEN
Dieser wunderschöne Affe – das Symbol des Naturschutzes in Südamerika – tummelt sich in den unteren Etagen des Waldes, wo ihm Kletterpflanzen Schutz und Nahrung bieten.

AM WALDBODEN LEBENDE SÄUGER

Anders als im temperierten gibt es im tropischen Wald in der Regel verschiedene horizontale Ebenen (Baumstockwerke), so dass übereinander liegende Lebensräume für verschiedene Säuger entstehen. Das unterste Geschoss ist der Erdboden, wo unzählige terrestrische Arten leben, z.B. das Aguti (rechts) und andere große Nagetiere – eine Besonderheit dieses Teils der Erde. Agutis sind tagaktiv und ernähren sich vielfältig vegetarisch. Häufig folgen sie Affen nach, die weiter oben unterwegs sind, und sammeln die Früchte und Samen auf, die diese beim Fressen fallen lassen. Affentrupps sind dies gewöhnt und kümmern sich wenig um die Agutis. Auf andere »Verfolger« reagieren sie dagegen ganz anders: Menschen oder Hunde werden mit Stöckchen beworfen oder bepinkelt – Kapuzineraffen (S. 116) etwa machen dies so.

Agutis können nicht klettern, andere Bodensäuger jedoch schon. Einer von ihnen ist der Großgrison (S. 121), der Vögeln und Kleinsäugern nachstellt – sowohl auf niedrigen Ästen als auch auf und unter der Erde. Einige Katzen des Regenwalds verhalten sich ähnlich. Ozelots (S. 109) und Jaguare (S. 122–125) jagen meist auf dem Boden, die kleinere Langschwanzkatze (rechts) hingegen darüber: Sie flitzt über die Äste, um sich auf ahnungslose Hörnchen und Vögel zu stürzen. Ihre Hinterpfoten kann sie um 180 Grad drehen und als eine Art Anker einsetzen. Dies ermöglicht ihr, mit dem Kopf voran an Bäumen hinunterzuklettern.

GREIFSTACHLER
In Südamerika gibt es 8 Arten dieser mit Stacheln bewehrten Nager. Sie fressen Blätter, Früchte und Blüten. Viele haben Greifschwänze.

MITTLERE ETAGE

Zwischen dem Waldboden und den Baumwipfeln liegt das Mittelgeschoss, das rund 5 m über dem Boden beginnt. In dieser Zone leben die meisten Tamarins (links) und Marmosetten (S. 116) und auch die Zwergbeutelratten. Diese am weitesten verbreiteten Beutelsäuger Südamerikas ähneln, wie ihr Name sagt, Ratten und Mäusen, doch viele haben einen Greifschwanz und eine opponierbare (also vom restlichen Fuß abspreizbare) große Zehe, mit der sie beim Klettern Zweige und Äste umklammern können. Die meisten Arten sind in der Morgendämmerung und nach Einbruch der Dunkelheit aktiv, wobei sie sich mithilfe einer Kombination aus Geruchs-, Tast- und Sehsinn orientieren. Trotz ihrer geringen Größe sind sie furchtlose Räuber, die größere Regenwaldinsekten fangen. Zudem fressen sie Pflanzennahrung.

Seltsamerweise fehlt den Zwergbeutelratten das typischste Merkmal der Beuteltiere: der Beutel. Stattdessen hängen die Kleinen wie ein Haufen rosafarbener oder brauner Beeren an den Zitzen ihrer Mutter. Während der Entwicklung der Jungen, die bis zu zehn Wochen dauern kann, bleibt das Weibchen erstaunlich agil; es klettert und jagt nach wie vor.

SAKI
Anders als viele andere amerikanische Affen hat der Saki keinen Greifschwanz. Er hält sich oft mit den Hinterbeinen fest, wenn er kopfüber frisst.

IM WALDDACH

Für die meisten baumbewohnenden Säugetiere Südamerikas ist das Walddach der wichtigste Teil ihres Lebensraums. Hier formt ein Gewirr aus Ästen eine fast durchgehende »Hauptverkehrsader« – voll von geruchsmarkierten Pfaden – von einer Futterstelle zur nächsten. Für Blattfresser wie die Brüllaffen bieten die Wipfel einen dauerhaften Zugang zu einer nahezu unerschöpflichen Futterquelle. Brüllaffen sind die größten Affen Amerikas – und auch die lautesten. In ruhiger Umgebung hört man die Rufe der Männchen über eineinhalb Kilometer weit – ideal, um den Besitz eines Baumkronenfressplatzes kundzutun. Es gibt 6 Brüllaffenarten. Ihre streng vegetarischen Fressgewohnheiten haben weit reichende Effekte auf ihre Lebensweise. Im Gegensatz zu anderen Affen haben sie einen Hang zur Langsamkeit und Trägheit – mindestens die Hälfte ihrer Zeit verbringen sie ruhend oder schlafend. Diese augenscheinliche Faulheit ist eine direkte Folge ihrer Ernährung, denn Blätter sind schwer verdaulich und liefern wenig Energie. Das ist jedoch nicht problematisch, denn Blätter gibt es hier oben überall – Brüllaffen brauchen zum Fressen also nicht weit zu gehen.

Brüllaffen teilen sich das Walddach mit einer Vielzahl aktiverer Affen, die Knospen, Früchte und Samen fressen. Einige nehmen auch tierische Nahrung zu sich, der Saki (links) etwa fängt manchmal Mäuse und Vögel, die er mit seinen Händen zerpflückt.

BAUMKRONEN-INSELN

Das oberste Stockwerk des Waldes, das aus einzelnen Baumriesen gebildet wird, ist nicht zusammenhängend. In den Wäldern des Amazonasbeckens können solche Bäume bis zu 65 m hoch werden. Sie ragen aus dem Wald wie Inseln aus dem Meer. Sobald sie blühen und Früchte tragen, sind sie – nach Einbruch der Dämmerung – Anziehungspunkt für große Fledermausschwärme. Klammeraffen (S. 113), die agilsten Primaten Südamerikas, leben normalerweise hoch oben im Blätterdach und kommen fast nie auf den Boden – die Baumriesen-Kronen besuchen sie tagsüber. Für lange Aufenthalte sind diese ungeeignet, denn Greifvögel kreisen Futter suchend über ihnen. Sobald die Affen gefressen haben, ziehen sie sich deshalb in die Sicherheit des Walddachs zurück.

WALDBEWOHNER

PRIMATEN findet man auf allen Etagen des Waldes. Der Graue Wollaffe läuft auf zwei Beinen auf dem Boden, den Schwanz nutzt er zur Balance.

VIELE KATZEN leben in Südamerikas Wäldern auf Bäumen. Die Langschwanzkatze kommt von Mexiko bis nach Argentinien vor.

NAGER leben auf dem Boden. Das Aguti verlässt sich auf seine Sinne und seine Schnelligkeit. Zur Not springt es 2 m weit.

BEUTELTIERE in Südamerika sind klein und leben meist in Bäumen. Die am weitesten verbreitete Art dieser Ordnung, die Maus-Zwergbeutelratte, ist ein flinker Kletterer.

GRÖSSE UND ERNÄHRUNGS-GEWOHNHEITEN

In Südamerika leben zwar weder Lemuren oder Galagos noch Menschenaffen, doch die Affen, die es gibt, sind ausgesprochen mannigfaltig in Aussehen und Größe und verfolgen eine Vielzahl von Lebensweisen.

Die größte Art ist der Rote Brüllaffe, der bis zur Schwanzspitze 1,3 m misst und bis zu 9 kg schwer wird. Das andere Extrem ist das Zwergseidenäffchen (Kasten rechts) mit nur 120 g – eingerollt passt es in eine menschliche Hand.

Brüllaffen sind massig, denn Laubfressen ist in großem Maßstab am effizientesten. Da sie so groß sind, können sie sich nur im obersten Stockwerk aufhalten; Schösslinge und Schlingpflanzen würden unter ihnen zusammenbrechen. Das gilt auch für Wollaffen (S. 115) und Klammeraffen (S. 113), obwohl beide kleiner sind als Brüllaffen und ihr Futter in einem größeren Umfeld suchen. Wollaffen fressen große Mengen an Blättern, Klammeraffen hauptsächlich Früchte.

Bei den mittelgewichtigen, unter 5 kg wiegenden Affen macht tierische Nahrung oft einen bedeutenden Anteil ihrer Kost aus. Sie sind agiler als Brüllaffen und können Beute besser verfolgen. Kapuzineraffen (rechts und unten) fressen Wirbeltiere, Insekten und sogar kleine Fledermäuse – dazu klettern sie auch auf dünne Äste, wohin größere Arten nicht gelangen können. Klammeraffen, die gerade 1 kg wiegen, sind Allesfresser. Sie stöbern im Laub nach Insekten, Früchten und Samen. Am unteren Ende der Gewichtsskala finden sich Tamarins (S. 114) und Marmosetten (Kasten oben). Ihre Futtersuche ist räumlich stark beschränkt, aber sie fressen auch Blüten, Nektar und Baumsäfte. Dabei können sie sich an senkrechte Baumstämme klammern. Die meisten größeren Affen brauchen hingegen Zweige oder Äste für ihren Halt.

MARMOSETTEN — KURZPORTRÄT

Diese kleinsten südamerikanischen Primaten haben auch die am stärksten spezialisierte Lebensweise. Viele Arten sammeln hauptsächlich Pflanzensäfte, indem sie Löcher in die Borke von Bäumen und Lianen kratzen. Anders als Tamarins (S. 114) haben Marmosetten lange Schneidezähne in ihren Unterkiefern, mit denen sie kleine Borkenstückchen herauslösen können. Geoffroy-Perückenäffchen und Silberäffchen leben in Ostbrasilien, das Zwergseidenäffchen stammt vom Westamazonas.

GEOFFROY-PERÜCKENÄFFCHEN

SILBERÄFFCHEN

ZWERG-SEIDENÄFFCHEN

APELLA
Dieser weit verbreitete südamerikanische Affe benutzt Steinwerkzeug, um Nüsse zu öffnen.

WEISSSCHULTERKAPUZINER
Dieser mittelgroße Affe lebt – von Belize südwärts bis Kolumbien – im Saisonalwald, im Regenwald und in Mangrovensümpfen an den Küsten.

ROTER UAKARI
Am roten, unbehaarten Gesicht sind Uakaris sofort zu erkennen. Es gibt einige Unterarten mit verschiedenen Fellfarben wie etwa Weiß, Lederfarben, Kastanienbraun und Orangerot.

DREIFINGER-FAULTIER
Während es sich an einen jungen Baum klammert, schaut ein Dreifinger-Faultier auf eine ungewohnte Umgebung: offenen Boden. Faultiere haben zwei oder drei Krallen an jedem Fuß, die beim Schließen gegen ein fleischiges Polster drücken, damit sie an dünnen Ästen oder Stämmen Halt finden.

DAS KLIMA MEISTERN

Uns erscheint das Klima Amazoniens drückend schwül. Die Tagestemperaturen schwanken um die 30 °C und in den feuchtesten Monaten wird der Wald fast täglich völlig von Regen durchtränkt. Selbst wenn es nicht regnet, macht die hohe Luftfeuchtigkeit jeden Schritt mühsam. Den im Regenwald lebenden Säugern indes scheint das Klima überhaupt nichts auszumachen. Kleinere Säuger wie Fledermäuse nutzen große Blätter, um sich kühl zu halten. Das Fell, so hinderlich es im heißen, feuchten Klima zu sein scheint, hilft den Tieren, ihre Körpertemperatur zu regulieren, und es hält sie außerdem trocken. Buntes Fell dient dem gegenseitigen Erkennen, wohingegen tarnfarbenes Fell das Verstecken erleichtert. Tamarins (S. 114) und Marmosetten (S. 116) sind gute Beispiele für den erstgenannten Fall, Faultiere (links und gegenüber) konkurrenzlose Experten für Letzteres.

Faultiere sind bemerkenswert erfolgreiche Tiere. In Mittel- und Südamerika gibt es 5 Arten. An vielen Stellen fressen sie mehr Futter als alle anderen Blätter fressenden Säuger zusammen. Ihre legendäre Langsamkeit macht es schwer, sie zu entdecken – ebenso wie ihr seltsam grünlich getöntes Fell. Diese grüne Farbe wird von mikroskopisch kleinen Algen verursacht, die in Furchen

Selbst für Blattfresser ist die Stoffwechselrate eines Faultiers erstaunlich niedrig. Es kann einen Monat dauern, bis es eine Portion Blätter verdaut hat.

LANGSAMER ANFANG — EVOLUTION

Die heutigen Faultiere sind direkte Nachfahren von Tieren, die auf dem Boden lebten. Eine der frühesten Arten, genannt *Hapalops*, war gerade 1 m lang, aber spätere Typen wuchsen zu Riesen heran. Das *Megatherium* (links) war etwa 6 m lang und wog vermutlich bis zu 3 Tonnen. Boden bewohnende Faultiere waren Vegetarier und erreichten ihr Futter durch Klettern oder indem sie sich auf die Hinterbeine stellten und mit ihren hakenförmigen Krallen die beblätterten Äste in ihre Reichweite zogen. Sie liefen auf ihren Knöcheln, die Zehen nach oben gedreht – eine Gangart, die ihre Krallen vom Boden weg hielt. Heutige Faultiere haben ähnliche Klauen, verwenden sie aber zum Kopfüberhängen.

BODENFAULTIER
Megatherium (links) war groß und fraß auf dem Boden, *Hapalops* dagegen war klein genug, um in Bäume zu klettern.

ihrer Haare wachsen. Die Algen nutzen das Faultier als mobilen Lebensraum, im Gegenzug bekommt das Faultier eine überaus wirkungsvolle Tarnung.

Faultierfell hat ein weiteres ungewöhnliches Merkmal, das den Tieren hilft, sich an den Regenwald anzupassen: Die Haare an ihrem Rumpf wachsen in die »falsche« Richtung, von der Brust zum Rücken hin. Weil ein Faultier die meiste Zeit seines Lebens hängend verbringt, kann der Regen einfach daran ablaufen.

FAULTIERVERHALTEN

Das Verhalten dieser ungewöhnlichen Säuger ist ausgiebig untersucht worden. Ihre Nahrung besteht fast ausnahmslos aus Blättern, doch sie sind sehr wählerisch und fressen von weniger als 1 Prozent der Bäume in ihrer Nähe. Den Rest ignorieren sie. Selbst für Blattfresser ist ihre Stoffwechselrate erstaunlich niedrig. Es kann einen Monat dauern, bis ein Faultier eine Portion Blätter verdaut hat, und der Inhalt seines Verdauungstrakts kann bis zu einem Drittel seines Körpergewichts ausmachen. Die Körpertemperatur eines Faultieres schwankt außergewöhnlich stark: Sie fällt stark ab, wenn das Tier inaktiv ist, z.B. während eines Dauerregens. Einige Faultiere sind nachtaktiv, die Mehrzahl aber frisst zu unterschiedlichen Zeiten. Doch selbst die aktivsten unter ihnen bewegen sich nur wenige Stunden am Tag.

Eine ihrer seltsamsten Verhaltensweisen betrifft ihre Besuche am Boden. Blätter versorgen Faultiere mit allem, was sie an Nährstoffen und Wasser brauchen. So könnten sie eigentlich unbegrenzt oben bleiben, vorausgesetzt, die Bäume stehen eng genug. Dennoch klettern alle Faultiere ein- bis zweimal pro Woche auf den Boden, um angestammte »Toilettenplätze« in der Nähe der Baumstämme aufzusuchen. Weshalb sie dies tun, obwohl sie auf dem Boden nur schwer vorankommen, ist unbekannt. Hier fallen sie leicht Beutegreifern zum Opfer, selbst wenn sie zur Verteidigung heftig mit ihren Vorderkrallen ausschlagen. Möglicherweise ist dies ein Überbleibsel des Territorialverhaltens aus jener Zeit, als ihre Vorfahren teilweise auf dem Waldboden lebten (Kasten links).

EIN RUHIGES LEBEN
Weibliche Faultiere gebären Einzelkinder. Das junge Faultier krallt sich bis zu seinem sechsten Lebensmonat am Brustfell seiner Mutter fest. Viel früher schon wird seine Nahrung von Muttermilch auf Blätter umgestellt.

GELBOHR-FLEDERMÄUSE schlafen unter großen Blättern. Manchmal beißen sie deren Seitenrippen durch, so dass das Blatt sie umhüllt und sie so vor Regen schützt.

WICKELBÄR
Wie ein Affe nutzt der Wickelbär aus der Familie der Waschbären beim Fressen seinen Greifschwanz als Anker. Er nimmt hauptsächlich pflanzliche Kost zu sich, vor allem Früchte.

PRIMATEN-DOPPELGÄNGER

Faultiere gibt es nur in Amerika. Wegen ihres einzigartigen Aussehens und Verhaltens kann man sie wirklich mit keinem anderen Tier verwechseln. Für den Wickelbär, einen agilen Kletterer mit Greifschwanz und Greiffüßen, gilt das nicht: Anfänglich ordneten ihn die Zoologen unter den Primaten ein – denselben Fehler machen die Einheimischen, wenn sie ihn als Nachtaffen (monos de la noche) bezeichnen. Tatsächlich ist der Wickelbär jedoch ein Bäume bewohnender Kleinbär, gehört also derselben Familie an wie die Waschbären. Bei genauem Hinschauen sieht man: Der Wickelbär hat Krallen an den Zehen und nicht etwa richtige Nägel wie ein Primat, außerdem eine lange, schmale Zunge, mit der er Früchte und Blütenpflanzen angelt.

Die Kleinbären – Familienname *Procyonidae* – sind Meister des Baumlebens. Es gibt insgesamt 18 Arten; in Südamerika leben der Krabbenwaschbär, der Wickelbär und drei Nasenbärenarten sowie der äußerst scheue Makibär. Dieser sieht aus wie ein Wickelbär, ist aber katzenartiger und hat einen außerordentlich langen und buschigen Schwanz. Bis vor kurzem wurde auch der Kleine Panda der Waschbärenfamilie zugerechnet, doch sein Status ist seit langem umstritten. Viele Zoologen gruppieren ihn nun dem Großen Panda zu oder geben ihm eine eigene Familie.

Makibären fressen hauptsächlich Früchte, doch sie fangen auch Kleintiere. Diese reizvollen Tiere sind sehr akrobatisch und können vorzüglich klettern; wie Hörnchen flitzen sie durch die Bäume. Bei aller Scheu sind sie neugierig und intelligent – aus Costa Rica ist bekannt, dass sie Bindfäden hinunterklettern, um an das als Kolibrifutter gedachte Zuckerwasser zu gelangen.

Ein weiterer guter Kletterer ist der Großgrison (gegenüber) aus der Wieselfamilie, der Kleinsäuger und Vögel jagt. Wie die meisten Wiesel hat er kurze Beine und einen schlanken Körper, der ihm erlaubt, Beute in ihre Baue zu verfolgen. Dieser Körperbau ermöglicht ihm auch, Äste entlangzulaufen – seine scharfen Krallen sichern ihm dabei guten Halt.

TAPIRE

Tapire bilden eine kleine, sehr charakteristische Familie waldbewohnender Säuger. Alle haben sie einen untersetzten Körper, einen spitz zulaufenden Kopf und eine rüsselartige

Tapire werden als »lebende Fossilien« bezeichnet, weil sie sich in den letzten 35 Mio. Jahren kaum verändert haben.

Schnauze. Letztere arbeitet wie eine Mischung aus Nase und Hand; mit ihr können die Tiere essbare von giftigen Pflanzen unterscheiden und Stängel oder Früchte greifen. Wie andere Huftiere sind Tapire Vegetarier. Wegen ihrer Größe brauchen sie mindestens 30 kg Futter am Tag. Da sie nur die fleischigen Teile der Früchte verdauen und oft intakte Samen in ihrem Kot ausscheiden, sind sie wichtige Samenverteiler. Sie bewegen sich auf gut ausgetretenen Pfaden, oft nachts, und fressen allein. Diese solitäre Lebensweise ändert sich nur, wenn Weibchen von ihren Jungen begleitet werden.

Es gibt vier Arten von Tapiren – der Schabrackentapir (S. 163) kommt in den Wäldern Südostasiens vor, während die anderen drei in den südamerikanischen Tropen zu finden sind. Trotz ihres Gewichts von bis zu 300 kg sind alle vier gute Sprinter und Kletterer. Der Bergtapir der Anden lebt in Höhen bis zu 4700 m und kann mit Leichtigkeit steile Hänge hinauftraben. In Mittelamerika und im Norden Südamerikas lebt der Mittelamerikanische Tapir (unten). Wie der Bergtapir bewohnt er bergiges Terrain.

Alle Tapire sind stark an Wasser gebunden. Der Flachlandtapir (rechts außen), der im gesamten Amazonasregenwald vorkommt, frisst oft in Flüssen, wobei er seine Schnauze einsetzt, um Wasserhyazinthen und andere Schwimmpflanzen zu sammeln. Baden und Suhlen gehören zur Tagesroutine, das Wasser dient aber auch als Rückzugsgebiet im Falle eines Angriffs – an Land helfen die geschmeidige, stromlinienförmige Gestalt und die harte Haut beim Entkommen. Tapire sind nur spärlich behaart, die robuste Haut an ihrer Hinterhand jedoch fühlt sich an wie eine Lederhülle. Derart geschützt, können Tapire fast so schnell durch dichte Vegetation eilen, wie ein Mensch laufen kann. Werden sie in die Enge getrieben, verteidigen sie sich mit den Zähnen. Der Schabrackentapir ist eindrucksvoll schwarz-weiß gefärbt, seine amerikanischen Verwandten hingegen tragen weniger auffällige Brauntöne. Tapirkälber sind zunächst gesprenkelt, mit cremig-gelben Punkten und horizontalen Streifen. So sind sie im Offenbereich weithin sichtbar, im Wald aber gut getarnt. Die gleiche Anpassung zeigen viele Wildschweine, Tiere, die einen ähnlichen Lebensraum und eine vergleichbare Lebensweise haben. Tapire gebären nur jeweils ein Junges, das sich in den ersten Lebenswochen im Bewuchs versteckt und dann für rund ein Jahr seiner Mutter folgt.

GROSSGRISON
Dieser schlanke Beutegreifer ist Experte im Fangen schlafender Vögel in den unteren Zweigen.

FLACHLANDTAPIR
Wie alle Tapire ist auch er ein guter Schwimmer. Um einen entschlossenen Angreifer abzuhängen, taucht er sogar – doch häufiger tut er dies zum Schutz vor beißenden Insekten.

MITTELAMERIKANISCHER TAPIR
Dieser Tapir ist das größte terrestrische Säugetier in Mittelamerika. Er lebt in verschiedenen Waldhabitaten, auch in Mangrovensümpfen. Bejagung und Abholzung haben ihm zugesetzt.

SCHWACHSTELLE

Die Panzerplatten des Gürteltieres sind kein Schutz vor den Kiefern eines Jaguars. Studien an Jaguaren haben gezeigt, dass Hirsche und Gürteltiere wichtige Bestandteile ihrer Kost sind.

WALD IN GEFAHR

Der Mensch kam spätestens vor 10000 Jahren nach Südamerika und nahm anfangs wenig Einfluss auf das Waldleben. Alle möglichen Säuger – Aguti (S. 115), Tapir (S. 121) oder Jaguar (unten und S. 122–123) – wurden wegen ihres Fleisches und ihrer Häute gejagt. Kleine Waldgebiete wurden gerodet, um für eine begrenzte Zeit Felder zu schaffen. Sobald der Boden an Fruchtbarkeit verlor, gab man sie auf – der Wald konnte sie sich zurückholen. Mit der Ankunft der Europäer im 16. Jahrhundert begann Südamerika sich zu verändern. Wälder wurden gerodet, um Platz für dauerhafte Farmen zu schaffen – so schwand der Lebensraum der Waldtiere.

Vor allem die rasante Entwaldung im Amazonasgebiet sorgt immer wieder für Schlagzeilen, doch der Waldbestand schwindet in ganz Südamerika. Der Atlantische Küstenwald Brasiliens war als Erster betroffen und hat am stärksten gelitten und auch die temperierten Wälder des Kontinents wurden in Mitleidenschaft gezogen. Im Amazonasgebiet selber reichen neue Straßen weit in die Wälder hinein und ziehen viele Siedler an. Die Naturschutzorganisationen kämpfen einen beständigen Kampf, um den schrumpfenden Bestand zu schützen.

WALDHUND
Der Waldhund ist einer der am wenigsten bekannten Beutegreifer Südamerikas. Von den Ureinwohnern Amazoniens wird er manchmal als Haustier gehalten. Obwohl er nicht bejagt wird, hat er mit dem Problem der Entwaldung zu kämpfen.

GEJAGTE JÄGER

Neben der Lebensraumzerstörung gibt es für einige Waldsäugetiere Südamerikas weitere Gefahren. Katzen werden oft als lästige oder sogar gefährliche Jäger angesehen – und zudem als Pelzlieferanten. Der Jaguar, die größte aller Katzen, trägt seinen Ruf als Viehjäger zu Recht; ob er – wie behauptet – auch Menschen frisst,

»Fast 38500 km² Urwald – das ist eine Fläche von der Größe Albaniens – sind letztes Jahr im Amazonasgebiet Brasiliens verloren gegangen.«

PRESSEMITTEILUNG DER BRASILIANISCHEN REGIERUNG, 2003

PERFEKTE BALANCE
Der Jaguar ist ein flinker Kletterer und kraftvoller Schwimmer. Früher war er von den südlichen USA bis zur Spitze Südamerikas zu finden, heute bedrohen ihn Lebensraumverlust und Bejagung.

WIESELKATZE
In Südamerikas Wäldern leben 10 Arten von Kleinkatzen, von denen viele durch Bejagung bedroht sind. Die Wieselkatze ist eine der wenigen ohne geflecktes Fell.

darf bezweifelt werden. Als sich in den Anfängen der Viehzucht die Savannen und Pampas mit leichter Beute anfüllten, mag die Jaguarpopulation tatsächlich zugenommen haben, doch diese fetten Zeiten sind vorbei. Farmer rotteten die Jaguare auf den Weideflächen bald aus, und im 20. Jahrhundert wurde die Art in den Wäldern bejagt, um die wachsende Fellnachfrage zu bedienen. Heute ist das Amazonasgebiet die letzte wichtige Feste der als bedroht eingestuften Jaguare.

Gefleckte Katzen sind nicht die einzigen Waldsäuger, die vom Fellhandel bedroht werden: Auch südamerikanische Otter (S. 108–109) werden wegen ihrer Pelze verfolgt. Doch die letzten Jahrzehnte haben auch Gutes gebracht. Der Fellhandel wird nun durch die CITES verboten, eine internationale Vereinbarung, die den Handel mit gefährdeten Tierarten regelt. Die Bejagung hat nicht aufgehört, aber es ist viel schwieriger geworden, die Felle zu verkaufen.

NAHRUNG AUS DEM WALD

Einige Tiere werden wegen ihres Felles geschossen oder in Fallen gefangen, weitaus mehr aber ihres Fleisches wegen bejagt. Diese Nahrung ist für die einheimischen Waldbewohner lebenswichtig und mit ihren einfachen Waffen nehmen sie insgesamt einen nur geringen Einfluss auf die Population. Die neuen Siedler sind problematischer, weil sie zahlreicher und oft mit Gewehren bewaffnet sind. Anders als die Jagd nach Fellen ist diejenige für den Nahrungsgewinn schwer zu regulieren und zu kontrollieren, denn die Tiere werden fast immer vor Ort konsumiert und gelangen kaum in den Handel.

Die Liste der bejagten Arten ist lang, große Nager sind jedoch oft am begehrtesten. Agutis (S. 115), Acouchis und Pakas (S. 108) werden stark bejagt; ihre hohe Reproduktionsrate hilft ihnen aber, die jährlichen Verluste zu kompensieren. Agutis können sogar vom Menschen profitieren, da sie auch in einer Mischung aus Wald und Rodungsflächen gedeihen.

Andere Tiere haben es schwerer. Tapire (S. 121) etwa vermehren sich viel langsamer. In Amerika sind alle drei Tapirarten bedroht, der Mittelamerikanische Tapir ist in den meisten Gegenden bereits äußerst selten geworden.

ZWERGAMEISENBÄR
Mit einem Gewicht von nur 200 g ist er Südamerikas kleinster Ameisenbär. Da er nachtaktiv ist, bleibt er normalerweise unbemerkt, selbst wenn er am Stadtrand lebt.

PRIMATENSCHWUND

Auf eine Schlüsselgruppe der Säugetiere – die Primaten – wirken sich Bejagung und Lebensraumverlust oft besonders verheerend aus. Alle Primaten Südamerikas leben ausschließlich auf Bäumen und viele stellen sehr hohe Anforderungen an diesen Lebensraum. Wollaffen (S. 115) und Klammeraffen (S. 113) beispielsweise brauchen Primärwald, in dem es eine große Vielfalt an hohen, voll ausgereiften Bäumen gibt. Keiner von beiden kann im Sekundärwald, der nach der Rodung oder Zerstörung des Primärwaldes nachwächst, überleben. Was die Sache noch schwieriger macht, ist ihre niedrige Reproduktionsrate und die Jagd wegen ihres Fleisches. Klammeraffen sind besonders leichte Ziele: Sie klettern zwar weit hinauf, sind aber wegen ihrer Lautstärke schnell auszumachen. Daher sind diese behänden Primaten oft die ersten, die verschwinden, sobald Menschen Einzug halten.

Einige Bewohner der Bäume kommen mit Veränderungen besser zurecht. Nachtaffen (S. 112) können im Sekundärwald überleben und ihre Nachtaktivität macht die Bejagung schwierig. Totenkopfäffchen sind im Amazonasgebiet wegen ihrer geringen Größe und ihrer Anpassungsfähigkeit immer noch häufig. Auch Faultiere (S. 118–119) passen sich trotz ihrer spezialisierten Lebensweise an die menschliche Gegenwart an, vorausgesetzt, sie werden nicht bejagt und haben genug zu fressen. In einigen Gegenden kann man sie neben stark befahrenen Straßen in den Bäumen hängen sehen – ein bemerkenswertes Beispiel für Flexibilität in einer sich verändernden Welt.

TAMANDUA
Wird der Tamandua, auch Kleiner Ameisenfresser genannt, angegriffen, stellt er sich – mit dem Schwanz als Stütze – auf die Hinterbeine und benutzt seine langen Krallen als Verteidigungswaffen. Mit seiner langen Zunge sammelt er in den Bäumen Ameisen und Termiten.

AUSTRALASIEN

EVOLUTION

VOR 115 MIO. JAHREN war Australasien mit Südamerika und der Antarktis im Superkontinent Gondwana verbunden. Das früheste bekannte Kloakentier stammt aus dieser Zeit.

VOR 60–55 MIO. JAHREN begann Gondwana auseinander zu brechen. Die ältesten bekannten Fossilien australischer Beuteltiere und Fledermäuse stammen aus dieser Zeit.

VOR 45–35 MIO. JAHREN hatte sich Australasien von der Antarktis und Südamerika abgespalten und war nordwärts gedriftet.

VOR 23 MIO. JAHREN gab es ausgedehnte Regenwälder und eine große Vielfalt ursprünglicher Beuteltiere, die sich über den ganzen Kontinent ausgebreitet hatten.

VOR 6 MIO. JAHREN erschienen die ersten Trockenhabitate, auch das Grasland entstand. Damals entwickelten sich die frühesten Nager und grasenden Beuteltiere Australiens.

VOR 1 MIO. JAHREN entstanden die ersten Dünen und Wüstenstrukturen.

VOR 60 000 JAHREN gelangten die ersten Menschen nach Australien – dies war der Beginn einer massenhaften Auslöschung von Beuteltieren.

IM 17. JAHRHUNDERT kamen die ersten Europäer nach Australasien. Erste Ansiedlungen erfolgten im Jahre 1788. Die Ausbreitung domestizierter plazentaler Säugetiere und die Land- und Forstwirtschaft nach europäischem Muster führten zur Ausrottung vieler ursprünglicher Säugerarten.

VORIGE SEITE:
KOALA
Australiens beliebtester Säuger, der Koala, sieht niedlich aus, kann aber reizbar und aggressiv sein.

LEBENSRÄUME AUSTRALASIENS

Australien ist ein äußert rauer, trockener Kontinent mit großen Wüstengebieten und den ausgelaugtesten Böden der Erde. Doch in anderen Teilen Australasiens gibt es auch freundlichere Lebensräume mit Waldbewuchs, Grasland und einigen Feuchtgebieten – sogar in kleinen Bereichen Australiens.

WAS DAMALS GESCHAH

Australien, Neuseeland, Neuguinea und verschiedene andere Inseln im Pazifik werden zusammen als Australasien bezeichnet. Diese Gebiete verbindet eine gemeinsame geologische Geschichte, die bis zur Kreidezeit (vor über 70 Mio. Jahren) zurückreicht. Damals bildeten sie mit Südamerika und der Antarktis den Superkontinent Gondwana. Vor etwa 60 Mio. Jahren hatten die tektonischen Kräfte begonnen, Gondwana in einzelne Landmassen aufzuspalten, wie wir sie heute kennen.

Als Erstes trennte sich Neuseeland ab. Es nahm vermutlich eine ihm eigene Säugetierfauna mit, doch eine Serie von Umweltkatastrophen, unter anderem die Überflutungen der meisten Inseln vor rund 35 Mio. Jahren, führte zu deren Untergang. In Neuseeland gibt es nur zwei einheimische Säugerarten – beides Fledermäuse. Alle anderen Säuger wurden in den letzten 1500 Jahren vom Menschen eingeführt.

Australien, die Antarktis und Südamerika waren noch bis vor 45–35 Mio. Jahren eng verbunden. Als sie sich trennten, sahen sich die Säuger dieser Kontinente wahrscheinlich noch ziemlich ähnlich. Da Australien in den folgenden 23 Mio. Jahren jedoch nordwärts driftete, bewirkte das sich ändernde Klima die Entstehung einer charakteristischen Fauna.

WÜSTEN (S. 132–133)
Das trockene Herz Australiens besteht aus großen Wüsten. Futter- und Wassermangel schufen für Säugetiere besonders anspruchsvolle Umgebungsbedingungen.

KLIMA-VERÄNDERUNG

Der gesamte Superkontinent Gondwana war mit kühl temperiertem Regenwald bedeckt, ähnlich demjenigen, der heute in Teilen Tasmaniens wächst. Nachdem Gondwana aufgebrochen war, driftete Australasien nordwärts in wärmere Regionen – so wurde das Klima viel trockener.

ZAHLEN UND FAKTEN

■ **GRÖSSE:** Die Gesamtgröße Australasiens beträgt 9,477 Mio. km². Das Festland Australiens hat mit 8,923 Mio. km² die größte Landmasse.

■ **STAATEN:** Ganz oder teilweise zu Australasien gehören die Länder Australien, Papua-Neuguinea, Neuseeland, Indonesien, die Salomonen, Vanuatu und Neukaledonien.

■ **KLIMA:** Von Gebiet zu Gebiet sehr unterschiedlich. Australien ist meist trocken, es gibt aber auch Regionen mit hohem Niederschlag. Mehrere Klimazonen sind vertreten: die tropische, die subtropische, die warm- und die kühl-gemäßigte.

■ **HÖCHSTER BERG:** Puncak Jaya in Neuguinea mit 5030 m; auf dem australischen Festland der Mount Kosciusko mit 2229 m.

■ **LÄNGSTER FLUSS:** Murray-Darling in Australien (3750 km lang).

WÄLDER (S. 136–137)
Australasien war einst mit Wald überzogen. Heute sind die übrig gebliebenen Flecken urtümlichen Regenwalds von neuerem Waldbewuchs umgeben, der besser an das trockenere und jahreszeitlich variablere Klima angepasst ist.

GRASLAND (S. 130–131)
Gräser gedeihen gut in einer trockenen Umwelt. Für Säuger, die mit den harten, an Kieselsäure reichen Blättern zurechtkommen, gibt es hier fast endlos Nahrung.

FEUCHTGEBIETE (S. 134–135)
Selbst auf dem trockensten Kontinent gibt es Wasser: Heftige Monsunregen bilden in den nördlichen Gebieten Australasiens saisonales Sumpfland und feuchte Passatwinde im Südosten speisen ein Netz von Flüssen und Bächen.

VORGELAGERTE INSELN (S. 144–145)
Nördlich von Australien liegt die große Insel Neuguinea, im Süden die Insel Tasmanien. Deren urtümliche Wälder sind Zufluchtsstätten für Säuger, die auf dem Festland ausgestorben oder stark bedroht sind.

GRASLAND

In jenen Bereichen Australasiens, wo das Land trocken und die Böden nährstoffarm sind, können viele Pflanzen nicht überleben. Gräser aber, die zu den erfolgreichsten Pflanzentypen der Erde zählen, gedeihen hier. Und so haben sich viele australasiatische Säuger auf ein Leben im Grasland eingestellt.

GRASLANDTYPEN
Australiens Grasland bietet viele unterschiedliche Lebensräume. Auf felsigem, trockenem Untergrund findet man dorniges Spinifex-Grasland. Buschland ist eine baumlose Mischung aus Gras und Sträuchern. In der Waldsavanne wachsen vereinzelte Bäume, der Waldboden ist eher gras- als strauchbedeckt.

GRASNAHRUNG

Da Gräser in Bodennähe wachsen, kommen die meisten Säuger leicht an sie heran. Und da sie nicht von der Triebspitze, sondern von der Basis aus wachsen, verkraften sie Verbiss. Ja, Gräser wachsen sogar umso dichter und üppiger, je stärker sie abgefressen werden. Säuger, die sich von Gras ernähren, haben damit eine sichere, sich ständig erneuernde Nahrungsquelle, die sich über Hunderte Quadratkilometer erstreckt. Für diesen Futterüberfluss mussten sie allerdings einen »evolutiven Preis« bezahlen. Gras nimmt Kieselsäure aus dem Boden auf, ein wie Schmirgelpapier wirkendes Mineral, das die Zähne viel rascher abnutzt, als dies Blätter tun. Zudem macht es Gräser schwer verdaulich. Gras fressende Säuger brauchen deshalb hypsodonte Zähne, also solche mit besonders hohen Kronen, die überdies mit einem komplex strukturierten Zahnschmelz und verstärktem Zahnzement ausgestattet sind.

SCHMALFUSSBEUTELMAUS
Dieses Beuteltier übersteht Dürrezeiten, indem es Energie aus seinem Fettdepot im Schwanz bezieht.

FETTSCHWÄNZIGE BREITFUSSBEUTELMAUS
Während der Paarungszeit werden die Männchen aggressiv, nach der Paarung sterben sie.

GRASENDE BEUTELTIERE

Die wichtigste Familie einheimischer grasender Säuger bilden die Kängurus. Ihre Vorfahren waren kleine Gras und Blätter fressende Säugetiere, die ihre Nahrung auf dem Waldboden suchten. Enge Verwandte von ihnen, die Rattenkängurus (S. 136), gibt es in Australiens Wäldern heute noch. Urkängurus waren klein genug, um sich bei Gefahr im Unterholz zu verbergen. Als sie sich zu Weidegängern des offenen Graslands entwickelten, suchten sie Schutz in der Gruppe. Zudem wurden sie größer, ihre Hinterfüße wurden länger und schmaler, ihre Hinterbeine länger und kräftiger; außerdem entwickelte sich der Schwanz zu einem kraftvollen Gegengewicht. So konnten sie auf den Ebenen sehr rasch große Entfernungen zurücklegen.

Auch drei Wombat-Arten zählen zu den Gras fressenden Beuteltieren. Wie Kängurus zermahlen diese massigen Buddler ihre Kost mit hochkronigen Zähnen. Wombats sind bei der Kompensation des

PLAZENTALE SÄUGER UND BEUTELTIERE

EVOLUTION

Wie die heutigen Kloakentiere legten auch die frühesten Säugetiere mit ziemlicher Sicherheit Eier. Doch irgendwann vor rund 130 Mio. Jahren kam eine neue Strategie auf: Anstatt in einem Ei lief die Entwicklung der Jungen nun im Körper der Mutter ab. Zwei unterschiedliche Wege wurden dabei eingeschlagen. Bei plazentalen Säugern bleiben die Jungen länger im mütterlichen Körper, wo sie Nährstoffe und Sauerstoff über die Plazenta von der Mutter beziehen. Sie werden in einem fortgeschrittenen Entwicklungsstadium geboren und nur relativ kurze Zeit gesäugt. Bei den Beuteltieren hingegen kommen die Jungen in einem sehr frühen Stadium zur Welt, als bewegliche Föten sozusagen. Die meiste Zeit ihrer Entwicklung verbringen sie, mit Milch genährt, außerhalb des mütterlichen Körpers. Oft schützt sie eine sackartige Hauttasche, der Beutel.

THYLACIN
Dieses kraftvolle, hundeähnliche, räuberisch lebende Beuteltier starb vermutlich um 1930 aus.

PROCOPTODON
Es war mit 4 m das größte bekannte Känguru. Vor rund 18000 Jahren starb es aus.

ROTES RIESENKÄNGURU
Es ist eines der wenigen großen Beuteltiere, die die Eiszeiten überlebt haben.

IMPORTIERT EINFLUSS DES MENSCHEN

Bejagung und von Menschen gelegte Buschfeuer führten vor rund 35000 Jahren zum Untergang größerer Beuteltiere. Später rodeten europäische Siedler Land, verdrängten oder töteten viele einheimische Arten und führten andere Säuger ein (als Nahrung, für die Jagd oder als Haustiere), welche viele einheimische Tiere fraßen oder mit ihnen um Futter konkurrierten.

ROTFUCHS
Die von Europäern für die Jagd eingeführten Füchse rotteten viele Säuger Australiens aus.

raschen Zahnabriebs noch einen Schritt weiter gegangen: Ihre Zähne sind wurzellos, können also lebenslang weiterwachsen.

FLEISCH FRESSENDE BEUTELTIERE

In Australiens Grasland gibt es keine spektakulären Beutegreifer wie auf anderen Kontinenten – hier leben weder Löwen noch Geparde. Die Fleisch fressenden Beuteltiere, die Raubbeutler oder Dasyuriden, sind allesamt klein. Am zahlreichsten sind die verschiedenen Typen der Beutel-»Mäuse«. Anders als echte Mäuse, die ja Nagetiere sind und sich von Pflanzenmaterial ernähren, leben Beutelmäuse räuberisch und fressen Insekten, Eidechsen und echte Mäuse. Sie sind zwar winzig, aber vielfach – wie die Breitfußbeutelmäuse (links) – auch außerordentlich aggressiv. Wo das Grasland besonders trocken ist, lagern einige Arten der Schmalfußbeutelmäuse (links) Fettreserven im Schwanz ein. So sind sie in der Lage, lange Dürreperioden zu überstehen.

ANTILOPENKÄNGURU
Das Antilopenkänguru, das Grasgebiete im Norden Australiens bewohnt, ist für die Aborigines ein wichtiges Jagdwild.

»Ich möchte sie also bitten, sich aufzuraffen, Gesetze zum Schutz der großen Kängurus zu erlassen – bevor es zu spät ist ... geschieht dies nicht, wird es diese in der Fauna Australiens in ein paar Jahren nicht mehr geben.«

JOHN GOULD, KÜNSTLER UND NATURFORSCHER, 1863

LEBEN IN DER GRUPPE
Mit ihren hochkronigen Zähnen können Rote Riesenkängurus sogar derbstes Gras verarbeiten. In der Gruppe lässt sich im Offengelände besser nach Beutegreifern Ausschau halten.

WÜSTEN

Im Zentrum Australiens fällt nur wenig Regen – und so sind heute drei Viertel des Landes Wüsten oder Halbwüsten. Trotz der Trockenheit des Kontinentes gedeiht hier mehr Vegetation als in den Wüstengegenden aller anderen Erdteile.

WÜSTENTYPEN
In Australien gibt es verschiedenartige Wüstengebiete: Das Red Centre ist durch roten Sandstein charakterisiert, der spektakuläre Formationen wie den Ayers Rock hervorbringt. Auch klassische Sandwüsten mit Dünen findet man hier. Im Zentrum Australiens gibt es felsige Wüsten mit Spinifex-Bewuchs.

IM RED CENTRE

Wüsten stellen besondere Herausforderungen an Säugetiere – die größte ist der Wassermangel. Der Säuger-Stoffwechsel benötigt viel Wasser, viel mehr als der wechselwarmer Tiere, z.B. der Reptilien. Gibt es wenig zu trinken, müssen Wüstensäuger das Wasser aus ihrer Nahrung beziehen; zudem gilt es, den Flüssigkeitsverlust zu minimieren. Die meisten Säuger in Australiens Wüsten sind klein und nachtaktiv. Tagsüber suchen sie in Bauen Schutz vor der Hitze; dort ist es überdies feucht, was den Flüssigkeitsverlust vermindert. Wenn es nach Einbruch der Dunkelheit kühler wird, gehen sie auf Futtersuche. Hüpfmäuse verbringen den Tag in Bauen, die bis 1 m weit unter die Erde reichen können. Nachts fressen diese Nager Samen und Grünpflanzen, aus denen sie Nährstoffe und Wasser beziehen.

Die Mehrzahl der Fleischfresser in der Wüste Australiens sind kleine Beuteltiere, z.B. die Doppelkammbeutelmaus (Kasten rechts). Das vielleicht eigentümlichste Beuteltier der Wüste ist der Große Beutelmull.

ROTES RIESENKÄNGURU
Dank des charakteristischen Hüpfens kann dieses Symbol des australischen Buschlands riesige Gebiete schnell und Energie sparend durchqueren.

EIN FELSIGER AUSGUCK
Hoch oben auf dem Felsen demonstriert ein Felskänguru-Pärchen zwei Vorteile seines Lebensraums: Feinde sieht man schon von Weitem, und es gibt viele Möglichkeiten, sich vor ihnen zu verbergen.

Dieses völlig blinde Tier »schwimmt« auf der Suche nach unterirdisch lebenden Insekten und deren Larven durch den Sand. Eine Schwiele schützt seine Schnauze und kräftige Vorderbeine mit großen Krallen treiben ihn wie einen kleinen Bulldozer voran. Wie bei vielen grabenden Beuteltieren öffnet sich der Beutel der Weibchen nach hinten. So sind die Kleinen vor eindringendem Sand geschützt.

GROSSER KANINCHEN-NASENBEUTLER
Das größte karnivore Wüsten-Beuteltier verzehrt Insekten, Eidechsen und Kleinsäuger.

AUF DEN FELSEN

Felskängurus (unten) bewohnen felsige Anhöhen in Australiens Wüste. Mit ihrem auffallend gefärbten und gemusterten Fell gehören sie zu den attraktivsten Kängurus. Sie sind bestens daran angepasst, auf steilen Hängen umherzuspringen. Die Sohlen ihrer Füße sind außerordentlich rau und geben so guten Halt. Mit dem langen, starren Schwanz halten sie beim Springen (bis zu 4 m weit) die Balance. Bei Dürre kommen Felskängurus lange ohne Trinken aus, indem sie die saftigen Rinden und Wurzeln verschiedener Pflanzen fressen.

Auf den Felsen finden auch Dingos (rechts) Schutz. Anpassungsfähig, wie sie sind, jagen sie kleine Beutetiere wie Insekten und Eidechsen allein, arbeiten bei der Jagd auf größere Beute, z.B. Kängurus, aber in Kleingruppen zusammen. Dass sie gelegentlich Nutztiere angreifen, führte zur Verfolgung durch europäische Siedler. Früher in ganz Australien verbreitet, leben Dingos heute fast nur noch in trockenen, landwirtschaftlich kaum genutzten Gegenden.

WIRKLICH WILD?
Australiens Wildhunde, die Dingos, wurden vor rund 5000 Jahren aus Südostasien eingeführt. Zu den Aborigines pflegen Dingos noch lockere Beziehungen: Auf der Suche nach Essensresten treiben sie sich an deren Lagerplätzen herum.

Das Felskänguru: »Das Tier ist übermäßig argwöhnisch und scheu in seinen Gewohnheiten, so dass es bei Tage oft die höchsten und unzugänglichsten Felsen aufsucht.«

SIR GEORGE GREY, KOLONIALBEAMTER, NEW SOUTH WALES, 1859

KLEINE FLEISCH FRESSENDE BEUTELTIERE — KURZPORTRÄT

In den australischen Wüsten leben viele kleine Fleisch fressende Beuteltiere. Äußerlich sehen sie sich ähnlich: spitze Schnauzen, große Augen und Ohren, kein Beutel (oder nur während der Fortpflanzungszeit). Die Östliche Springbeutelmaus bewegt sich wie ein Kaninchen auf langen Hinter- und kürzeren Vorderbeinen. Das Ningaui vertilgt pro Nacht fast zwei Drittel seines Körpergewichts. Die Doppelkammbeutelmaus pirscht sich katzenhaft an die Beute an, stürzt vor und tötet sie mit einem Biss in den Nacken.

ÖSTLICHE SPRINGBEUTELMAUS

NINGAUI RIDEI

DOPPELKAMM-BEUTELMAUS

FEUCHTLANDTYPEN
Australiens Feuchtgebiete sind teils permanent, z.B. die kleinen Flüsschen in den Regenwäldern entlang der Ostküste, teils saisonal wie die Überschwemmungsgebiete im Northern Territory.

FEUCHTGEBIETE

Wassermangel ist typisch für weite Bereiche Australiens – dies bedeutet jedoch nicht, dass der gesamte Kontinent rund ums Jahr trocken ist. Ein Teil Nordaustraliens beispielsweise liegt am Rande der tropischen Monsunzone; hier wechseln sich Trockenheit und Regenfälle jahreszeitabhängig ab.

WASSER IN EINEM TROCKENEN KONTINENT

Während der Monsunzeit von Januar bis März überschwemmen sintflutartige Regenfälle die Grasgebiete des Northern Territory und verwandeln sie in riesige Sümpfe. Grasland-Säuger wie das agile Wallaby und das Bergkänguru ziehen dann auf felsige Erhebungen, wo sie Gräser und Kräuter fressen, die in den Spalten dieser temporären Inseln wachsen.

Im Südosten Australiens blasen die vorherrschenden südöstlichen Passatwinde Feuchtigkeit vom Meer ins Landesinnere. Sobald diese warme, dunstige Luft die Ostflanke der Great Dividing Range erreicht, muss sie aufsteigen und kühlt sich ab; ihre Aufnahmefähigkeit für Wasser sinkt. Folglich fällt entlang der östlichen Berghänge heftiger Regen, der ein ausgedehntes Netz von Flüssen, Bächen und Rinnsalen speist. Diese Wasserwege sind Heimat des größten Nagers Australasiens, der Australischen Schwimmratte (links).

AUSTRALISCHE SCHWIMMRATTE
Die Schwimmratte ist Australiens schwerster einheimischer Nager – bis zu 1,25 kg kann sie wiegen. Ihr wasserdichtes Haarkleid variiert von Braun bis Grau; die Schwanzspitze ist auffallend weiß.

AMPHIBISCHE RATTE

Die Australische Schwimmratte kommt nur in Australien, Tasmanien und Neuguinea vor. Zwar können die meisten Ratten schwimmen, doch dieser Nager ist besonders gut ans Wasserleben angepasst. So hat er ein dickes, wasserdichtes Haarkleid und große, teilweise mit Schwimmhäuten ausgestattete Hinterfüße, die er zum Paddeln einsetzt. Die Schnauze ist mit empfindlichen Tasthaaren ausgerüstet, mit denen er unter Wasser Beute aufspürt. Die Australische Schwimmratte ernährt sich von Fischen, Fröschen, Krustentieren und großen Wasserinsekten.

Im Winter jagt sie bisweilen überwiegend an Land. Sie nistet in Bauen, die sie in die Uferböschungen von Bächen und Rinnsalen gräbt. Diese Baue werden auch von Australiens anderem aquatischen Säuger benutzt, dem Schnabeltier (Kasten rechts und gegenüber).

SCHNABELTIERE

Das Schnabeltier ist eine so eigenartige Erscheinung, dass die ersten Exemplare, die 1799 von Australien nach Europa kamen, als Fälschungen abgetan wurden. Wie der Schnabeligel (S. 145) ist es ein Kloakentier. Die Weibchen legen zwei Eier, die sie zwischen Bauch und Schwanz klemmen – 10 Tage sitzen sie völlig unbeweglich in ihren Bauen und atmen warme Luft aus, die das Ausbrüten unterstützt. Wie alle Säuger trinken Schnabeltierbabys Milch, die aber, da Brüste fehlen, aus der Bauchhaut der Weibchen aufs Fell sickert, wo sie von den Kleinen abgeleckt wird.

Das Schnabeltier ist das giftigste Säugetier der Erde. Die Männchen tragen Sporen an den Hinterbeinen, die mit Giftdrüsen in Verbindung stehen. Während der Fortpflanzungszeit gehen sie damit gegen Konkurrenten vor. Das Gift kann sogar einen Hund töten; für einen gekratzten Menschen ist es äußerst schmerzhaft.

Die allerersten Säuger vermehrten sich vermutlich nach Schnabeltierart. Das älteste Schnabeltier-Fossil ist 110 Mio. Jahre alt – damals beherrschten noch Dinosaurier die Erde. Wie die Beuteltiere entwickelten sich die Schnabeltiere auf Gondwana (S. 128) und waren wohl weitgehend auf Australasien beschränkt. Allerdings hat man auch in Argentinien ein Fossil gefunden.

EINZIGARTIGE ANPASSUNGEN — EVOLUTION

Das Schnabeltier (rechts) ist vorzüglich ans Wasserleben angepasst. Zur Reduktion des Widerstands ist sein Körper stromlinienförmig, abgeflacht und mit dichtem, kurzem Fell bedeckt. Häute zwischen den Zehen verbessern die Schwimmeigenschaften. In seinem Entenschnabel befindet sich ein Organ, das die schwachen elektromagnetischen Felder wahrnimmt, welche die Körper seiner Beutetiere (Würmer, kleine Krustentiere) umgeben. Im Laufe der Evolution hat es seine Zähne eingebüßt; stattdessen kaut es mit den hornigen Platten auf seinem Ober- und Unterkiefer.

SO FRISST ES
Das Schnabeltier sucht Würmer und Krustentiere im Flussbett. Mit dem Schnabel gründelt es zwischen Steinen und wühlt Sand und Kies auf.

Die Siedler und das Schnabeltier: »Oft töten sie es aus bloßer Mutwilligkeit – oder bestenfalls, um aus seiner Haut Pantoffeln herzustellen.«

JOHN GOULD, KÜNSTLER UND NATURFORSCHER, 1863

SCHNABELTIER UNTER WASSER
Vor allem die paddelartigen Vorderfüße sorgen für Schub, die Hinterfüße dienen als Ruder. Der breite Schwanz hilft beim Ab- und Auftauchen.

WALDTYPEN
In Australiens tropischen und subtropischen Regenwäldern gibt es viele Baumarten, zudem Unmengen an Kletterpflanzen, Epiphyten und Luftwurzeln sowie ein vielschichtiges Dach. Eukalyptus und ähnliche Hartlaubgewächse gedeihen von den feuchten, hohen Sklerophyll-Wäldern bis zu den verkümmerten Buschsavannen, den Mallees. In temperierten Regenwäldern wachsen Bäume mit geraden Stämmen; sie haben ein horizontales Blätterdach mit nur zwei Ebenen und, wenn überhaupt, nur wenige Kletterpflanzen oder Epiphyten.

WÄLDER

In Australasien gibt es unterschiedliche Waldtypen, etwa den tropischen und subtropischen Regenwald, also das, was man gemeinhin als »Dschungel« bezeichnet, überdies den kühl-temperierten Regenwald sowie Eukalyptuswälder, die trockener und offener sind als Regenwälder.

URSPRÜNGLICHE WÄLDER

Als sich Australien vor rund 55–60 Mio. Jahren vom Superkontinent Gondwana (S. 128) abtrennte, war es überwiegend mit kühl-temperiertem Regenwald bedeckt, ähnlich dem in Tasmanien (S. 132–133). Während es sich nordwärts, also auf den Äquator zu bewegte, bekam der Wald zunehmend tropischen Charakter. Vor 23 Mio. Jahren gab es auf dem ganzen Kontinent weitläufige Regenwälder. Heute findet man sie nur noch in einem schmalen, unterbrochenen Streifen entlang des Ostrands der Insel. Eines der bedeutendsten Gebiete erstreckt sich entlang der Küste im Nordosten von Queensland. Hier, in der feuchtesten Region Australiens (Niederschlagsdurchschnitt fast 3 m pro Jahr, manchmal fallen auch 10 m), wachsen die letzten Überbleibsel von Australiens tropischem Regenwald. Obwohl in den letzten Jahren land- und forstwirtschaftlich starker Raubbau getrieben wurde, gibt es hier derzeit – verglichen mit anderen Stellen in diesem Land – noch die größte Vielfalt an Tieren. Wie die Regenwälder Neuguineas (S. 144–145) sind sie die letzten Rückzugsorte für die Säugetiere, die vor rund 20 Mio. Jahren den gesamten Kontinent bevölkerten.

Einer der auffälligsten dieser Säuger ist der Ringelschwanzbeutler. 13 Arten gibt es, 11 davon ausschließlich auf Neuguinea und in den Queensland-Regenwäldern. Ringelschwanzbeutler fressen nicht, wie andere Kletterbeutler gelegentlich auch, Insekten oder andere Kleintiere, sondern ausschließlich Blätter. Ihren Namen tragen sie wegen des Greifschwanzes, der zu einem Ring aufgerollt wird, wenn er nicht gerade als fünftes Gliedmaß beim Herumklettern in den Bäumen zum Einsatz kommt. Die Unterseite des Schwanzes ist nackt, das verbessert den Halt. An diesem Schwanz kann man sie gut von den Kuskusen unterscheiden: Deren Schwanz nämlich ist in den letzten zwei Dritteln völlig nackt. Kuskuse findet man vor allem auf Neuguinea und den umliegenden Inseln (S. 138). Im Nordosten von Queensland hat sich auch eine begrenzte Zahl von Tüpfelkuskusen gehalten, bemerkenswerten Tieren mit einer breiten Palette an Fellfärbungen, z.B. rein weiß, grau mit weißen Flecken oder leuchtend orange, weiß marmoriert. Große, nach vorne gerichtete Augen helfen dem nachtaktiven Kuskus, Entfernungen abzuschätzen. Dennoch springt er kaum, sondern bewegt sich würdevollen Ganges durchs Walddach, ähnlich einem Faultier (S. 119).

AMEISENBEUTLER
Ameisenbeutler können mit ihrer langen Zunge pro Sekunde mehrere Hundert Termiten aus ihren Gängen im Waldboden angeln.

Die Regenwälder von Queensland sind auch letztes Rückzugsgebiet des Moschusrattenkängurus. An diesem »primitiven« Beuteltier lässt sich abschätzen, wie die Vorfahren der heutigen Kängurus ausgesehen haben mögen. Wie der Name vermuten lässt, hat es mit dem nackten, geschuppten Schwanz, der spitzen Schnauze und den langen, unbehaarten Ohren mehr Ähnlichkeit mit einem Nager als mit einem Känguru. Es läuft auf allen Vieren, anstatt zu hüpfen. Seine Nahrung sind Insekten, die es vom Waldboden sammelt.

EUKALYPTUSWÄLDER

Als die Regenwälder infolge der letzten Eiszeit vor 17000 Jahren ihren Zusammenhalt verloren, entwickelten sich Pflanzen, die vorzüglich in dem immer trockener werdenden Klima Australiens gediehen. Diese Sklerophyllen oder Hartlaubgewächse (Kängurubäume, Akazien und Eukalyptusbäume) machten den Kern des »neuen«, den Regenwald ersetzenden Waldes aus. Eukalyptusbäume kommen mit einer der größten Herausforderungen einer

Heute findet man Australiens Regenwälder nur noch in einem schmalen, unterbrochenen Streifen entlang des Ostrands der Insel.

SCHEU AM TAG, VORWITZIG IN DER NACHT — VERHALTEN

Wild lebende Tiere suchen gewöhnlich nicht die Gesellschaft des Menschen, das Rote Rattenkänguru jedoch ist eine Ausnahme. Bei Tag ist es schwierig, sich ihm zu nähern, denn es weicht aus und sucht in Höhlungen Schutz. Nachts hingegen wird es oft von Lagerfeuern angezogen und nimmt sogar Futter aus der Hand. Wie bei so vielen einheimischen Säugern Australiens in den letzten 200 Jahren hat sich ihr Ausbreitungsgebiet dramatisch verkleinert – nicht wegen der modernen Landwirtschaft (dem sonst häufigsten Grund), sondern wahrscheinlich wegen der eingeführten Füchse (S.131), die ihnen nachstellen.

FRESSEN BEI NACHT
Das Rote Rattenkänguru, eine seltene nachtaktive Art, lebt im Nordosten von Queensland.

SELTENES BEUTELTIER
Eines der attraktivsten australischen Beuteltiere, der Ameisenbeutler, ist das »Beutelsäuger-Gegenstück« zum Ameisenbär. Er scheint stark bedroht zu sein.

trockenen Umgebung besonders gut zurecht: mit Feuer. Der Baum selber ist mit einer dicken Borke geschützt, die während eines Feuers meist nur verkohlt, aber nicht offen brennt. Darunter befinden sich schlafende Knospen, die durch chemische Veränderungen, die das Feuer innerhalb der Rinde bewirkt, zum schnellen Austrieb angeregt werden. Zudem befinden sich in den Blättern entflammbare Öle, die die Brennzeit reduzieren. Die wichtigsten Säugetiere der Eukalyptuswälder sind die Koalaverwandten (S. 138, 139).

In weiten Teilen Australiens müssen selbst Eukalyptusbäume ums Überleben kämpfen. In den Gebieten um das trockene Landesinnere hemmen Feuer und Dürre ihr Wachstum. Anders als die stattlichen Bäume der Eukalyptuswälder, die einen einzigen, geraden Stamm haben, sind diese Eukalyptusbäume knorrig und vielstämmig. Diese Wuchsform nennt man Mallee. Trotz der Trockenheit leben in den Mallee-Gebieten viele australische Säuger, z.B. Kaninchennasenbeutler (S. 133), Häschenratten, Hüpfmäuse, Wallabys (Kasten rechts), Wombats und Kängurus (S. 130–131). Der ungewöhnlichste Säuger der Mallee ist jedoch der Ameisenbeutler (oben).

Er ist als einziges Beuteltier ausschließlich tagsüber aktiv. Seine Ahnen waren Fleischfresser, mit den Dasyuriden und entfernt auch mit den Tüpfelbeutelmardern (S. 145) sowie den Beutelmäusen (S. 130) verwandt. Der Ameisenbeutler hat sich zum Termitenspezialisten entwickelt. Seine 52 Zähne – mehr als jeder andere Landsäuger – sind klein und zierlich, so dass er zum Beutefang seine Zunge einsetzt, die, ausgestreckt, halb so lang sein kann wie sein Körper. Er jagt am Tag, weil er, anders als die Ameisenbären Südamerikas (S. 101), keine ausreichend kräftigen Klauen und Vorderbeine hat, um die steinharten Termitenhügel zu öffnen, in denen sich die Insekten nachts aufhalten. Tags ist der Ameisenbeutler jedoch Beutegreifern ausgesetzt – und so hat er unter allen Beuteltieren wohl am stärksten unter den eingeführten Füchsen und Katzen gelitten.

KURZPORTRÄT

WALLABYS

Zwischen Wallabys und Kängurus gibt es kaum einen biologischen Unterschied. Allgemein nennt man die kleineren Arten – wie die drei unten aufgeführten – Wallabys, die größeren Kängurus.

SUMPFWALLABY

PARMAWALLABY

QUOKKA

GEMÄCHLICHES DASEIN

VERHALTEN

Koalas sind weitgehend nachtaktiv und leben fast ausschließlich auf Bäumen. Nur gelegentlich kommen sie auf den Boden, entweder um auf einen anderen Baum zu schlurfen oder um Steinchen aufzunehmen, die sie für ihre Verdauung brauchen. Aufgrund ihres langsamen Stoffwechsels sind sie lethargisch, ja regelrecht komatös. In eine Astgabel geklemmt, schlafen sie täglich 16–18 Stunden. Außerhalb der Paarungszeit haben sie wenig Gemeinschaftssinn: Koalas sind überwiegend Einzelgänger, obgleich sie manchmal auch in losen Gruppen leben. Während der Fortpflanzungsphase ändert sich ihr Verhalten drastisch (rechts).

FRESSENDER KOALA
Koalas sind Einzelgänger: Niemals findet man zwei fressende Erwachsene in einem Baum.

URSPRUNG DER KOALAS

Fossilienfunde zeigen, dass Koalas schon seit rund 25 Millionen Jahren existieren. Sie sind weitläufig mit den Wombats verwandt, und der früheste Koala war vermutlich ein vergleichbares Tier – ein anspruchsloser Pflanzenfresser, der sich tagsüber in einem Bau versteckte und in der Nacht Gras und Kräuter fraß. Diese grabenden Vorfahren erklären vielleicht, weshalb Koalas, anders als andere Baum-Beuteltiere, einen nach hinten geöffneten Beutel haben. Es gibt kaum Regenwald-fauna-Fossilien von Koalas: möglicherweise ein Hinweis darauf, dass sich die Tiere bereits früh aufs Fressen von Eukalyptus spezialisierten. Diese Pflanzen wuchsen kaum in Regenwäldern; sie breiteten sich erst aus, als Australien in der letzten Eiszeit auszutrocknen begann.

KOALA-KOST

Nur sehr wenige Beuteltiere sind in der Lage, sich von Eukalyptusblättern zu ernähren, denn diese sind hart und ledrig (so verlieren sie kaum Wasser), enthalten unverdauliche Öle und strotzen vor Stoffen, die für viele Säuger giftig sind. Einige Beuteltiere nehmen unter anderem auch Eukalyptusblätter zu sich, der Koala ist jedoch das einzige Tier, das sich ausschließlich von ihnen ernährt.

Um mit dieser Nahrung zurechtzukommen, haben die Koalas eine Reihe von Anpassungen entwickelt (Kasten rechts). Ein Problem bleibt jedoch: Da die Blätter nährstoffarm sind, müssten die Koalas sehr viel davon zu sich nehmen. Damit würden sie aber die Entgiftungskapazität ihrer Leber überlasten. Doch auch hierfür haben die Koalas eine Lösung gefunden: Sie haben einfach ihren Energieverbrauch gedrosselt, indem sie gewöhnlich recht inaktiv sind. Auch ihr Gehirn ist kleiner geworden, um Energie zu sparen. Koalas sind die einzigen Säugetiere mit so einem geschrumpften Gehirn, das nicht einmal ihre Schädelhöhle ausfüllt.

TÜPFELKUSKUS
Dieses langsame Tier lebt in einem kleinen Regenwaldgebiet im Nordosten von Queensland und auf Neuguinea.

KOALAVERHALTEN

Wenn die Koalas während der Paarungszeit aus ihrer allgemeinen Lethargie erwachen, können sie sehr aggressiv werden. Im Mittelpunkt einer Koalagemeinschaft steht ein dominantes Männchen, das sein Territorium mit bis zu drei Weibchen teilt. Nähert sich während der Fortpflanzungszeit ein anderes Männchen einem dieser Weibchen, wird es vom Gruppenoberhaupt angegriffen. Unter lautem Brüllen kämpfen die Männchen mit Zähnen und Klauen und stoßen ihre Gegner sogar vom Baum. Die Paarung ist ein heftiger, lauter Vorgang, bei dem Männchen wie Weibchen richtig handgreiflich werden.

RÜSSELBEUTLER UND KUSKUSE

Zu den Bewohnern des Eukalyptuswaldes zählen auch die Eigentlichen Kletterbeutler. Ursprünglich im Regenwald beheimatet, mussten sie sich erst an den trockeneren, raueren Eukalyptuswald anpassen. Eine Art, die es geschafft hat, ist der Fuchskusu. Er ist so gut für ein Leben außerhalb des Regenwaldes gerüstet, dass er auch oft in Parks und Gärten zu sehen ist. Der Fuchskusu ist ein enger Verwandter des Kuskus', hat aber, anders als dieser, einen behaarten Schwanz. (Die Schwänze der Kuskuse – Gattung *Phalanger* – sind von ungefähr der Mitte an bis zur Spitze unbehaart; siehe links.)

Die feuchten Eukalyptuswälder weit im Südosten Australiens sind die Heimat eines der seltensten Beuteltiere: des Hörnchen-Kletterbeutlers. Dieses scheue Tier schien seit 1909 ausgestorben, wurde aber 1961 wieder entdeckt.

Wenn Koalas während der Paarungszeit aus ihrer allgemeinen Lethargie erwachen, können sie sehr aggressiv werden.

GIFTVERDAUUNG

EVOLUTION

Eukalyptusblätter sind hart und leicht giftig. Für diese schwierige Kost haben Koalas etliche Anpassungen entwickelt: Ihre Zähne und Kiefer sind kraftvolle Mahlwerkzeuge; der hintere Darmbereich ist bis zu 2,5 m lang und voll von Bakterien, die dem Futter so viele Nährstoffe wie möglich entziehen; die Leber kann Eukalyptustoxine abbauen. Um möglichst wenig fressen zu müssen, haben Koalas ihren Energieverbrauch gesenkt – durch eine weitgehend inaktive Lebensweise und eine Verkleinerung des Gehirns, des größten Energieschluckers im Körper.

ENERGIE SPAREN
Die meiste Zeit schlafen Koalas. Mit der Fortpflanzung beginnen sie relativ spät – zwischen ihrem 2. und 4. Lebensjahr. Meist haben sie nur ein Junges pro Jahr.

KOALA MIT JUNGEM
Kurz bevor es den mütterlichen Beutel verlässt, frisst das Koalakind vom Kot seiner Mutter. Dieser enthält Mikroorganismen, die seinen Darm vermutlich erst zur Verdauung von Eukalyptusblättern befähigen.

HONIGBEUTLER

Mit seinen nur 10 g Gewicht ist der Honigbeutler eines der kleinsten Beuteltiere. Er gehört zu den wenigen Säugern, die sich ausschließlich von Nektar und Pollen ernähren.

Der Honigbeutler benutzt seine lange, spitze Schnauze, um in die schlauchförmigen Blüten der Banksien zu gelangen. Dort sammelt er mit seiner bürstenartigen Zunge Pollen und Nektar. Beim Zurückziehen der Zunge wird dieser dann von rippenförmigen Strukturen am Gaumen abgeschabt.

FLIEGENDES BEUTELTIER
Mit 1,2 bis 1,5 kg ist der Riesengleitbeutler der größte gleitende Kletterbeutler. Er lebt in Eukalyptuswäldern und ist nachts aktiv.

RAUM ZUM GLEITEN

Eukalyptuswälder sind lichter als Regenwälder. Da die Bäume weiter auseinander stehen, mussten die Kletterbeutler im Walddach neue Wege finden, diese Entfernungen zu überwinden. Bei Sprüngen von Baum zu Baum begünstigte die Evolution diejenigen, die am weitesten kamen. Während man beim Lemuren-Ringschwanzbeutler erst schmale Flughautleisten findet, haben drei Kletterbeutler-Gattungen (Zwerggleitbeutler, Federschwanzbeutler und Gleithörnchenbeutler) breite Flughäute zwischen den Vorder- und Hinterbeinen. So kann z.B. das Zuckerhörnchen (Kasten unten) von einem hohen Punkt eines Baumes aus bis zu 100 m weit gleiten. Kurz bevor das Zuckerhörnchen den Zielbaum erreicht, zieht es sein Hinterteil herunter, so dass es den Stamm mit allen Vieren trifft.

Den Namen verdankt es seiner Nahrung: In trockenen, offenen Wäldern sind Eukalyptusfrüchte nicht besonders nährstoffreich. Eukalyptussaft jedoch ist reich an Zucker. Manche Kletterbeutler nagen mit ihren markanten Schneidezähnen Kerben in die Rinde, in denen sich der Saft sammelt. Bei Arten wie dem Großen Gleithörnchenbeutler haben sich soziale Interaktionen entwickelt, denn die Tiere versammeln sich an diesen Futterbäumen. Nebenbei fressen Kletterbeutler auch Insekten, die sich am süßen Saft laben.

Das Zuckerhörnchen frisst auch Nahrung, die andere Gleitbeutler nicht verdauen können: den dicken, ungenießbar scheinenden Gummi der Akazienbäume, die in vielen Eukalyptuswäldern das mittlere Stockwerk bilden. Ihr vergrößerter Blinddarm ermöglicht ihnen, das ansonsten unverdauliche Harz zu verwerten.

SPRENKELBEUTELMAUS Die Sprenkelbeutelmaus – ein rattengroßer Raubbeutler – frisst hauptsächlich Insekten und ergänzt diese Kost mit dem Nektar von Banksien.

HEIDELANDSCHAFT

Einige Böden, besonders im Südwesten von Western Australia, sind sogar für Eukalyptus zu nährstoffarm. Seinen Platz nehmen Pflanzen ein, die durch geringes Höhenwachstum, dicht stehende Zweige und kleine, scharfe sowie zähe Blätter gekennzeichnet sind. In diesem Lebensraum, dem Heideland, sind Banksien die häufigsten Blütenpflanzen. Einige Beuteltiere ernähren sich von Banksien, so etwa die Sprenkelbeutelmaus (links) und der Zwergbeutler, ein winziges Tier, das vor allem Pollen und Nektar frisst. Und der nektivore Honigbeutler (S. 140–141) ist einer der wenigen Säuger, die vollkommen von Pollen und Nektar abhängig sind (die anderen sind alle Fledermäuse). Da er sich nur von Blüten ernährt, hat er nur wenige Zähne, und diese sind (außer den oberen Eck- und unteren Schneidezähnen) einfach gestaltete, stiftähnliche Rudimente. Er benutzt seine lange, spitze Schnauze, um in die schlauchförmigen Blüten der Banksien zu gelangen. Dort sammelt er mit seiner bürstenartigen Zunge Pollen und Nektar. Beim Zurückziehen der Zunge wird dieser dann von rippenförmigen Strukturen am Gaumen abgeschabt.

Der Riesengleitbeutler: »Mühelos, anmutig gleitend schwebt er durch die Luft.«

JOHN GOULD, KÜNSTLER UND NATURFORSCHER, 1863

MITTELGLEITBEUTLER Der Mittelgleitbeutler kann die zusammengefaltete Haut zwischen seinen Vorder- und Hintergliedmaßen zur Flughaut ausbreiten, die ihn bis zu 100 m weit von Baum zu Baum trägt.

FESTE GRUPPENBINDUNG — VERHALTEN

Der Kurzkopfgleitbeutler, auch Zuckerhörnchen genannt, nistet in Sippen von bis zu sechs Erwachsenen sowie deren Jungen. Alle Sippenangehörigen geben einen charakteristischen Geruch ab, der von Verwandten erkannt wird; Fremde werden im Umfeld nicht geduldet. Die Sekretdrüsen sitzen beim Männchen an Kopf, Brust und Genitalien, beim Weibchen an den Genitalien und im Beutel.

ESSENSZEIT Mit der Schnauze sammelt das Zuckerhörnchen Pollen und Nektar.

WALDBEWOHNER

EINIGE FLEDERMÄUSE wie diese Australische Gespenstfledermaus können mit ihren kräftigen Kiefern Kleinnager, Beuteltiere, Vögel und sogar andere Fledermäuse totbeißen.

KLETTERBEUTLER leben überall in Australasien. Dieser Große Streifenbeutler holt ungewöhnlicherweise mit den Zähnen Larven aus den Bäumen.

KANINCHENKÄNGURUS wie *Potorous longipes* sind kleine, nagerähnliche Waldtiere, von denen die Kängurus abstammen sollen.

NASENBEUTLER sind Insekten fressende Beuteltiere. Tasmanische Langnasenbeutler sind in Australien fast ausgestorben.

GEMÄSSIGTES KLIMA

TROPISCHER REGENWALD

INSELTYPEN
In den noch ursprünglichen Regionen dieser gegensätzlichen Inseln – Tasmanien ist gemäßigt, Neuguinea tropisch – finden Beuteltiere Zuflucht, die auf dem Festland Australiens nicht mehr vorkommen. In Neuguinea gibt es sowohl tropischen Regenwald, wie in Südostasien, als auch (in höheren Lagen) kühlere Wälder.

VORGELAGERTE INSELN

Ungefähr 160 km vor der Nordküste Australiens liegt Neuguinea und vor seiner Südküste, in etwa der gleichen Entfernung zum Festland, Tasmanien. Auf diesen beiden großen Inseln gibt es viele Berge – und ein Klima, das von heftigen Regenfällen gekennzeichnet ist.

BEUTELTIER-REFUGIEN

Neuguinea und Tasmanien scheinen wenig gemein zu haben: Neuguinea liegt in den Tropen und ist eine der geologisch aktivsten Regionen der Erde, beherrscht von Erdbeben und aktiven Vulkanen. Tasmanien hingegen befindet sich in gemäßigten Breiten und zeigt, wie Australien, ausgesprochen wenig geologische Aktivität.

Tatsächlich aber ist vieles ähnlich: Auf beiden Inseln wächst kühl-temperierter Regenwald (in Neuguinea in den Höhen, in Tasmanien im Flachland), wie er einst ganz Australien bedeckte. Und so sind beide Inseln Rückzugsgebiete für Beuteltiere, die früher in Australien lebten, nun aber vom Festland verschwunden sind.

ÜBERLEBEN IN TASMANIEN

Tasmanien ist ein wichtiges Refugium für Beuteltiere, vor allem, weil es hier keine Dingos (S. 135) gibt. Tasmanien war die letzte Feste der beiden größten überlebenden Fleisch fressenden Beuteltiere: des Beutelwolfs oder Tasmanischen Tigers (S. 130) und des Beutelteufels oder Tasmanischen Teufels (unten). Beide verschwanden vor etwa 3500 Jahren vom Festland, nachdem sich die Dingos ausgebreitet hatten. Die letzten gesicherten Sichtungen des Beutelwolfs, eines wolfsgroßen Tieres mit

DIE KIEFER EINES TEUFELS
Der massige Kopf und die kräftigen Kiefer des Beutelteufels zeigen schon, dass er auch Aas frisst. Er kann alle Teile eines Kadavers verzehren, selbst Fell und Knochen.

gestreiftem Rücken und starrem Schwanz, stammen aus den 30er-Jahren des vergangenen Jahrhunderts, und so ist es fast sicher, dass er ausgestorben ist. Er galt als Gefahr für die von europäischen Siedlern eingeführten Schafe und wurde wahllos abgeschossen, in Fallen gefangen und vergiftet. Der Beutelteufel hingegen ist in einigen Gegenden Tasmaniens immer noch recht häufig.

Die Insel ist auch das letzte Refugium des Tüpfelbeutelmarders (rechts). Auf dem Festland wurde er letztmalig in den 60er-Jahren des 20. Jahrhunderts gesichtet. Vermutlich ist er dort ausgestorben, da er der Konkurrenz durch eingeführte Katzen nicht gewachsen war. Er lebt hauptsächlich in trockenem Grasland und im Wald. In Tasmanien konnte auch der Tasmanische Langnasenbeutler (S. 145) überleben, ein kleines Beuteltier mit verlängertem Kopf, großen Ohren und gestreiftem Hinterteil. Er jagt nachts Insekten und andere Wirbellose, die er in der Erde erschnüffelt und dann mit seinen kräftigen Krallen und der spitzen Schnauze ausgräbt. Auf dem Festland haben ihn eingeführte Raubtiere wie Katzen und Füchse an den Rand der Ausrottung getrieben. In vielen Gegenden Tasmaniens ist er jedoch noch häufig, besonders dort, wo sich Weidegrasland mit ursprünglichem Buschland mischt.

WOLLKUSKUS
Dieser Bäume bewohnende Allesfresser, der sehr gut klettern kann, lebt entlang der Nordküste Neuguineas, auf den Salomonen und dem Bismarck-Archipel.

NEUGUINEAS WILDTIERE

Neuguinea ist eine der größten und bergigsten Inseln der Welt. Sie ist über 2400 km lang und hat eine zentrale Gebirgskette, deren höchste, mit Gletschereis bedeckte Berge fast 5000 m erreichen. Diese zerklüftete Topografie hat eine große Vielzahl von Lebensräumen geschaffen, z.B. Feuchtgebiete, trockenes Savannengrasland, heiße Tieflandregenwälder, kühl-temperierte Montan-Regenwälder und alpines Grasland. Wie in Australien setzt sich die einheimische Landsäugerfauna Neuguineas ausschließlich aus Nagern, Beuteltieren und Fledermäusen zusammen. Andere Säugerarten wie Schweine, Hunde und Hirsche wurden vom Menschen eingeführt. Die Nager Neuguineas können beeindruckend groß werden. Es gibt einige Arten von Riesenratten, von denen die größte, die subalpine *Mallomys istapantap*, bis zu 2 kg wiegen kann und vielleicht die größte Ratte der Welt ist.

Viele Säuger Neuguineas haben sich an ein Leben im Walddach angepasst. Kletterbeutler bilden eine der vielfältigsten Gruppen – von winzigen Arten wie dem Australien-Mausflugbeutler und dem Zuckerhörnchen (S. 145) bis zu den größeren, Faultieren ähnlichen Kuskusen (links), deren größte bis zu 7 kg schwer werden.

Die charakteristischsten Walddachbewohner sind die Baumkängurus. Ihre Vorfahren verließen vor Millionen von Jahren den Boden, um die Baumwipfel zu erobern. Die Anpassungen, die fürs Klettern nötig waren, veränderten ihr Aussehen stark: Ihre Hinterfüße und -beine sind viel kürzer, ihre Vordergliedmaßen hingegen kräftiger als die ihrer Vettern auf dem Boden. Da sie im Walddach vor Beutegreifern sicherer sind, wurden ihre Augen kleiner und ihre Schnauzen kürzer. Wenn Baumkängurus die Bäume verlassen, was selten vorkommt, bewegen sie sich viel eher auf allen Vieren, als andere Kängurus dies tun.

Weil Neuguinea so zerklüftet und stark bewaldet ist, werden viele Gebiete erst seit kurzem wissenschaftlich erforscht. Daher ist diese Insel eine der wenigen Gegenden auf der Welt, wo noch neue Säugerarten entdeckt werden. In den frühen 90er-Jahren des 20. Jahrhunderts beispielsweise stießen die Forscher auf das Dingiso, ein schwarz-weißes Baumkänguru, das sich interessanterweise sekundär an ein Leben auf dem Boden angepasst hat.

TÜPFELBEUTELMARDER
Dieses getupfte Beuteltier, das auch unter dem Namen Beutelkatze bekannt ist, lebt ausschließlich auf Tasmanien. Es jagt nachts – einheimische Ratten und Mäuse ebenso wie eingeführte Kaninchen.

Beutelteufel:
»In Gefangenschaft entpuppen sie sich als unbezähmbar wild; sie beißen heftig um sich und stoßen gleichzeitig ein tiefes, lautes Knurren aus.«

G. P. R. HARRIS, NATURFORSCHER, 1808

EIER LEGENDE SÄUGETIERE — EVOLUTION

Wie ihre bekannteren Verwandten, die Schnabeltiere (S. 136–137), legen Schnabeligel Eier. Im Unterschied zu Schnabeltieren nutzen sie keine Baue; stattdessen bildet das Weibchen zeitweilig einen Beutel aus, in dem es ein einzelnes Ei ca. 10 Tage bebrütet. Nach dem Schlüpfen bleibt das Junge noch etwa 55 Tage im Beutel. Es gibt zwei Arten: den Ameisenigel, der fast überall in Australien vorkommt, außerdem in Tasmanien sowie in Zentral- und Süd-Neuguinea, und den viel größeren Barton-Langschnabeligel, der nur in bestimmten Gegenden Neuguineas lebt. Bei Gefahr gräbt sich der Ameisenigel in den Boden ein oder er rollt sich zu einer stacheligen Kugel zusammen.

TERMITENJAGD
Mit der Schnauze durchpflügt der Ameisenigel die Laubschicht des Waldbodens, um mit der langen Zunge Termiten zu fangen.

ASIEN

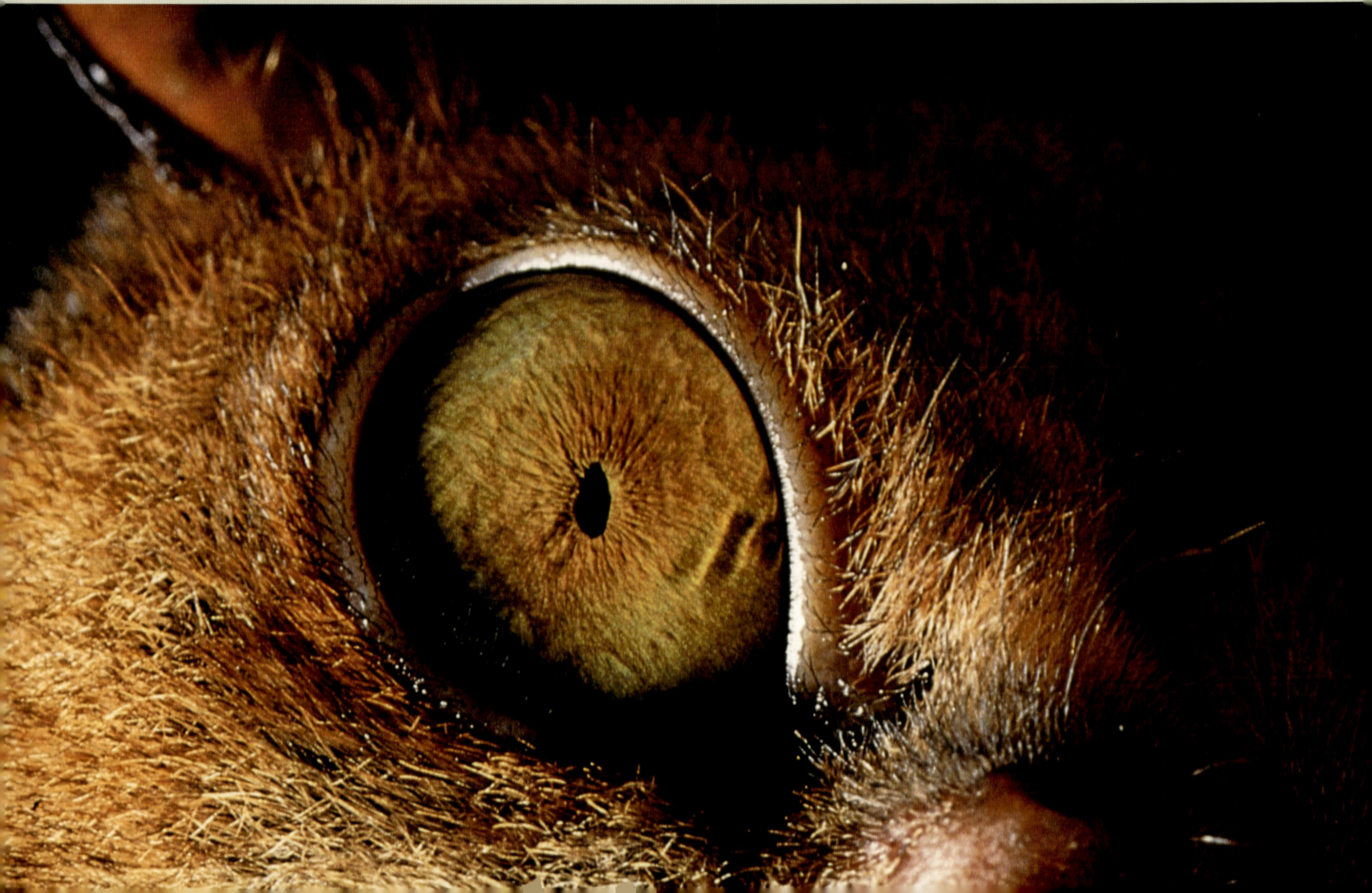

EVOLUTION

VOR 50 MIO. JAHREN hatten sich die meisten Gebiete, die heute das Festland Asiens bilden, durch Drift zusammengeschlossen – außer Indien. Jedoch trennte eine Meerenge den Westrand dieser Landmasse von Europa. Fast überall wuchs tropischer Wald.

VOR 25 MIO. JAHREN kollidierte der indische Subkontinent, der sich 100 Mio. Jahre zuvor im fernen Süden von der Antarktis abgespalten hatte, mit dem asiatischen Festland. Der unglaubliche Druck entlang der Kollisionszone wölbte Berge auf und schuf den frühen Himalaja. Da sich das Klima abkühlte, fiel der Meeresspiegel und legte zwischen vielen Inseln im Südosten Landbrücken frei.

VOR 10 MIO. JAHREN sah Asien schon fast so aus, wie wir es heute kennen (obwohl der Himalaja erst halb so hoch war wie jetzt). Gräben auf dem Meeresboden zwischen bedeutenden Inseln des Ostens und Südostens vertieften sich – so wurde es immer unwahrscheinlicher, dass sich bei fallendem Meeresspiegel Landbrücken bildeten.

VOR 1 MIO. JAHREN war, infolge einer besonders strengen Eiszeit, die gesamte Nordhälfte Asiens von Eisplatten bedeckt. Eine neue Säugerart breitete sich ostwärts über Südasien aus: unser prähistorischer Vetter, der *Homo erectus*, auch Peking- bzw. Javamensch genannt – nach den Orten in Asien, an denen seine versteinerten Überreste entdeckt wurden.

VORIGE SEITE:
KOBOLDMAKI
Diese riesigen Augen gehören einem nachtaktiven, Insekten fressenden Jäger aus den Wäldern Südostasiens.

LEBENSRÄUME ASIENS

Asien, der größte Kontinent, umfasst ein Drittel der Landmasse der Erde. Hier sind alle terrestrischen Lebensräume und alle erdenklichen Süßwasser-Habitate vertreten, oft auch in ihren extremsten Formen: In Asien liegt die höchste Erhebung (der Mount Everest) ebenso wie der tiefste Punkt der Erdoberfläche (Totes Meer).

VON DER ARKTIS ZUM ÄQUATOR

Asien erstreckt sich über den halben Erdball – sowohl von West nach Ost als auch vom Polarkreis zum Äquator. Innerhalb dieses riesigen Gebiets reicht das Klima von klirrender Kälte bis zu sengender Hitze, zudem variiert die Höhe über dem Meeresspiegel – von tiefen Ebenen und Tälern bis hin zu den höchsten Bergen. Und so gibt es in Asien fast jeden erdenklichen terrestrischen Lebensraum sowie nahezu alle bedeutenden Säugertypen, darunter viele, die selten sind oder nur auf diesem Kontinent vorkommen.

Im hohen Norden liegt die baumlose, gefrorene Tundra. Sie geht in den größten zusammenhängenden und überwiegend aus Nadelbäumen bestehenden Wald der Erde über: den borealen Nadelwald oder die Taiga. Südwärts liegen breite Gürtel von trockenem Grasland, Busch und Wüste, z. B. die riesige Gobi. Zum Südwesten hin wird das Wasser immer knapper, bis die Lebensräume schließlich von den Sandmeeren der arabischen Halbinsel bestimmt werden.

Im südlichen Asien liegt die höchste und ausgedehnteste Gebirgskette der Welt, der majestätische Himalaja. Für viele Säugerarten war er eine unüberwindliche Barriere, so dass sie sich auf jeder Seite unterschiedlich weiterentwickelt haben. Auch der Himalaja selbst ist ein wichtiges Habitat – hier leben einige der am besten ans Leben in großen Höhen angepassten Tiere der Welt, etwa Schneeleoparden, Yaks und verschiedene Wildschafarten.

IN RICHTUNG TROPEN

Südlich des Himalajas liegt der indische Subkontinent. Hier finden sich viele unterschiedliche Lebensräume, z. B. der Tropenwald, der sich südöstlich über Hinterindien und weiter über Hunderte großer und kleiner Inseln erstreckt. Diese Inseln sind »Brutstätten« der Evolution: Weil es hier ganzjährig warm und feucht ist, treten immer wieder neue Arten auf, die sich aufgrund der isolierten Lage der Inseln auch halten können. Daher gehört dieser begrenzte Raum zu den säugetierartenreichsten Gegenden der Welt.

WÜSTE UND STEPPE **(S. 156–157)**
Im Zentrum Asiens liegt die höchste Wüste der Welt, die Gobi. Westwärts breitet sich trockene Grassteppe aus, während der etwas feuchtere Südosten von ausgedörrtem Hochland begrenzt wird. Hier findet die Tierwelt fast nur in vereinzelten Talseen Wasser.

GRASLAND **(S. 150–151)**
Zum Grasland Asiens zählen – etwa in Zentralindien – subtropische Savannen mit Elefantengras und ähnlichen großen Arten, aber auch – wie vielerorts in den Wäldern Hinterindiens – kleinere Grasflächen auf verstreuten Lichtungen. Große Herden Schösslinge fressender Huftiere helfen, die Bäume in Schach zu halten.

GEBIRGE (S.152–155)
Der hoch aufragende Himalaja fällt zum Norden hin nur teilweise ab; dort breitet sich das riesige Hochland von Tibet (Höhe 4600 m) über mehr als 1 Mio. km² aus. Das Zagros- und das Elbursgebirge im Südwesten sind weit über 5000 m hoch.

WÄLDER (S.164–173)
Der Tropenwald Asiens erstreckte sich einst von Indien bis zu den Inseln weit im Südosten und machte in Sachen Artenreichtum dem Amazonasbecken Konkurrenz. Gut drei Viertel dieses reichhaltigsten aller Lebensräume verschwanden im 20. Jahrhundert und der Verlust durch unkontrollierte Abholzung und Brandrodung geht mit erschreckender Geschwindigkeit weiter.

FEUCHTGEBIETE (S.158–163)
Die saisonalen Regenfälle füllen die sumpfigen Feuchtgebiete im gesamten tropischen Asien, v.a. entlang der niedrigen Küstengebiete, wie z.B. die riesigen Sundarbans im Ganges-Brahmaputra-Delta am Golf von Bengalen.

ZAHLEN UND FAKTEN

- **GRÖSSE:** 44,448 Mio. km² – von der Westgrenze des Urals bis zum Schwarzen und Roten Meer, und inklusive der wichtigsten Inseln im Osten und Süden.
- **STAATEN:** Etwa 43 unabhängige Staaten, darunter das flächengrößte (Russland mit 17,075 Mio. km²) sowie die beiden bevölkerungsreichsten (China und Indien).
- **KLIMA:** Von der Sibirischen Arktis (mittlere Jahrestemperatur –15 °C) und dem Himalaja-Hochland (5 °C, mit starker Windkälte) bis zur Arabischen Wüste (30 °C).
- **HÖCHSTER BERG:** Die 17 höchsten Berge der Welt liegen im Himalaja; der höchste ist der Mount Everest mit 8848 m.
- **LÄNGSTER FLUSS:** Jangtse in China mit 6300 km Länge.

GRASLAND

Asiens Vielfalt an Graslandtypen ist im Zentrum Nordindiens am größten, wo ganzjährige Wärme und geringer, vereinzelter Niederschlag saftige Tieflandwiesen, trockenere Berghänge und Bereiche mit einzelnen Baumgruppen hervorbringen – ideale gemischte Lebensräume für große Pflanzenfresser und ihre Feinde.

GRASLANDTYPEN
Auf Asiens vielen Bergketten gibt es abwechslungsreiche alpine Grasgebiete, in denen im kurzen Sommer Kräuter und kleine Sträucher gedeihen – bevor sie von den herbstlichen Schneefällen für lange Monate zugedeckt werden. Gemäßigte und subtropische Savannen findet man in Mittel- bzw. Südasien. Saisonale Monsunregen (S. 158) überfluten die tief liegenden Grasgebiete Hinterindiens.

WIESEN IM SÜDEN

In Asien können es nur die riesigen, trockenen, spärlich mit Gras bewachsenen Ebenen der zentralen Steppen (S. 156–157) mit den afrikanischen Savannen und amerikanischen Prärien aufnehmen. Kleinere Mosaike aus Grasland und Wäldchen findet man vielerorts auf dem indischen Subkontinent und Südostchina – große Flächen tropischer und subtropischer Savanne sind aber mit »gezähmtem« Gras, also Getreide, bepflanzt. In den noch ursprünglichen Landstrichen sind die markantesten Säuger die großen Pflanzenfresser, speziell die Huftiere, z.B. Hirsche, Antilopen und einige Wildrinder.

SIKAHIRSCH
Gewöhnlich ist der Sikahirsch im Sommer tief rotbraun gefärbt und weiß gepunktet, im Winter aber fast schwarz.

HUFTIERE

Axishirsche (gegenüber) leben in Herden mit bis zu 100 Tieren und fressen eine Vielzahl von Gräsern und Laub. Sie sind recht klein (Schulterhöhe 80–90 cm), aber flink – mit 65 km/h stürmen sie in Deckung. Ihr getupftes Haarkleid und die verzweigten Geweihe mit den scharfen Spitzen stehen im Kontrast zu den korkenzieherartigen Hörnern und dem am Rücken dunkelbraunen, am Bauch weißen Fell der Hirschziegenantilopen – diese sind auch kleiner und leichter. Beiden dient der Kopfschmuck zur Verteidigung und während der Paarungszeit zum Imponieren der rivalisierenden Männchen.

Viel größer als die Hirschziegenantilope ist die kuhgroße Nilgauantilope. Sie hat rinderähnliche Hörner und ein stahlgraues oder bläuliches Fell. Während der Fortpflanzungszeit kämpfen die Männchen, indem sie die Köpfe senken oder vorne in die Knie gehen und die Hörner in das Gesicht des Gegners stoßen.

BEDROHUNGEN

Graslandhirsche, Antilopen und Wildrinder fressen meist nach der Morgen- und vor Beginn der Abenddämmerung, um die Mittagszeit ruhen sie. Nachts ziehen sie sich in den Schutz von Baumgruppen zurück, wo sie wittern und lauschen, ob Gefahr im Verzug ist, z.B. in Form von Tigern oder rachsüchtigen Farmern.

Ebenfalls vom Menschen bedroht, obwohl eigentlich gesetzlich geschützt, ist das Zwergwildschwein, das in den feuchteren Wiesen Nordostindiens vorkommt. Das kleinste aller Schweine (nur 60 cm

JAGDGEFÄHRTE

EINFLUSS DES MENSCHEN

In ganz Asien (und Afrika) wurden imposante Beutegreifer wie etwa Raubkatzen »gezähmt« und als Statussymbole oder geschickte Jagdgefährten gehalten, unter ihnen der mittelgroße Wüstenluchs (auch Karakal genannt) und sogar Geparde, Leoparden und Tiger. Die Zähmung war selten von Dauer: Früher oder später brach oft der Flucht- oder Verteidigungsinstinkt durch und dann wurden die Tiere meist getötet.

WÜSTENLUCHS
Der Wüstenluchs hat schmale Ohren mit kleinen Büscheln und ein lohfarbenes Fell zur Tarnung im trockenen Grasland. Er jagt Beute bis zur Größe von Hasen oder jungen Antilopen.

SCHNELLE REFLEXE — VERHALTEN

Kämpfe zwischen Mungos und Giftschlangen, etwa Kobras, sind Inhalt vieler asiatischer Sagen über Gut gegen Böse. Mungos vertrauen auf ihre außergewöhnlich schnellen Reflexe, um Vorstößen von Schlangen zu entgehen.

DAS OPFER LÄHMEN
Ein Mungo beißt ins »Genick« einer Schlange, um deren Rückenmark zu durchtrennen.

lang und 10 kg schwer) wird wegen des Fleisches bejagt. Zudem hat es unter der Trockenlegung vieler Ufergebiete gelitten, die in Ackerland umgewandelt wurden.

AGIL ODER TRÄGE

Zahlreiche kleinere Säuger suchen in den Wiesen und Weiden Südasiens nach Futter. Mungos (links) wie die Kurzschwanz-Manguste, der Kleine und der Indische Mungo sind pfeilschnelle, agile Räuber. Sie fressen alle kleinen Tiere, die sie finden, von Würmern bis zu Schlangen. Schuppentiere (oben) haben eine ganz andere Lebensweise: Sie schlurfen langsam umher und lecken dabei Ameisen und Termiten auf. Sie können gut klettern und rollen sich bei Gefahr zu einem rundum geschützten Ball zusammen.

CHINESISCHES OHREN-SCHUPPENTIER
Es lässt seine Zunge bis zu 40 cm weit herausschnellen, um winzige Insekten aufzulecken. Seine langen, gebogenen Krallen snd ideal zum Graben.

AUFMERKSAME AXISHIRSCHE
Beim Weiden beobachten sie den Fotografen, stets bereit davonzuspringen. Wie viele große Graslandtiere haben sie scharfe Sinne und lange Beine für die rasche Flucht.

FLECKEN AN DEN HÄNGEN
Hoch oben im Himalaja wandern wilde Schafe im Herbst von den Sommerweiden ins schützende Tiefland. Bei Schneestürmen harren diese robusten Boviden zur Not mehrere Tage ohne Nahrung aus.

GEBIRGE

In Asien gibt es mehr Hochlandgebiete als anderswo auf der Welt, allen voran den großartigen Himalaja und das Hochland von Tibet. Nur wenige Säuger überleben hier, und dies nur wegen ihrer extremen Anpassungen an die enorme Kälte, die Trockenheit und die Winde auf dem »Dach der Welt«.

GIPFEL UND HOCHEBENEN

Der Himalaja ist mit 13 Gipfeln über 8000 m die höchste und zudem mit bis zu 400 km auch die breiteste Gebirgskette der Welt. Außer diesem riesigen Lebensraum aus schneebedeckten Gipfeln, zerklüfteten Schluchten, felsigem Buschland und Wiesen mit spärlichem Grasbewuchs gibt es weitere Gebirge: den Hindukusch im Westen, Tienschan im Nordwesten und Nanschan im Nordosten. Sie alle umringen das trostlose Hochland von Tibet: über 1 Million Quadratkilometer, im Mittel 4300 m hoch, Tagestemperaturen selten über 20 °C und nur 250 mm Niederschlag im Jahr. Im Winter fällt die Schneegrenze des Himalajas von 4000 auf 1500 m – dennoch ernähren robuste Gräser, Moose und Sträucher eine Vielfalt von Säugern, die alle bestens an diese harten Bedingungen angepasst sind.

GORAL
Die meisten Ziegenartigen sind gute Kletterer, aber die Gorals finden noch auf für uns unsichtbaren Vorsprüngen in fast senkrechten Felswänden Halt.

HUFTIERE

Einige der auffälligsten Bergbewohner sind wilde Schafe und Ziegen: die Schraubenziege (rechts), das Blauschaf, das Asiatische Wildschaf und der Tahr (Kasten unten). Dickes Fell schützt sie vor der Kälte, kräftige Beine sind ideal fürs Springen in den Felsen, und die breiten, gespreizten Hufe mit ihrem weichen Innenpolster wirken auf dem glitschigen Untergrund wie »Saugnäpfe«.

Hier lebt auch das Moschustier. Es ist ziemlich klein, die äußeren seiner jeweils vier Zehen jedoch sind für einen Hirsch ungewöhnlich kräftig – sie ermöglichen ihm besseren Halt, verteilen sein Körpergewicht und verhindern so, dass es im weichen Schnee einsinkt. Wie viele Bergbewohner wandern auch diese Pflanzenfresser im Sommer auf höhere Weiden, meist auf 3000–4000 m, um die dort wachsenden Sommergräser und -kräuter zu fressen. Im Herbst ziehen sie sich wieder in den Schutz der stärker bewaldeten unteren Hänge zurück. Eine Vielzahl großer Fleischfresser stellt ihnen nach, z. B. Goldschakale (S. 156) in den westlichen Ausläufern und Eurasische Luchse (S. 169) im Norden, zudem Rothunde (S. 165), die allgegenwärtigen Wölfe (S. 90) und gelegentlich Kragenbären (S. 166).

BEUTEGREIFER

Der größte reine Fleischfresser des Himalajas ist der Schneeleopard (S. 169) mit seinem herrlichen Fell. Er ist mit nur 60–75 kg etwas kleiner als der eigentliche Leopard und ein echter Opportunist mit einem breiten Beutespektrum. Er kann einen Yak (S. 157) angreifen und oft überwältigt er Schafe oder Ziegen, z. B. den Goral (links). In schlechten Zeiten genügen ihm kleinere Opfer: ein Borstenkaninchen im Grasland der östlichen Gebirgsausläufer oder ein Murmeltier (S. 154–155). Der Schneeleopard kann sogar einmal auf einen Ostmaulwurf stoßen, der dem Europäischen Maulwurf (S. 179) ähnelt – und zwar dann, wenn dieser seinen Bau zur Brautschau verlässt. Gute Zwischenmahlzeiten geben auch die Vettern der Kaninchen ab: die Pfeifhasen, von denen es mehrere Arten gibt, etwa den Großohrigen und den Roten Pfeifhasen. Diese aktiven, flinken Pflanzenfresser mit dem schrillen Pfiff bereiten sich auf den Winter vor, indem sie in der Nähe ihres Baus oder ihrer Höhle Pflanzenmaterial anhäufen. Im Winter fressen sie von diesen »Heumieten«, die in der trockenen, kalten Luft lange frisch bleiben.

ASIATISCHE ZIEGEN UND SCHAFE — KURZPORTRÄT

Asiatische Bergschafe und -ziegen bewohnen unterschiedliche und scharf umrissene Regionen des Himalajas: Blauschafe leben im Nordwesten, Asiatische Wildschafe (vermutlich die Vorfahren unserer Hausschafe) im Südwesten und die Tahre in den höchsten Bereichen, über 5000 m, entlang der Nordgrenzen.

BLAUSCHAF

ASIATISCHES WILDSCHAF

TAHR

GEBIRGSTYPEN
In feuchteren Klimaten wie dem südlichen Himalaja bedeckt immergrüner Wald (z. B. aus Rhododendron und Bambus) die Hänge. Im Norden gibt es weniger Regen, der zudem schnell von den kahlen Hängen und Felsen abfließt – nur robuste alpine Sträucher können hier überleben.

BERGAFFE
Einer der wenigen Primaten des Himalajas ist die Goldstumpfnase mit ihrem dichten Pelz, weit im Nordwesten.

BEGEHRTE HÖRNER
Nicht nur die spektakulären Hörner der Schraubenziege sind begehrte Trophäen – auch wegen des Fleisches und des Fells wird diese Art bejagt.

PANORAMABLICK
Im Tienschan-Gebirge setzt sich ein Langschwänziges Murmeltier auf sein Hinterteil und schaut sich um. Bei Gefahr stürmt es in einen seiner sechs oder mehr Baue, deren Tunnel zusammen 100 m lang sein können.

WÜSTEN- UND STEPPENTYPEN
Wüsten- und Steppensäuger kommen mit gigantischen Temperaturschwankungen zurecht. In der Gobi kann es im Juli mittags 50 °C heiß und im Januar nachts −40 °C kalt sein. Zum Schutz gegen beide Extreme tragen Säuger ein dickes Fell. Nur etwa ein Achtel der Gobi ist von Sand und Dünen bedeckt, der überwiegende Teil ist loses Geröll oder steiniges Hochland mit Granitfelsen.

WÜSTE UND STEPPE

Im Zentrum und mittleren Westen Asiens ist es schwierig auszumachen, wo die Grassteppe endet und die Buschwüste beginnt. Diese beiden Lebensräume sind unermesslich groß – der nächstgelegene Baum kann mehr als 200 km entfernt sein.

TROCKENES LAND

Im Herzen Asiens liegt die Gobi, mit 1,3 Mio. km² die zweitgrößte Wüste der Welt. Ihr Name, der im Mongolischen »Ort ohne Wasser« bedeutet, könnte nicht treffender sein. Im Westen beträgt der jährliche Niederschlag 200 mm, im Osten sogar weniger als 80 mm (vgl. Berlin: 575 mm). Die flachen, baumlosen Weiten werden von unerbittlich trockenen Winden blank gefegt. Auf dem steinigen, oft salzigen Boden wachsen nur robuste Gräser und widerstandsfähige Kräuter, etwa Salbei, und vereinzelt kleine Jochblattgewächse, Tamarisken und andere Sträucher. Die wichtigsten Säuger sind große Huftiere wie Esel, Antilopen, Gazellen, Wildrinder und Kamele sowie kleine Nager, die sich tagsüber in Bauen verbergen. Sie sind jedoch so selten, dass größere Fleischfresser Dutzende von Kilometern herumstreifen müssen, um eine nahrhafte Mahlzeit zu ergattern. Viele Tiere haben Anpassungen, die ihnen helfen, mit den rauen Bedingungen dieser Gegend zurechtzukommen.

Zwei Unpaarhufer können in der Gobi überleben: das Przewalski- oder Urwildpferd (Kasten gegenüber) und der Onager oder Asiatische Wildesel. Beim flüchtigen Hinsehen könnte man beide verwechseln, doch hat das Wildpferd einen langen, üppig behaarten Schwanz, der Esel einen kurz behaarten mit einer Quaste an der Spitze. Auf der Suche nach Nahrung durchstreifen beide Arten riesige Gebiete – in kleinen Stuten-Fohlen-Gruppen, die von Hengsten umringt werden. Während der Paarungszeit beißen und treten sich die Onager-Hengste, denn sie müssen sich ein zeitweiliges Territorium schaffen, um brünstige Weibchen anzulocken.

SAIGA-ANTILOPE
Die vergrößerte Schnauze der Saig
mit ihren nach unten weisenden Nüstern mag eine Anpassung zur Regelung der Körpertemperatur se

HOCHLANDRINDER

Wilde Yakbullen wiegen bis zu einer Tonne und gehören zu den größten Wildrindern. Wilde Yaks sind jedoch extrem selten. Trotz der bitterkalten Winde bleiben sie auf den höheren Hängen – gut geschützt durch ihr rockartiges, etwa 60 cm langes Deckfell und die weiche, verfilzte Unterwolle. Wie Pferde und

GOLDSCHAKALE
Sie leben im Buschland und den Halb- und Sandwüsten des Südwestens. Ihren Jungen würgen sie Futter hervor.

Beutetiere sind so selten, dass größere Fleischfresser Dutzende von Kilometern herumstreifen müssen, um eine nahrhafte Mahlzeit zu ergattern.

WÜSTEN- UND STEPPENBEWOHNER

KAMELE wie das Trampeltier haben feste Lippen, denen die dornige Vegetation nichts anhaben kann.

KATZEN graben selten, die Sandkatze aber hat vom Ausgraben ihrer Beute (Eidechsen und Nager) oft stumpfe Krallen.

FÜCHSE wie der Rüppellfuchs jagen Säuger und Vögel, können aber auch von Insekten, Schösslingen und Gräsern leben.

SAMENFRESSER wie die Mongolische Rennmaus decken ihren Flüssigkeitsbedarf ganz aus ihrer Nahrung.

Trampeltiere wurden die Yaks domestiziert; für die mongolischen Hirten sind sie unentbehrlich. Bei einem kleineren Boviden der kirgisischen Steppen in Westasien, der Saiga-Antilope (gegenüber), tragen nur die Männchen Hörner. Bei ihren regelmäßigen Wanderungen zu neuen Weidegründen schließen sich kleine Gruppen zu größeren Herden zusammen. Die Art gilt als gefährdet: Sie wird sowohl wegen des Fleisches und der Haut als auch wegen der Hörner bejagt, die, zu Pulver zermahlen, in der orientalischen Medizin eingesetzt werden.

Auch kleinere Pflanzenfresser sind hier zu finden, vor allem Nager wie Roborowski-Zwerghamster, Mongolische Rennmäuse, Steppenlemminge und rund 10 Arten von Springmäusen, welche mit ihren großen Hinterfüßen unglaublich rasch über den staubigen Boden hüpfen. Die meisten verstopfen tagsüber die Eingänge ihrer Baue und sperren so Fressfeinde und Hitze aus sowie die Feuchtigkeit ein. Nachts kommen sie heraus, um nach Samen, Knospen und Blättern zu suchen.

ZURÜCK VOM ABGRUND

EINFLUSS DES MENSCHEN

Wirklich wilde Przewalski-Pferde gab es nur bis 1969. Derzeit werden Tiere aus den Zuchtbeständen von Wildparks und anderen Einrichtungen rund um die Welt zur Wiederansiedelung in die Mongolei zurückgebracht. Das Programm begann 1992, wobei alle zwei Jahre kleine Gruppen von rund 15 sorgfältig ausgewählten Pferden freigelassen werden, nachdem sie sich in umzäunten Bereichen an das Klima, die Vegetation und die anderen Herdenmitglieder gewöhnen konnten. Die wichtigste Wiederaussiedlungsstelle ist Hustain Nuruu, ein riesiges Gebirgssteppengebiet. Kreuzungen mit verwilderten Hauspferden könnten die genetische Reinheit der Przewalski-Art vermindern.

STÄMMIGER STEPPENBEWOHNER
Dieses Pferd hat eine Widerristhöhe von nur gut 1 m, einen großen Kopf, einen kompakten Hals, kein Stirnhaar, eine aufrechte Mähne und recht kurze Beine.

KOSTBARES NUTZVIEH
Domestizierte Yaks, von denen es mehr als 12 Mio. gibt, erreichen nur ein Drittel der Größe ihrer wilden Vorfahren. Sie sind unterschiedlich gefärbt. Mit ihrer Gesamtzahl von rund 10000 werden wilde Yaks von der IUCN als bedroht eingestuft. Ihre Fellfarbe variiert von Dunkelbraun bis Schwarz.

SEE

FLUSS

ENTWÄSSERUNGSKANAL

FEUCHTGEBIETSTYPEN
In den tiefsten und feuchtesten Regionen Südostasiens bleiben große, mit Riedgras, Binsen und Bäumen umsäumte Teiche und Seen rund ums Jahr bestehen. In höheren Lagen schafft der Monsunregen reißende Flüsse, die von den meisten Tieren gemieden werden. Kanäle und Gräben sind oft ein guter Ersatz für natürliche Marschlandschaften und Sümpfe.

FEUCHTGEBIETE

Nirgendwo auf der Erde ist es feuchter als in Süd- und Südostasien während der Monsunzeit. Doch schon wenige Monate später sind die Sümpfe und das Marschland zu winzigen Tümpeln geschrumpft, die von trockenem, zu Schollen aufgebrochenem Schlamm umgeben sind.

SAISONALE VERÄNDERUNGEN

Die Stärke der Monsunregenfälle im tropischen Asien – Höhepunkt Juni bis September – ist schwer zu fassen. Die Hauptmonsungebiete erstrecken sich entlang der Südwestküste Indiens und von den südöstlichen Hängen des Himalajas südwärts zu den Tiefländern um den Golf von Bengalen. Ein jährlicher Niederschlag von 50 m ist üblich, in einigen Regionen werden 100 m überschritten. Der Hauptteil fällt in der Regenzeit, wenn die Feuchtgebiete überflutet werden. Zwischen Dezember und März bleiben die Temperaturen hoch, bei 25–30 °C, Regen fällt aber nur sehr wenig (nur 5 % des jährlichen Niederschlags) und so trocknen die Feuchtgebiete aus.

Tiefer in Südostasien sind heftige Regenfälle gleichmäßiger über die Monate verteilt, so dass Tieflandsümpfe und Marschländer ihre Rinnsale und Tümpel ganzjährig behalten. Das Wasser wimmelt von Fischen, Fröschen, Flusskrebsen und anderen Wassertieren, von denen hochangepasste Beutegreifer leben, z. B. Otter (S. 160–161), Desmane (S. 163) und mehrere Kleinkatzenarten, denen nasse Füße nichts ausmachen. Massige Pflanzenfresser wie Elefanten (S. 164–165), Nashörner (S. 162–163) und Büffel (Kasten gegenüber) besuchen die Tümpel zum Trinken, Baden und Suhlen. Ebenso machen es große Räuber wie Tiger (S. 168–169) und Leoparden (S. 168–169), zwei Großkatzen, die (wie auch Südamerikas Jaguare; S. 124–125) gern ins Wasser gehen.

Auch verschiedene Hirsch- und Antilopenarten leben in den tropischen Feuchtgebieten Asiens. Der größte ist der Indische Sambar (unten). Die Männchen

ROHRKATZE
Diese auch als Dschungelkatze bekannte Art fischt kraftvoll nach Fischen und Fröschen.

haben riesige Geweihe, die rund eine Drittel Tonne wiegen und deren Äste bis zu 1,2 m lang werden können. Seine Größe und die langen Beine ermöglichen dem Sambar, 1 m tief ins Wasser zu waten, um zarte Vegetation zu fressen. Auch schnelle Fließgewässer durchschwimmt er problemlos. Am anderen Ende des Größenspektrums steht der Fleckenkantschil, der kaum größer ist als eine Hauskatze.

Auch weitere Huftiere zieht es zu den saftigen Wasserpflanzen, so die Vierhornantilopen, die beim Grasen Pfeif- und Belllaute ausstoßen, um mit der Herde in Kontakt zu bleiben. Die zwei Hornpaare der Männchen sind einzigartig unter den 140 Bovidenarten. Der Wasserbüffel (Kasten rechts) kommt v.a. im Nordosten Indiens am Golf von Bengalen vor. Seine Hornspannweite von über 2 m ist die größte unter den Boviden. Ein ausgewachsener Bulle wiegt über 1 t. In der freien Wildbahn ist er heute selten, er wurde aber domestiziert und in vielen, wesentlich kleineren Rassen gezüchtet.

SCHLAMMBAD ZUR MITTAGSZEIT — VERHALTEN

Wasserbüffel entgehen der Mittagshitze oft, indem sie in Tümpeln ein Bad nehmen oder sich in Matschlöchern suhlen. Dabei tauchen sie fast völlig unter, nur die Gesichter sind noch zu sehen. Viele andere große Säuger, sogar Tiger, tun es ihnen gleich und so kommt die Aktivität der Großtiere in der erstickenden Mittagshitze fast zum Stillstand. Wasser- oder Schlammbäder kühlen und schützen die Haut vor den aggressiven, sengenden Sonnenstrahlen. Sie halten Stechmücken und andere fliegende Plagegeister ab und spülen Flöhe, Zecken und andere Hautparasiten fort.

AUF HORCHSTATION
Der Wasserbüffel hält seinen Kopf gewöhnlich über Wasser. Wittert er Gefahr, taucht er ganz unter.

ALLEIN IM TAGESLICHT
Untypisch für Hirsche, lebt der Indische Sambar meist als Einzelgänger – außer den Weibchen mit Kitzen. Ihre Hufe sind ausladend, so sinken sie im Schlamm nicht ein.

FEUCHTLAND-BEWOHNER

GRASENDE HIRSCHE wie der Sambar fressen fleischige Wasserpflanzen. Dabei achten sie auf Wellen, die ein Krokodil anzeigen können.

SEMIAQUATISCHE KATZEN wie die Flachkopfkatze haben extrascharfe Zähne, um Fische zu greifen und Flusskrebse aufzubrechen.

HAARIGEL gibt es nur in Asien. Die kraftvoll schwimmenden Insektivoren gehören zur Igelfamilie.

FISCHKATZE
Diese Art jagt oft im Wasser und beißt schnell und kraftvoll zu. Viele andere aquatische Jäger haben lange, schmale, spitze Zähne: eine Anpassung zum Packen glitschiger Beute wie Fisch.

OTTER

Mittags, wenn kein Vogel mehr singt und die Affen ihr Geplapper eingestellt haben, ist es in Asiens tropischen Sümpfen unheimlich still. Ein sanftes »plopp« und eine kleine Welle, die sich vom Ufer über den See ausbreitet, zeigen aber, dass doch einige Beutegreifer aktiv sind. Zu den Säugern, die am besten ans Wasser- und Landleben angepasst sind, zählen die Otter – 4 der 13 Arten kommen in Asien vor. Der häufigste, der Europäische Fischotter (S. 183), ist auch in Asien beinahe überall anzutreffen. Der kleinste aller Otter, der Zwergotter (gegenüber), wiegt nur halb so viel. Er kommt ausschließlich in Asien vor, und zwar auf dem südostasiatischen Festland und den größeren Inseln.

Die meisten Otter fangen ihre Beute im Wasser oder am Ufer. Alle vier Füße sind mit Schwimmhäuten ausgestattet, zudem tragen sie Krallen – zum Halten der Beute, zur Fellpflege und zur Verteidigung. Beim Schwimmen sind die Vorderfüße an die Brust gelegt, die Hinterfüße übernehmen den Hauptantrieb, der Schwanz dient als Ruder. Beim Tauchen bleiben die Augen weit geöffnet, die üppigen Tasthaare helfen, im Schlamm (und auch bei der nächtlichen Jagd an Land) Beute auszumachen. An Land laufen die Otter mit der für Marder typischen wogenden Schlängelbewegung. (Weitere Mitglieder dieser vielfältigen Ordnung sind z.B. Hermelin, Skunk, Mauswiesel, Iltis, Nerz, Frettchen, Eigentlicher Marder und Dachs.)

Die Lieblingsnahrung der meisten Otterarten ist Fisch, dazu Frösche, Schlangen und Eidechsen, die das Wasser aufsuchen, Wasservögel und deren Eier und Küken, zudem Säuger, die sich bisweilen im Wasser aufhalten, z.B. junge Schermäuse. Der Zwergotter bevorzugt hartschalige Kost wie Teichmuscheln, Flusskrebse, Krabben und Wasserschnecken. Seine kurzen Krallen ragen nicht aus dem fleischigen Kissen der nur teilweise mit Schwimmhäuten verbundenen Zehen heraus, wodurch die Vorderpfoten etwas an menschliche Hände erinnern.

WIE EIN TORPEDO
Der Zwergotter mit seiner spitz zulaufenden Schnauze und dem langen, schlanken Körper gleitet mit Minimalwiderstand durchs Wasser. Ein öliges Hautdrüsensekret macht sein dichtes Fell wasserfest.

ZWERGOTTER
Diese Otter bilden Gruppen von 10–12 Tieren mit engen Paarbindungen zwischen Männchen und Weibchen. Sie kommunizieren durch Jaulen, Bellen und Schnattergeräusche.

Beim Schwimmen sind die Vorderfüße an die Brust gelegt, die Hinterfüße übernehnen den Hauptantrieb, der Schwanz dient als Ruder.

RIVALEN AM FLUSSUFER

Auf seinen Jagdzügen an morastigen Ufern trifft ein Otter oft auf andere Säuger, die ebenfalls Fische und Frösche suchen, z. B. Affen. Viele Primaten meiden das Wasser, einige haben sich jedoch auf diesen Lebensraum spezialisiert. In Südasien sind dies die sehr häufigen Javaneraffen (Kasten rechts), der Ceylon-Hutaffe auf Sri Lanka und verschiedene Languren oder Schlankaffen, z. B. Weißbart-, Hauben- und Schopflanguren. Haben sich Otter und Affen bei Einbruch der Dunkelheit in ihre Baue und Bäume zurückgezogen, schleichen kleine Katzen am Wasserrand entlang. Rohrkatzen, Flachkopfkatzen (S. 159) und Fischkatzen (gegenüber) sind meisterliche Schwimmer. Besonders die Fischkatze kann komplett untertauchen, um einen Wasservogel von unten zu fassen, oder sie lässt sich von einem Ast auf einen direkt unter der Wasseroberfläche schwimmenden Fisch fallen. Sie lauert auch vom Ufer aus auf Beute und kann Schalentiere, Wasserkäfer und andere hartschalige Kost aufbrechen. Verglichen mit anderen Katzen haben Fischkatzen längere Körper sowie kürzere Beine und Schwänze: Anpassungen ans Schwimmen, wie man sie bei Ottern noch wesentlich ausgeprägter findet.

DAS FUTTER ERTASTEN — VERHALTEN

Im Sumpf- und Marschland suchen Affen nicht nur optisch nach ihrer Beute im Wasser, etwa Würmern und Wasserinsekten: Sie durchkämmen den Schlamm auch mit den Händen. Da im tieferen Wasser Schlangen oder Krokodile lauern können, bleiben sie meist am Ufer oder an seichten Stellen. Einige Affenarten zertrümmern Schalentiere, Krabben und ähnliche Beute auf Steinen oder Hölzern – eines der vielen Beispiele für Werkzeuggebrauch bei Primaten.

EINE SAUBERE MAHLZEIT
Affen wie der Javaneraffe waschen vor dem Fressen oft den Schlamm von ihrem Futter ab – sogar von dem, das sie an Land gefunden haben.

AM RANDE DES AUSSTERBENS
Asiens Nashörner wie dieses Sumatranashorn sind stark durch Wilderei bedroht. Damit ihre äußerst dicke, fast nackte Haut geschmeidig bleibt und nicht einreißt, nehmen Rhinozerosse täglich Schlammbäder.

AFFEN IM MANGROVENWALD

Viele asiatische Feuchtgebiete, insbesondere um den Golf von Bengalen und auf den Hauptinseln Südostasiens, erstrecken sich über Tieflandgebiete bis hin zur Küste. Dort geht das Süßwasser in Salzwasser über und Mangroven und andere Bäume wachsen im dicken Schlamm. Mangroven säumen auch die Ufer langsamer Inlandflüsse. In diesem Habitat leben relativ wenige Säugetierarten. Eine der markantesten ist der Nasenaffe – benannt nach seiner hängenden Nase, die bei Jungtieren noch relativ klein ist, bei den Weibchen gerader und spitzer wächst und bei älteren Männchen länger und schlaffer wird, ja sogar bis unters Kinn hängen kann.

Um in den Mangrovenbäumen mit ihren recht schwer verdaulichen Blättern und Früchten überleben zu können, suchen sich die Nasenaffen diejenigen Bäume aus, die reichlich Samen, unreife Früchte oder junge, zarte Blätter tragen. Solch nährstoffarme Kost bedeutet jedoch: viele Stunden fressen. Nach einer Mahlzeit macht der Mageninhalt mehr als ein Drittel ihres Körpergewichts aus. Nur langsam wird die Nahrung im Magen und Darm durch Mikroben fermentiert. Nasenaffen fressen sich rasch durch eine Baumgruppe. Auf dem Weg zu neuen Futterquellen müssen sie durch Rinnsale waten und sogar Flüsse durchqueren – dabei treten sie kräftig mit ihren Füßen, die schwach ausgeprägte Schwimmhäute tragen.

GROSSE HERBIVOREN

Unter den größeren terrestrischen Pflanzenfressern der Feuchtgebiete im tropischen Asien sind drei Unpaarhufer: Einer ist der Schabrackentapir, den man sofort an seinem typischen Schwarz-Weiß erkennt (Kasten unten). Obwohl er einem großen Wildschwein ähnelt, steht er den Nashörnern und Pferden näher. Dieser Tapir, der bis zu einer halben Tonne schwer wird, entfernt sich selten weit vom Wasser. Er schwimmt gut und über Mittag begibt er sich in schlammige Suhlen oder einen Teich – nur seine verlängerte, rüsselähnliche Schnauze schaut dann noch hervor. In der Abenddämmerung stöbert er mit dem Rüssel am Boden nach abgefallenen Früchten und zupft junge Blätter. Dabei schnüffelt er ständig. Mit seinem extrem guten Geruchssinn kann er Angreifer rechtzeitig wahrnehmen.

Auch die Nashörner sind Feuchtland-Unpaarhufer. 3 der weltweit 5 Arten leben in Süd- und Südostasien: Das Sumatra- und das Javanashorn bevorzugen Feuchtgebiete, das Panzernashorn Grasland. Alle 5 Arten sind bedroht und geschützt; die Lage der Sumatra- und Javanashörner (gegenüber) ist äußerst kritisch. Von der ersten Art gibt es nur noch wenige Hundert, von der zweiten wohl unter Einhundert, verteilt auf zwei kleine Populationen im Westen Javas und auf dem asiatischen Festland an der Grenze Kambodschas zu Vietnam. Diese Art hat sehr breite Füße und bevorzugt sumpfige Tieflandwälder mit Bambus sowie Küstenmangroven. Die illegale Bejagung wegen des Horns, das pulverisiert in der asiatischen Medizin eingesetzt wird, ist für alle Nashörner eine ernste Bedrohung. Die Javanashörner haben zudem ihren Lebensraum, das Küstentiefland, eingebüßt: Es wurde wegen des Bauholzes gerodet und in Ackerland oder z.B. Industriehäfen und Touristenzentren umgewandelt. Trockenlegungen, die Umleitung von Wasserläufen und die industrielle sowie landwirtschaftliche Verschmutzung bedrohen Dutzende asiatischer Feuchtlandsäugerarten – von den großen Nashörnern Südostasiens bis zu den kleinen Insektenfressern wie Desmanen (oben) und Wasserspitzmäusen im Nordwesten.

GRUPPENANFÜHRER
Nasenaffen leben in gut organisierten Gruppen mit bis zu 10 Mitgliedern, bestehend aus einem langnasigen Männchen (oben), das den Ton angibt, und einigen Weibchen mit ihren Jungen. Nachts finden sich manchmal mehrere Gruppen in Flussnähe im Dickicht zusammen; sie klettern aber selten auf die Bäume der anderen.

RUSSISCHER DESMAN
Flussumleitungen zur Bewässerung der Felder bedrohen Feuchtlandarten wie den maulwurfähnlichen Desman.

TARNFÄRBUNG

EVOLUTION

Um ihren massigen Körper vor dem Hintergrund optisch aufzulösen, tragen Schabrackentapire eine Tarnfärbung, die sich mit dem Alter bzw. der Lebensweise ändert. Die Jungen, die meist im dichten Bodenbewuchs liegen und darauf warten, gefüttert zu werden, haben ein braunes Fell mit blassen Streifen und Punkten. Die mobileren Erwachsenen sind zweifarbig und so im Mondlicht und dunklen Schatten schwer zu entdecken.

ERWACHSENER TAPIR
Mit etwa 6 Monaten wird die Tarnfärbung des Tapirs schwarz-weiß.

JUNGER TAPIR

WÄLDER

In Asien sind praktisch alle wichtigen Waldtypen vertreten, darunter der boreale oder Nadelwald – die so genannte Taiga – und außerdem temperierte und montane Wälder. In Süd- und Südostasien finden wir noch einige Restbestände der ehemals großen tropischen Waldgebiete.

WALDTYPEN
Kühler, dichter, oft tropfnasser Nebelwald aus immergrünen Laub- und Nadelbäumen bedeckt die Täler und Schluchten entlang der monsunbewässerten östlichen Himalaja-Ausläufer. Im heißen, semiariden Klima des Maharashtra-Plateaus im Westen Zentralindiens finden wir hingegen verstreute, lichte Wälder aus sommergrünen Lauhölzern.

SCHRUMPFENDE RÜCKZUGSGEBIETE

Süd- und Südostasien waren einst größtenteils mit Wald bedeckt und beherbergten dank der Wärme und Feuchtigkeit eine Vielzahl von Säugern. Der Mensch aber hat die Tier- und Pflanzenwelt dieses Lebensraums stark beeinflusst. Der Dschungel Asiens war einer der ersten Tropenwälder, die unter umfassenden Eingriffen zu leiden hatten, etwa frühgeschichtlichen Rodungen zu Siedlungs- und Anbauzwecken. In den vergangenen zwei Jahrhunderten haben die Störungen ein viel größeres Ausmaß erreicht, sowohl direkt durch die legale und illegale Bejagung der Tiere als auch indirekt durch Lebensraumverlust. Zu den am stärksten bedrohten Großsäugern mit jeweils vermutlich unter 1000 Tieren zählen das Sumatra- und das Javanashorn (S. 162–163), die Anoas Sulawesis und der Kouprey in Kambodscha.

Jedes Stockwerk in den Wäldern Asiens – vom Walddach bis zum Waldboden – wird von charakteristischen Säugern bewohnt. Die meisten typischen Baumsäuger sind dort vertreten, darunter Affen, z.B. der Bärenma-

TÄGLICHES BAD
In 13 Staaten gibt es noch wilde Asiatische Elefanten, aber vermutlich unter 30000 – Tendenz fallend. Die Leitkuh führt die Herde zum Trinken, Baden und Abkühlen ans Wasser.

WILDRINDER
Die tropischen Wälder Asiens beherbergen die größten und die kleinsten Wildrinder – vom bis zu einer Tonne schweren Gaur oder Indischen Bison (links) bis zum Tieflandanoa (rechts oben), der oft nur 150 kg wiegt.

SOZIALE ROTHUNDE — VERHALTEN

Die in Südostasien lebenden Rothunde sind kleinere, rothaarige Verwandte des Wolfs. Sie bilden hochsoziale Rudel von 20 oder mehr Tieren. In einigen Gebieten werden sie verfolgt, weil sie Nutzvieh angreifen; anderswo jedoch werden Rothunde als halbzahme Jagdgefährten gehalten.

JAGD IM RUDEL
Rothunde können große Beute wie Hirsche überwältigen. Alle Erwachsenen eines Rudels würgen für die Welpen Futter vor.

kak und der Indische Hutaffe, sowie große kletternde Nager wie die Ratten *Mallomys rothschildi* und *Rattus muelleri* und das Riesenhörnchen, die wiederum von Katzen verfolgt werden, etwa den Nebelpardern (den kleinsten und am stärksten arborealen Großkatzen) und den Marmorkatzen.

Um in Asiens Wäldern Beutegreifern zu entgehen, haben sich viele Arten aufs Gleiten verlegt, allen voran die Gleitflieger, irreführend »fliegende Lemuren« genannt. Andere Säuger wie die Flughörnchen und Gleitbeutler haben Membranen zwischen den Vorder- und Hinterbeinen, bei den Gleitfliegern hingegen erstrecken sich diese Häute auch noch über die Hintergliedmaßen hinaus bis zum Schwanz. Bei ausgestreckten Beinen und gespannten Gleithäuten ähneln diese Tiere daher Drachen.

»In den letzten paar Jahrzehnten wurden mindestens 50 Prozent der Wälder Indiens abgeholzt. […] Der Gesetzentwurf zum Schutz der Artenvielfalt hat die Wahrung des ökologischen Gleichgewichts zum Ziel.«

PRESSEMITTEILUNG DER INDISCHEN REGIERUNG, 2002

WALDBEWOHNER

VIELE NAGER leben auf Bäumen. Das Riesengleithörnchen hat eine fallschirmartige Gleitflughaut.

NACHTAKTIVE SCHLEICHKATZEN wie der Asien-Linsang haben oft große Augen für die Nachtsicht.

SPITZHÖRNCHEN, hier ein Indisches Tupaia, suchen tagsüber die Äste nach Insekten und Maden ab.

BAUMBEWOHNENDE MARDER wie die Buntmarder fressen unter anderem schlafende Vögel.

SCHLEICHKATZEN leben meist terrestrisch – der große schwarze Binturong aber bewohnt Bäume.

BÄREN IN DEN WÄLDERN

Die Bären zählen zu den größten, stärksten und beeindruckendsten Waldsäugetieren. In Asien gibt es ungewöhnlich viele Bären – sechs der acht Arten kommen hier vor. Der massige Braunbär durchstreift verschiedenste Lebensräume im Zentrum des Kontinents, von West- bis Ostasien; der riesige, schnittige Eisbär lebt entlang der nördlichen Küsten. Die restlichen vier Arten bewohnen die Tropenwälder Süd- und Südostasiens. Es sind dies der Lippenbär auf dem indischen Subkontinent, der Kragenbär im Himalaja und im westlichen Hinterindien, der Malaienbär auf der Malaiischen Halbinsel sowie großen Inseln wie Sumatra und Borneo und der Große Panda, der ausschließlich in China anzutreffen ist.

DIE BÄRENFAMILIE

Die Familie der Bären (*Ursidae*) ist eine sehr ursprüngliche Säugergruppe, d.h. die verschiedenen Arten ähneln ihren gemeinsamen Vorfahren noch beachtlich. Obwohl sie in der Größe etwas variieren, haben sie die untersetzte, kraftvolle Gestalt, den Körperbau und sogar die Fellfärbung gemein (abgesehen vom andersfarbigen Eisbären). Die auffällige schwarz-weiße Zeichnung des Großen Pandas sowie die Besonderheiten seines Gebisses (er hat zwei zusätzliche Backenzähne) und anderer Körperteile scheinen ihn vom Rest der Bärenfamilie abzuheben. Tatsächlich wurde er viele Jahre lang in einer eigenen Familie, den *Ailuridae*, geführt, zusammen mit nur einer anderen Art, dem eher fuchsähnlichen Kleinen Panda (rechts). Doch molekulargenetische Untersuchungen, bei denen das Erbmaterial all dieser Säugetierarten verglichen wurde, haben den Beweis erbracht, dass die Pandas trotz all dieser Unterschiede tatsächlich zur Bärenfamilie gehören.

EIN HUND, DER AUF BÄUME STEIGT — EVOLUTION

Der ungewöhnliche Marderhund gehört zwar zur Hundefamilie (*Canidae*), ähnelt aber auch den Waschbären oder Bären. Er ist gut ans Leben im Wald angepasst: Seine extrem beweglichen Gliedmaßengelenke befähigen ihn, die weit auseinander stehenden, kräftigen Beine so zu spreizen, dass er beim Klettern einen Baumstamm umgreifen kann wie ein Bär. Zudem hält er Winterruhe. Mit 7 kg ist er ungefähr so schwer wie der andere kleine Wildhund, der Waldhund aus dem Zentrum Südamerikas.

NICHTS WIRD VERSCHMÄHT
Wenige Säuger sind so entschiedene Allesfresser wie der Marderhund. Er verspeist Vögel, Mäuse, Früchte und Fische, hartschalige Nüsse und Krabben.

KLEINER PANDA
Als seltenes, weitgehend omnivores Mitglied der Raubtierordnung bewohnt dieser gute Kletterer, der seine Krallen z.T. einziehen kann, dichte Wälder in 2000–4000 m Höhe, v.a. in Westchina.

FRESSGEWOHNHEITEN

Bären fressen so gut wie alles, zur Not auch das verwesende Fleisch eines Kadavers. Eigentlich sind sie, abgesehen von den Eisbären, gar nicht so räuberisch veranlagt und nehmen mehr pflanzliche Kost zu sich, als gemeinhin angenommen. Der Lippenbär mag Früchte und Honig und auch »Fleisch« in ganz kleinen Häppchen, etwa Ameisen und Termiten, die er geräuschvoll durch die geschürzten Lippen schlürft. Der Malaienbär klettert außergewöhnlich gut und sucht in Bäumen nach Früchten, Blüten und Pflanzenteilen, ebenso nach Larven, Honig und »warmen Snacks« wie Vögeln und Kleinsäugern. Auch der Kragenbär verbringt viel Zeit in Bäumen, wo er nach weichen Knospen, Blättern, Nüssen, Früchten und auch Larven oder Vogeleiern Ausschau hält. Die Vorliebe dieser Bären für saftige Vegetation führt in ganz Südasien zu Konflikten: Wenn sie Feldfrüchte plündern, stellen ihnen die Bauern Fallen, vergiften oder erschießen sie. Kragenbären sind in Südasien gefährdet, Lippenbären, Malaienbären und Große Pandas bedroht.

SÜDASIENS BÄREN — KURZPORTRÄT

Die drei wichtigsten Bärenarten Südasiens weisen ähnliche Körpermerkmale auf: ein dunkles Haarkleid und weiße oder blasse Abzeichen auf der Brust. Der Lippenbär trägt das struppigste Fell und wiegt etwa 150 kg, der Malaienbär ist mit seinen etwa 60 kg der kleinste Bär überhaupt. Der Kragenbär, der seinen Namen dem verlängerten Schulterpelz verdankt, bringt bis zu 200 kg auf die Waage.

LIPPENBÄR — MALAIENBÄR — KRAGENBÄR

BAMBUSFRESSER

Der Große Panda ist der weltweit seltenste Bär – und auch der mit dem kleinsten Verbreitungsgebiet. Als der am stärksten herbivor lebende Vertreter seiner Familie ist er auf die kleinen bambusreichen Hochlandwälder Mittel- bis Südwestchinas angewiesen. Mehr als 98 % seines Futters bestehen aus den zarten Stängeln, Trieben und Blättern des Bambus. Er handhabt diese mit dem biegsamen »sechsten Finger« seiner Vorderpfoten, einem verlängerten Handwurzelknochen, dem Sesambein.

Gelegentlich frisst der Große Panda auch andere Schösslinge und Kräuter, manchmal sogar Eier, Maden und Aas. Diese Alternativen werden bedeutsamer, wenn ein Bambuswald nach dem Blühen und Aussamen abstirbt, was alle 50–100 Jahre vorkommt. Durch die Ausweitung des Siedlungs- und Farmlandes wurden die Pandas in isolierte Rückzugs- und Schutzgebiete verdrängt, wo sie, wenn der Bambus stirbt, nicht mehr großräumig nach anderem Futter suchen können.

»Die Leute hier nennen ihn Bei-Shung (Weißer Bär) […] Ein seltenes Tier – und scheu, wenn man sich ihm nähert. Am liebsten schlurft er ruhig zwischen hohen Stämmen umher.«

PÈRE DAVID, 1826–1900

SELTENER BÄR
In Freiheit leben noch schätzungsweise 1000 Große Pandas. Da viele Pandareservate zu klein sind, um so vielen Tieren Platz zu bieten, dass die genetische Vielfalt erhalten bleibt, tritt Inzucht auf.

TIGERTYPEN

EVOLUTION

Tiger kamen einst in ganz Südasien vor, vom Kaspischen Meer bis zur Insel Bali im Südosten. Innerhalb dieses riesigen Ausbreitungsgebietes entwickelten sie sich zu acht Unterarten. Drei davon wurden ausgerottet, darunter der Java-Tiger in den 80er-Jahren des 20. Jahrhunderts. Die seltenste heute noch lebende Unterart ist der Südchinesische oder Amoy-Tiger mit nur 30 Individuen. Viele Naturschützer glauben, dass er nicht mehr zu retten ist.

SUMATRA-TIGER
Er ist die kleinste, am dunkelsten gefärbte Unterart. Nur 400–500 Tiere gibt es noch.

AUF DER PIRSCH

Das größte Landraubtier im tropischen Asien ist zugleich die größte aller Katzen: der Tiger. Die größte Unterart ist der Sibirische Tiger, der nicht in Sibirien, sondern in der verschneiten Mandschurischen Ebene, also in Nordostchina und Südostrussland lebt. Dieser prächtige Jäger kann eine Kopf-Rumpf-Länge von 3 m erreichen und 300 kg wiegen. Rund 300 Tiere soll es noch geben. Zwei Drittel der weltweit insgesamt 5000–7000 Tiger sind Königstiger. Ihr Lebensraum ist v.a. das Dickicht der Wälder und Buschgebiete in Indiens von Schluchten zerfurchten Gebirgen. Die auffälligen schwarzen Streifen auf ihrem gelblichen Fell

tarnen die Tiere ausgezeichnet, besonders in der Dämmerung, wenn sie zu ihren bis zu 20 km weiten Streifzügen aufbrechen. Die Standardjagdtechnik des Tigers besteht darin, dem Duft eines Opfers zu folgen, dann Seh- und Hörsinn zuzuschalten, um sich heimlich bis auf 20–30 m heranzuschleichen, schließlich Tempo zu machen und sich auf die Beute zu stürzen. Mit den riesigen Klauen seiner Vorderpfoten krallt er sich an ihr fest und senkt seine Zähne in ihren Hals oder Rücken. Die meisten Opfer sind groß, manchmal genauso schwer wie der Tiger selbst, z.B. größere Hirsche, Wildrinder und Schweine.

Der Tiger ist geradezu ein Symbol für die Notlage der asiatischen Säugetiere. Trotz vieler Schutzgesetze, der Ausweisung zahlreicher Rückzugsgebiete und Reservate, des Einsatzes bewaffneter Wächter sowie massiver lokaler Aufklärungsarbeit werden Tiger weiterhin illegal erlegt – vermutlich jeden zweiten Tag einer.

»Den Tiger zu verlieren würde der Vernichtung unseres nationalen Wappentiers gleichkommen und es wäre ein fataler Schlag gegen das Vermächtnis unserer Vorfahren.«

INDIRA GANDHI, 1917–1984

KURZPORTRÄT

GROSSKATZEN

In Asien leben 6 der 7 Großkatzenarten, die es weltweit gibt: der Leopard fast auf dem ganzen Kontinent, der Tiger im Süden und Osten, der Persische Löwe im Nordwesten Indiens, der Nebelparder in den Tropen, der Schneeleopard im Himalaja und der Eurasische Luchs im Norden.

SCHNEELEOPARD

EURASISCHER LUCHS

NEBELPARDER

ENDSPURT
Nach vielleicht einer Stunde behutsamen Anpirschens bricht ein Tiger aus der Deckung und nimmt die letzten 20–30 m zu seiner Beute in nur 3 oder 4 Sätzen.

LANGSAM UND VORSICHTIG
Der Griff des Plumploris ist so kraftvoll, dass er einen Ast ebenso mühelos aufrecht wie kopfüber entlanglaufen kann. Er löst immer nur eine Extremität vom Ast und späht währenddessen ständig umher, wobei ihm sein außergewöhnlich biegsamer Hals hilft.

FALLOBST
Affen lassen viele Früchte auf den Waldboden regnen, wovon Wildschweine wie dieser Hirscheber sehr profitieren.

OBEN IST ES SICHERER

Dutzende Primatenarten springen schwatzend durchs Geäst der Tropenwälder – unerreichbar für die an den Boden gebundenen Beutegreifer wie Tiger, Schakale und Rothunde. In Asien sind alle drei Hauptgruppen der Primaten vertreten: die Loris aus der Unterordnung der Halbaffen, etwa 45 Affenarten und 17 Menschenaffenarten. Doch Asiens Primatengalerie ist noch umfangreicher: Auf den südöstlichen Inseln leben etwa 5 Arten von Koboldmakis (S. 146–147). Äußerlich ähneln sie Loris und Buschbabys, teilen aber Merkmale mit sowohl den Halbaffen als auch den Affen und könnten somit in jede der beiden Unterordnungen passen. Die tropischen Wälder Asiens sind überdies der einzige Ort, an dem – neben Menschenaffen, nämlich den Borneo- und den Sumatra-Orang-Utans – auch Gibbons (Kasten oben) vorkommen: Um die 15 Arten gibt es hier.

Loris sind bestens an die nächtliche Jagd angepasst. Ihre riesigen Augen nehmen mehr als die Hälfte des Gesichts ein. Alle vier Gliedmaßen sind mit einem »Daumen« ausgestattet, der den anderen Fingern gegenübersteht und so einen sicheren Griff um kleine Äste ermöglicht. Loris sind schmächtig und bewegen sich überaus langsam auf potenzielle Beute zu, etwa ein Insekt, eine Eidechse oder einen Jungvogel. Dann stoßen sie überraschend flink mit dem Oberkörper vor und greifen mit den Armen nach der Beute, während sie sich mit den Hinterfüßen an einem Ast festhalten. Auch bei Objekten, bei denen keine Fluchtgefahr besteht, verfahren sie so, z.B. bei Baumschnecken. Loris fressen auch zartes Grün wie Schösslinge, Knospen und Früchte. Die beiden Arten des Plumploris (ganz oben links) sind etwa halb so groß wie Hauskatzen. Ihr Verbreitungsgebiet erstreckt sich von Indien und Sri Lanka über die Malaiische Halbinsel bis zu den östlichen Inseln. Schlankloris (gegenüber) – etwa halb so groß wie Plumploris – sind auf Indien und Sri Lanka beschränkt.

GIBBONGESANG — VERHALTEN

In Südostasien wird die Geräuschkulisse in der Dämmerung vom Brüllen und Heulen der Gibbons beherrscht. Die meisten Arten bilden dauerhafte Paare. Jeden Morgen sitzen das Weibchen und das Männchen eng beisammen und rufen laut im Duett, wobei sie das Lied des jeweils anderen beantworten. Mit dem Gesang zeigen sie ihr Territorium an.

DER GRÖSSTE UND LAUTESTE
Der größte Gibbon, der Siamang, hat einen großen, dehnbaren Kehlsack, der laute und vielfältige Rufe ermöglicht.

MAKAKEN UND LANGUREN

Von den rund 20 Makakenarten leben alle bis auf eine – nämlich die Berberaffen (S. 44) aus Nordafrika und Gibraltar – in Asien. Makaken sind kräftige, robuste Affen, von denen viele zeitweise auf dem Boden leben. Der bekannteste ist der Javaneraffe aus Hinterindien und den südöstlichen Inseln (S. 161). Er ernährt sich sehr vielfältig: von Samen und Früchten bis zu Fischen und Krustentieren. Auf Bäume klettert er ebenso gern, wie er Bäche durchschwimmt, auf dem Boden läuft oder sich in menschlichen Siedlungen herumtreibt; so erklärt sich seine weite Verbreitung. Ganz anders der Wanderu der Monsunwälder Südindiens, der infolge Lebensraumverlusts zunehmend bedroht ist.

Die Languren der Malaiischen Halbinsel und der großen Inseln wie Sumatra, Java und Borneo sind schlanker und leichter als die Makaken und mit ihren langen, dünnen Händen und den kräftigen, hakenförmigen Fingern besser ans Baumleben angepasst. Sie ernähren sich v.a. von Früchten und Samen. Ihre acht Arten haben sich vermutlich alle – infolge geografischer Trennung durch Wasser oder Berge – aus einem gemeinsamen Vorfahren entwickelt.

RANGORDNUNG — VERHALTEN

Die meisten Primaten sind sozial und bilden enge Gruppen. Der Rang in der Gruppe wird durch Rufe, Drohgebärden und wechselseitige Körperpflege aufrechterhalten. Asiatische Languren oder Schlankaffen verbringen etwa eine Stunde pro Tag mit »groomen«. Die älteren Gruppenmitglieder werden am häufigsten gegroomt, groomen selbst aber weniger als die jüngeren, und »Bündnispartner« kommen öfter in den Genuss als Einzelgänger. Diese Intimitäten haben auch praktischen Nutzen: die Entfernung von Schmutz, verfilztem Fell und Plagegeistern wie Läusen und Flöhen.

KRATZ MIR DEN RÜCKEN
Javanische Haubenlanguren zählen mit 2000–3000 Individuen zu den seltensten Languren. Sie zeigen die typische Groomhaltung, bei der sich ein vermutlich höherrangiges Tier der Aufmerksamkeit eines jüngeren hingibt.

SCHLANKLORI
Loris leben allein oder mit einem Partner. Nachts bleiben sie mit den Nachbarn durch Pfeifen, Kreischen, Brummen und Furcht erregende Schreckensschreie in Kontakt.

AUF LEDRIGEN FLÜGELN

Asien hält zwei Rekorde bei der zweitgrößten Säugerordnung, den Fledertieren. Von den weltweit etwa 1000 Arten lebt etwa ein Drittel in Asien, darunter die größte und die kleinste. Bei der Hummelfledermaus aus Thailand, die erst 1974 wissenschaftlich erfasst wurde, sind Kopf und Körper so klein wie menschliche Daumenkuppen, die Flügelspannweite beträgt 15 cm, das Gewicht nur 1,5–2 g. Damit ist sie das kleinste aller Säugetiere. 1000 Mal schwerer ist der Indische Flughund, der eine Flügelspannweite von über 1,6 m hat. Die Arten repräsentieren die beiden Unterordnungen der Fledertiere, die Microchiropteren (Fledermäuse) und die Megachiropteren (Flughunde), die sich nicht nur in der Größe, sondern auch hinsichtlich ihrer Nahrung und Lebensweise unterscheiden.

FRUCHTIGES FUTTER
Die meisten Flughunde lecken Nektar und Pollen auf oder beißen Fruchtstücke ab. Anstatt sie zu kauen, zerdrücken sie diese zwischen Zunge und Gaumenstaffeln, schlürfen den Saft und spucken das ausgequetschte Fruchtfleisch wieder aus.

FLUGHUNDE

Die meisten der rund 170 Flughundarten leben in Süd- und Südostasien, einige in Afrika und Australien. Viele von ihnen ernähren sich von Früchten und anderer pflanzlicher Kost wie Blüten, Pflanzensäfte, Knospen, Triebe und Samen. Einige Arten, v.a. die der Gattung *Pteropus*, werden aufgrund ihrer langschnäuzigen, entfernt fuchsähnlichen Gesichter sowie ihres oft rötlichen Fells als Flugfüchse (gegenüber) bezeichnet. Sie fliegen und fressen normalerweise ab Beginn der Dämmerung bis in die Nacht, tagsüber schlafen sie. Im Unterschied zu den Fledermäusen (gegenüber) setzen nur wenige Flughundarten (v.a. Höhlenflughunde) Echoortung ein, um sich zurechtzufinden – und dann in einer vergleichsweise einfachen Form.

Viele Flughunde schlafen in großen Kolonien von Tausenden von Tieren, die in den Zweigen hängen – im Falle der Höhlenflughunde manchmal von mehr als 1 Mio. Individuen. In der asiatischen Dämmerung erheben sich große Wolken aus allerlei Flughunden flatternd-schwirrend in die Luft, um auf Futtersuche zu gehen. Wenn sie zu ihren bevorzugten Schlafplätzen zurückkehren, drängeln sie und schnappen nach einander, um die sichersten Plätze im Zentrum der hängenden Masse zu ergattern. Höhlenflughunde fressen vor allem Nektar und Pollen; 40 km und mehr müssen sie täglich fliegen, damit sie genügend Nahrung finden.

In einigen Gebieten Indiens und der Malaiischen Halbinsel werden Flughunde als heuschreckenartige Plage angesehen. Gehen sie nämlich auf einem Acker oder einer Obstplantage nieder, können sie binnen einer Stunde alles auffressen, was gerade erntereif war. Obwohl Flughunde Feldfrüchte zerstören, sind sie ein lebenswichtiger Teil des Ökosystems des Waldes: Wenn sie ihre Nase in Blüten stecken, geben sie Pollen weiter, und mit ihren unordentlichen Essgewohnheiten sowie ihrem Kot verteilen sie Samen weit und breit.

In der asiatischen Dämmerung erheben sich große Wolken aus allerlei Flughunden flatternd-schwirrend in die Luft, um auf Futtersuche zu gehen.

VERDUNKELTER HIMMEL
Am frühen Abend verlassen Tausende Flughunde ihre Schlafplätze. Reife Früchte oder Blüten in Bäumen finden sie v.a. mit ihrem Geruchssinn.

FLUGHUNDSCHLAFPLÄTZE VERHALTEN

Die sozialen Interaktionen an den Schlafplätzen der Flughunde können extrem komplex sein. Bei vielen Arten nehmen dominante Männchen die besten Plätze in den oberen, inneren Baumbereichen ein, wo sie vor Beutegreifern wie Adlern sicherer sind. Jedes dieser Männchen verteidigt einen Harem von bis zu 10 Weibchen. Wenn andere Männchen, die sich sonst in Junggesellengruppen zusammenfinden, ihnen Weibchen abspenstig zu machen versuchen, schlagen sie mit den Flügeln nach ihnen oder beißen sie weg.

INDISCHER FLUGHUND
Er ist einer der größten Flughunde. Die Kolonien wohnen rund ums Jahr im selben Baum, oft 30 Jahre oder länger.

Der kleinste Flughund ist *Aethalops alecto* auf der Malaiischen Halbinsel und nahe gelegenen Inseln wie Sumatra, Java und Borneo. Kopf und Rumpf sind nur 7 cm lang, sein Gewicht beträgt 20 g. Diese Tiere bewohnen Hochlandwälder in 1000–2000 m Höhe und schlafen – unüblich für Flughunde – oft alleine.

FLEDERMÄUSE

Im Gegensatz zu Flughunden ernähren sich die asiatischen Fledermäuse gewöhnlich von Insekten. Wie ihre größeren Vettern haben sie zu Flügeln umgestaltete Vordergliedmaßen, die von kraftvollen Brustmuskeln bewegt werden. Anders als die meisten Flughunde können Fledermäuse über Mund oder Nase Ultraschalllaute abgeben und die Echos von in der Nähe befindlichen Objekten wahrnehmen. Dank Echoortung können sie auch bei Dunkelheit durchs Geäst des Waldes fliegen und Beute wie Nachtfalter oder Mücken verfolgen. Besonders kräftige und agile Flieger sind die Großblattnasen oder Falschen Vampire. Im Unterschied zu den echten Vampiren Nord-, Mittel- und Südamerikas (S. 100–101) saugen sie kein Blut, sondern greifen sich große Insekten wie Grillen und Schaben, ebenso Mäuse, Fische und Frösche aus Waldtümpeln, kleine Vögel an ihren Schlafplätzen und selbst – mitten im Flug – kleinere Fledermäuse. Sie können sogar durch offene Fenster oder Türen in Zimmer fliegen, einen Gecko oder eine andere Echse von der Wand pflücken und wieder verschwinden – alles binnen einer Sekunde.

SCHWARZER FLUGHUND
Dieser typische »Flugfuchs« hüllt beim Schlafen seine Flügel um sich – außer wenn es sehr heiß ist; dann fächelt er sich mit ihnen kühlende Luft zu.

EUROPA

EVOLUTION

VOR 400–200 MIO. JAHREN befand sich ein Großteil Europas am Äquator – im Westen mit Nordamerika, im Norden mit Asien verbunden. Afrika grenzte an die Iberische Halbinsel. Europa war Teil des Superkontinents Pangäa.

VOR 50 MIO. JAHREN, als Europa und Nordamerika auseinander drifteten, begann sich der Atlantik zu bilden. Eine Meerenge trennte den Ostrand Europas von Asien.

VOR 30 MIO. JAHREN entstanden, infolge der Norddrift Afrikas, die wichtigsten Gebirge Südeuropas.

VOR 2 MIO. JAHREN begann die letzte Serie von Eiszeiten die Alpen zu formen, so wie wir sie heute kennen. Der Meeresspiegel fiel und legte weitere Inseln im Mittelmeer frei.

VOR 100 000 JAHREN bedeckte Eis mehr als die Hälfte Europas – vom Norden her über das heutige England und Norddeutschland bis zum Balkan. Von den Alpen und anderen Gebirgen breiteten sich Gletscher aus.

VOR 40 000 JAHREN wurde Mitteleuropa von eiszeitlichen Säugern bewohnt, z. B. von Wollhaarmammuts, Wollnashörnern, Höhlenbären, Riesenhirschen – und Neandertalern, die schon seit etwa 200 000 Jahren dort vorkamen, aber bald aussterben sollten. Moderne Menschen vom Cro-Magnon-Typ, die aus Afrika stammten, breiteten sich vom östlichen Mittelmeerraum nach Südwesteuropa aus.

VORIGE SEITE:
EUROPÄISCHER FELDHASE
Als die Europäer Land kolonialisierten, nahmen sie ihre Tiere mit. Der Europäische Feldhase kommt heute auf allen Kontinenten vor, außer in der Antarktis.

LEBENSRÄUME EUROPAS

Europa ist ein relativ kleiner Kontinent, der auf drei Seiten von Wasser umgeben ist und mit dem östlichen Nachbarn Asien eine lange Grenze aus Bergen und Meeren teilt. Zu Nordafrika bestehen im Südwesten enge Verbindungen. Das Klima ist meist mild, daher fehlen extreme Lebensräume wie echte Wüste.

GEMÄSSIGTER LEBENSRAUM

Die politischen Grenzen Europas haben sich in der Vergangenheit oft bewegt und verändern sich weiter, doch auf drei Seiten verhindert Wasser jede weitere Ausdehnung: die Barentssee im Norden, der Atlantik im Westen und das Mittelmeer im Süden. Im Osten grenzen das Schwarze und das Kaspische Meer sowie die Berge des Kaukasus und des Urals den Kontinent von Asien ab.

Das europäische Binnenland ist überwiegend gemäßigt: mildes Klima, moderate Regenfälle, mittlere Temperaturen – im Norden kühler als im Süden. Entsprechend vielfältig ist die Vegetation, von Nadelwäldern im Norden über Laubmischwald in Mitteleuropa bis zu Busch- und vereinzeltem Grasland im trockeneren Süden. Auf Island, den Mittelmeerinseln und im Nordwesten Nordafrikas gibt es die gleichen Tier- und Pflanzenarten wie in Europa, deshalb können diese Gebiete biogeografisch noch zu diesem Kontinent gezählt werden.

EINFLUSS DES MENSCHEN

Europa hat eine sehr lange Siedlungsgeschichte – wenige andere Orte auf der Erde wurden so lange von so vielen Menschen bewohnt. Das hat Spuren hinterlassen: Die meisten Flächen wurden umgewandelt – für die Landwirtschaft oder durch Rohstoffabbau, zum Bau von Industrieanlagen, Wohnraum oder Freizeiteinrichtungen. Nur wenige ausreichend große Flächen echter Wildnis sind übrig geblieben. Diese lange Geschichte menschlicher Herrschaft sowie die geringe Größe (nach Australien ist Europa der kleinste Kontinent) und das milde Klima haben dazu beigetragen, dass es in Europa recht wenige spektakuläre Säugetierarten gibt. Über die Jahrhunderte haben Bejagung und direkte Verfolgung das Tierleben stark beeinflusst, doch der Lebensraumverlust ist vermutlich das größte Problem – und so haben hier speziell größere wilde Säugetiere eine ungewisse Zukunft.

GRASLAND (S. 178–179)
Mosaike von Feldern, Wiesen, Weiden und Ackerland überziehen weite Landstriche Mitteleuropas, des Bereiches mit dem ausgeglichensten Klima: Schnee liegt im Winter meist nur wenige Wochen, Dürren im Sommer sind ebenso kurz.

FEUCHTGEBIETE (S. 182–183)
In Europa reichen die Feuchtgebiete von kalten Seen und Marschlandschaften im Norden, die im Winter für Monate zufrieren, bis zu warmen Sümpfen und Lagunen im Süden, die im heißen Sommer austrocknen.

WÄLDER (S. 184–189)
Ohne den Einfluss des Menschen wären große Gebiete Europas von Wald bedeckt. Auf dem verbliebenen Rest variiert der Bewuchs: von dichten Wäldern immergrüner Nadelbäume im Norden über offenen Laubwald in den mittleren Bereichen bis zu vereinzelten Hainen dürreresistenter Sträucher im Mittelmeerraum.

ZAHLEN UND FAKTEN

■ **GRÖSSE:** 10,5 Mio. km², inkl. des europäischen Teils von Russland – ungefähr 7 Prozent der Landmasse der Erde.

■ **STAATEN:** Etwa 40 unabhängige Staaten, darunter einige der kleinsten der Welt (Liechtenstein, Andorra und Vatikanstadt).

■ **KLIMA:** Ziemlich mild, reicht aber von der hohen Arktis im Norden Skandinaviens (im Jahresdurchschnitt –3 °C) bis zum trockenen Mittelmeerraum (Sommerdurchschnittstemperatur 28 °C).

■ **HÖCHSTE BERGE:** Elbrus (Kaukasus, Grenze zwischen Europa und Asien) 5642 m; Mont Blanc (Alpen) 4807 m.

■ **LÄNGSTE FLÜSSE:** Wolga (mündet ins Kaspische Meer, Teil der Grenze zu Asien) 3690 km; Donau (mündet ins Schwarze Meer) 2850 km.

GEBIRGE (S. 180–181)
Ein Gebirgsstreifen durchzieht Südeuropa: vom Kantabrischen Gebirge und den Pyrenäen im Norden der Iberischen Halbinsel ostwärts durch die Alpen bis zu den Karpaten und dem Balkan. Neben einer typischen Bergfauna leben dort auch Tieflandarten, die durch Lebensraumverlust und menschliche Verfolgung in abgelegene Gebiete getrieben wurden.

TROCKENER CHAPARRAL

ÄCKER UND WEIDEN

GRASLANDTYPEN
Weit im Süden, v.a. entlang der Mittelmeerküste, gibt es trockene, buschige Landstriche mit Blumen und Kräutern, die kurz blühen, bevor der lange, heiße Sommer beginnt. Zu den natürlichen Grasgebieten Nordeuropas zählen feuchte Weiden, deren Wassertümpel im Winter zufrieren. Das allgemeine Landschaftsbild Europas aber bestimmen Viehweiden und Äcker.

GRASLAND

Verglichen mit den großen Savannen, Prärien und Pampas anderer Kontinente sind die Grasflächen Europas meist recht klein und bruchstückartig in Waldgebiete eingestreut. Am Südostrand aber gibt es baumlose Flachlandbereiche, die in die großen Steppen Asiens übergehen.

WIESEN UND WEIDEN

Europa hat nur wenige ursprüngliche, noch dazu weit auseinander liegende Grasgebiete, denn dank der ganzjährigen Niederschläge und nur kurzen Sommerdürren gedeihen Bäume hier gut. Neben kleinen Grasbereichen an Berghängen und auf Hochländern sind die bedeutendsten natürlichen Flachlandgraszonen die gemäßigten Steppen nördlich des Schwarzen und Kaspischen Meeres sowie die raue, buschige Chaparral-Vegetation entlang der Mittelmeerküste. Folglich gibt es unter den wild lebenden Säugern Europas nur wenige große, auf Offenflächen grasende Weidegänger; die meisten Graslandsäuger sind klein und eher unauffällig. Doch es finden sich auch größere Weidetiere und Wühler, wie Hirsche und Wildschweine (S. 184), die manchmal aus dem Wald auf grasige Lichtungen wandern, um an den jungen Trieben und Grashalmen zu knabbern.

Viele Hirsche suchen ihre Nahrung im Wald. Das Dam- und Rotwild indes nutzt die Bäume eher als Deckung und kommt zum Fressen auf angrenzende Wiesen, Weiden, Äcker und Parkanlagen. Ihre Nahrung (Binsen, Gras usw.) nehmen sie vor allem in der Däm-

MITTEN IM SPRUNG
Ein aufgeschreckter Europäischer Feldhase kann mühelos 3 m weit springen und bei der Landung Haken schlagen, um Verfolger abzuschütteln.

UNTERMIETER — EINFLUSS DES MENSCHEN

Derjenige Säuger, der sich am erfolgreichsten an das menschliche Umfeld angepasst und von Menschen profitiert hat, ist die treffend benannte Hausmaus. Sie stammt aus dem Grenzbereich Europas zu Asien und ist nun weltweit verbreitet.

RUINIERTE NAHRUNG
Hausmäuse fressen recht wenig, doch mit ihrem Harn und Kot (50 Köttel pro Maus und Tag) verunreinigen sie viele Lebensmittel.

merung ein, nachts und mittags ruhen sie. Wo sie kaum vom Menschen gestört werden, ruhen sie bisweilen tagsüber auf freiem Feld. Bei Gefahr springen sie auf und flüchten in ein Dickicht oder eine Baumgruppe. Im Herbst versammeln sich Damhirschmännchen an traditionellen Brunftplätzen, etwa in Feldwinkeln. Treffen sie auf Rivalen, so schnauben sie, lassen die Geweihe aufeinander krachen und stampfen mit den Hufen.

Die meisten ursprünglichen, tief liegenden Graslandgebiete Europas sind, ebenso wie die einst großen Wälder, längst dem Ackerbau gewichen. Über die Jahrhunderte hat sich ein Flickenteppich aus Wiesen und Weiden für Kühe und Schafe sowie großen Anbauflächen für Weizen und Gerste entwickelt, begrenzt von Hecken und Steinwällen. Hinzu kommen künstliche Grasflächen wie Parks, Gärten, Straßenraine und Golfplätze.

Die landwirtschaftliche Nutzung ist nun so gefestigt und vertraut, dass sich viele kleinere Säuger daran angepasst haben. Es gibt hier zahllose Nager wie Ratten, Mäuse und Wühlmäuse – darunter einen der kleinsten Säuger, die Eurasische Zwergmaus, die als einziger europäische Nager einen Greifschwanz hat. Ihr tennisballförmiges Nest baut sie zwischen den langen Stängeln eines Grasbüschels. Die meisten anderen Nager errichten Baue unter Graswurzeln, wo sie sich tagsüber verstecken; im Schutze der Nacht gehen sie auf Futtersuche.

SPRUNGGEWALT

Sie ähneln Nagern, gehören aber zu einer anderen Säugerordnung, den Lagomorpha: die Hasen und Kaninchen. Besonders der Europäische Feldhase (gegenüber und S. 174–175) ist bestens an offene Lebensräume angepasst. Dank seiner langen, muskulösen Hinterbeine kann er mit über 70 km/h fliehen. Im Gegensatz zum Europäischen Wildkaninchen (rechts), das ein Familienleben im unterirdischen Gangsystem bevorzugt, ist der Hase ein Einzelgänger. In der Morgen- und Abenddämmerung knabbert er Gräser und Kräuter, tagsüber ruht er flach ausgestreckt in einer Mulde im Gras, der Sasse.

Zwei Beutegreifer ernähren sich speziell von Nagern und Hasentieren, nämlich das Mauswiesel und das Hermelin (unten). Beide sind Mitglieder der Familie der Marder, die der Raubtierordnung angehört. Sie sind lang gestreckt, kurzbeinig und geschmeidig und haben ähnliche Jagdtechniken. Konkurrenz vermeiden sie, indem sie unterschiedlich große Beute jagen. Das Mauswiesel frisst vor allem kleinere Pflanzenfresser wie Mäuse, Wühlmäuse, Kaninchenbabys und Jungvögel. Die Kopf-Rumpf-Länge dieses Marders mit dem äußerst schmalen Kopf und der spitzen Schnauze beträgt etwa 20 cm. Er ist so schlank, dass er mühelos in einen Mausbau eindringen kann. Das Hermelin ist ein paar Zentimeter länger, massiger und muskulöser und hat eine schwarze Schwanzspitze. Hermeline jagen eher größere Beute wie Ratten, junge Hasen und erwachsene Kaninchen sowie mittelgroße Vögel, etwa Rebhühner.

HERMELIN
Diese Fleischfresser sind tags und nachts aktiv und legen bei einem Beutezug bis zu 10 km zurück. Oft setzen sie sich auf, um Ausschau zu halten.

DIE KLEINSTEN JÄGER

Zu den Jägern der Weideflächen Südeuropas gehört auch das kleinste aller terrestrischen Säugetiere, die Etrusker-Spitzmaus. Kopf und Rumpf sind so klein wie ein menschlicher Daumen und sie wiegt nur 3 g. Die unbedeutend größere Waldspitzmaus ist auf dem Kontinent weit verbreitet. Diese beiden winzigen Energiebündel müssen täglich fast ihr gesamtes Körpergewicht an Nahrung zu sich nehmen, sonst verhungern sie. Sie fressen Larven, Würmer, Schnecken, Spinnen und Insekten bis zur Größe eines Grashüpfers.

FAMILIENGRUPPE
Europäische Wildkaninchen leben in großen Gruppen in Gemeinschaftsbauen mit vielen Eingängen. Ihre Heimat sind die Grasgebiete der Iberischen Halbinsel.

ZWERGFLEDERMAUS
Sie ist Europas kleinste und vermutlich auch häufigste Fledermaus. In der Dämmerung kommt sie aus Kirchen, Scheunen und anderen ruhigen Gebäuden geflogen, um Nachtfalter, Mücken und Stechmücken zu jagen, die über dem Gras flattern.

LEBEN UNTER DER ERDE — VERHALTEN

In Lebensräumen mit Grasbewuchs wimmelt der reiche Boden von Wurzeln fressenden Maden, Käfern, Tausendfüßern, Schnecken und Würmern. Der Maulwurf baut mit seinen langen Klauen und den schaufelförmigen Vorderpfoten ein Tunnelsystem, das er regelmäßig nach solchen Kleintieren absucht. Sein Nest liegt in einer größeren Kammer im Zentrum des Gangsystems, das bis zu 500 m lang sein kann.

MAULWURFSHÜGEL
Ein grabender Maulwurf schüttet überschüssige Erde zu Hügeln auf, welche viele Wiesen, Weiden und sogar Zierrasen überziehen.

GEBIRGE

Europas Gipfel können sich nicht mit so gigantischen Gebirgsketten wie dem Himalaja, den Anden und den Rocky Mountains messen. Dennoch sind sie hoch und ausgedehnt genug, um einer großen Zahl dickfelliger, leichtfüßiger, Klippen überspringender Säugetierarten eine Heimat zu bieten.

ALPINES GERÖLL

HOCHLANDSTRÄUCHER

GEBIRGSTYPEN
In den höheren Gebirgslagen Europas begraben im Winter Lawinen und im Sommer das abrutschende, lose Geröll regelmäßig den Bewuchs unter sich. Auf den weniger hohen Hängen gedeihen, dank des gemäßigteren Klimas, Gräser und Sträucher wie z.B. Heidekraut.

ALPINE PFLANZENFRESSER

Es ist noch nicht lange her, dass Europas bedeutendste Gebirgskette entstanden ist, und die Alpen wachsen immer noch – rund 1 cm jährlich. Ihre jungen Gipfel sind spitz und schroff, noch nicht durch Eis, Wind, Sonne und Regen verwittert und abgeschliffen. Hänge über etwa 2500–3000 m sind viele Monate schneebedeckt und fast ohne Leben. Auf mittleren Höhen von 1500–2500 m gibt es eine Mischung aus Felsen, Hochlandwiesen und grasbewachsenen Abhängen, welche im Frühling von Wildziegen wie Gämsen (Kasten unten) und Steinböcken (gegenüber), Wildschafen wie dem Mufflon (gegenüber) und zudem vielen domestizierten Ziegen, Schafen und Rindern aufgesucht werden. Die Tiere fressen Kräuter, Gräser und niederes Buschwerk und steigen im Herbst – durch die Nadelwaldzone, die bis auf rund 1600 m Höhe reicht – wieder hinunter in den Schutz der Laubmischwälder, welche die Hänge bis zu etwa 1300 m Höhe bedecken.

ALPENMURMELTIERE
Einst wegen ihres Fetts bejagt, sind sie heute in den Pyrenäen und Karpaten wieder heimisch. Beim Territorialkampf richten sie sich auf, knurren, kreischen und kratzen.

EURASISCHE LUCHSE
Nach der Wiederansiedlung in den Zentralalpen liegt ihre Zahl nun bei über 100. Sie jagen Rehwild (S. 184) und auch die seltenen Gämsen (Kasten rechts).

HOCHLAND-HERBIVOREN

Kleinere Pflanzenfresser – darunter ein Hörnchenverwandter, das Alpenmurmeltier (oben) – bewohnen die hoch gelegenen Wiesen, vor allem in den schweizerisch-italienischen Alpen. Alpenmurmeltiere meiden den langen, gefährlichen Abstieg im Herbst. Sie halten stattdessen einen 6-monatigen Winterschlaf, den sie in großen Familiengruppen von 5–15 Tieren in einem Gemeinschaftsbau verbringen. Während dieser Zeit verlieren sie ein Drittel ihres Körpergewichts. Wenn sie in den Sommermonaten tagsüber Gräser, Kräuter und Binsen fressen (im Herbst zudem Samen und Wurzeln), sind sie Angriffen von Füchsen, Wölfen, Baummardern und Steinadlern ausgesetzt. Der Schneehase (links) ernährt sich ebenso, im Winter wechselt er auf Strauchrinde und -zweige über. Er lebt in weit abgelegenen Alpenregionen in bis zu 1300 m Höhe sowie im nordeuropäischen Hochland. Im Herbst wechselt die Fellfarbe von braun zu weiß: eine ideale Tarnung im Schnee und Eis des Winters.

SCHNEEHASE
Um Erfrierungen vorzubeugen, hat der Schneehase kürzere Ohren und Extremitäten als sein Flachlandvetter (S. 179).

JÄGER DER BERGE

In Europa leben drei große Raubtiere: der Braunbär (S. 185), der Wolf (S. 90) und der Eurasische Luchs (links und S. 169). Weit im Norden und Osten gibt es sie noch recht häufig, doch in den dichter besiedelten südlichen und westlichen Regionen, wo sie wegen ihrer Angriffe auf Nutzvieh und sogar Menschen verfolgt wurden, sind sie äußerst selten. Die Überlebenden fanden in den Bergen Zuflucht. Kleine Braunbärpopulationen leben noch im Norden der Iberischen Halbinsel in den Pyrenäen sowie im Apennin in Mittelitalien, in den Dinarischen Alpen und im Balkan. Wölfe haben ein ähnliches, sehr eingeschränktes Verbreitungsgebiet. Der Eurasische Luchs, im Nordosten weit verbreitet, war in den Alpen im frühen 20. Jahrhundert ausgerottet. In den 1970er-Jahren begann man ihn in der Schweiz, dem Jura und Slowenien wieder einzuführen.

Damit solche Wiederansiedelungen akzeptiert werden, muss das Vieh sicher sein. Dazu könnte es nötig werden, die Herden auch in West- und Südeuropa wieder traditionell zu hüten, wie im Norden und Osten noch heute üblich. So könnten Beutegreifer und Viehhalter koexisitieren.

BERGBEWOHNER

KATZEN wie die Wildkatze jagen auf felsigen Lichtungen und in Wäldern tieferer Hänge Nager, Kaninchen, Vögel und Reptilien.

BERGMARDER wie der Vielfraß leben im kälteren Hochland Nordeuropas, meist im Nadelwald.

HUFTIERE wie die gefährdeten Gämsen bewohnen sommers hohe bis mittelhohe Lagen, im Winter mittelhohe bis tiefe.

WILDE VORFAHREN

Die heutigen domestizierten Schafrassen stammen vom Asiatischen Wildschaf Südwestasiens ab (S. 153). Unsere Altvorderen brachten Wildschafherden auf die Mittelmeerinseln, dann nach Süd- und Mitteleuropa. Sie hinterließen überall halb domestizierte Schafe, die schließlich wieder verwilderten. Die Soay-Schafe der entlegenen St.-Kilda-Inseln im Nordwesten der Britischen Inseln ähneln diesen wilden Vorfahren.

URSCHAFE?
Wikinger könnten vor über 1000 Jahren Schafe nach St. Kilda gebracht haben. Heute leben sie wild, die geringe Größe und das dunkelbraune Fell ihrer Vorfahren haben sie behalten.

Viele große Raubtiere haben in den Bergen Zuflucht gefunden: der Braunbär, der Wolf und der Eurasische Luchs.

RÜCKKEHR AUF DIE GIPFEL
Durch Bejagung war der Alpensteinbock-Bestand im 19. Jahrhundert auf eine einzige Herde geschrumpft. Nach der Wiederansiedlung gibt es nun wieder Zehntausende in den Alpen.

ESSENSZEIT
Schermäuse bevorzugen Schösslinge und junge Blätter, nagen aber auch an weicher Rinde und Knospen. Manchmal fressen sie sogar kleine Fische, z. B. Elritzen.

FEUCHTGEBIETE

In mehr als zwei Dritteln Europas gibt es gemäßigten Niederschlag und eine flache, ausgeglichene Topografie. Die wichtigsten Flüsse des Kontinents sind breit und fließen die meiste Zeit des Jahres langsam. Die Mehrzahl der Marschlandschaften und Sümpfe trocknet weder aus, noch wird sie oft großflächig überflutet.

LEBENSRAUM WASSER

Europas feuchteste Tieflandregionen – mit saftigem Grün und manchmal sumpfig-morastigem Boden – sind die Westküsten Skandinaviens, die Britischen Inseln, die nördliche Iberische Halbinsel, die Apennin-Halbinsel und der Balkan. In weiten Bereichen Mitteleuropas sind die Niederschläge geringer, 500–1000 mm, was zur Bildung ausgedehnter Feuchtgebiete kaum genügt. Im kühleren Norden ist die Verdunstung schwächer und so ist die Landschaft um die Ostsee herum mit großen Seen überzogen. Im heißeren Süden sind feuchte Habitate auf die Hauptflüsse und ein paar sumpfige Deltas in Küstennähe beschränkt, z.B. die Doñana-Ebene am Guadalquivir im Südwesten Spaniens, die Camargue an der Rhônemündung in Südfrankreich und die Dobrudscha-Ebene an der Mündung der Donau ins Schwarze Meer.

WASSERSPITZMAUS
Sie gehört zu den wenigen giftigen Säugern: Ihr Speichel enthält ein schwaches Toxin, das die Beute lähmt. Ihre Hinterfüße tragen einen borstigen Haarsaum.

WASSERBEWOHNENDE SÄUGER

Schon bevor Menschen Europas Süßwasserzonen besiedelten, gab es dort nur wenige große Säuger. Nager und Insektivoren sind häufiger, zumindest dort, wo sie trotz der Verschmutzung des Wassers und seiner Nutzung zu Bewässerungszwecken, als Trink- und Brauchwasser sowie im Wassersport überleben konnten.

An einem ruhigen Abend kann eine V-förmige Welle eine Wanderratte, eine Schermaus (gegenüber) oder auch eine Wasserspitzmaus (oben) verheißen. Die Schermaus hat eine kurze Schnauze, einen rundlichen Körper, dickes, braunes Fell, das die kleinen Ohren fast verdeckt, und einen schwach behaarten Schwanz, der kürzer ist als bei der Wanderratte. Schermäuse errichten ihre Reviere in Abständen von 100–200 m entlang eines Flussufers. Mit ihrer gemächlichen Lebensweise können sie einem flinken Otter (rechts), Nerz oder großen Hecht nicht entkommen, ebenso wenig einer Eule oder einem Reiher.

Die Wasserspitzmaus lebt, wie die Schermaus, überwiegend einzelgängerisch. Ihr kleines Tunnelsystem baut sie in die Uferböschung – meist mit ein oder zwei Ausgängen unter Wasser. Sie paddelt mit allen Vieren und bleibt selten länger als 30 Sekunden unter Wasser. Im Gegensatz zur überwiegend herbivoren Schermaus ist die Wasserspitzmaus ein schneller Jäger. Mit ihrer spitzen, vibrierenden Schnauze macht sie Kleintiere wie Teichschnecken, Würmer, Wasserinsekten, kleine Fische, Kaulquappen, junge Frösche und sogar Küken von Wasservögeln ausfindig.

UFERJÄGER

Die bedeutendsten Raubsäuger der europäischen Feuchtgebiete sind Marder, z.B. Otter und Nerze. Der Fischotter (unten rechts), der im 20. Jahrhundert durch Verschmutzung, unvernünftige Angler, Fallenstellerei wegen des Fells und Sportbejagung aus vielen Regionen verschwunden ist, kehrt langsam zurück. Sein Territorium, das sich über etwa 5 (bei geringer Beutedichte bis zu 20) km Flussufer ausdehnt, verteidigt er durch Kreischen. Er hat Schwimmhäute an den Pfoten und ein wasserdichtes Fell, zudem harte Tasthaare, mit denen er Strömungen und Beute erfühlen kann: vorzügliches Rüstzeug für die Wasserjagd.

Nerze sind bedeutend kleiner als Otter, haben ein weniger wasserdichtes Fell und schmalere Schwimmhäute. Seit etwa 1900 flohen Amerikanische Nerze (S. 76) aus europäischen Fellfarmen. Als flexible Jäger, sowohl im Wasser als auch an Land, breiteten sie sich rasch aus. Der kleinere Europäische Nerz hat unter dem Wettbewerb mit seinem amerikanischen Vetter gelitten, ebenso unter der Zerstörung seines Lebensraums. Heute zählt er zu den am stärksten bedrohten Säugern des Kontinents.

FEUCHTGEBIETSTYPEN
Starker Regen lässt an Abhängen schnell fließende Bäche entstehen, v.a. weit im Westen Europas. Besonders im kälteren Norden gibt es etliche ausgedehnte Tieflandteiche und -seen.

FISCHOTTER
Im Winter streift er bis zu 10 km weit umher, meist in der Abend- oder Morgendämmerung. Verwehrt Eis den Zugang zu Fischen und Fröschen, frisst er Nager und Kleinvögel.

EINGEBAUTE SCHÖPFKELLE — VERHALTEN

Feuchtgebiete sind Brutstätten für Insekten – hier gibt es sowohl Larven als auch ausgewachsene, geflügelte Eintagsfliegen, Köcherfliegen und viele anderen Arten. Wasserfledermäuse haben sich darauf spezialisiert, Feuchtgebiete im Tiefflug nach Fliegen, Nachtfaltern und anderen Fluginsekten abzusuchen. Gefangen wird mit dem Maul oder indem die Opfer mit der taschenartigen Schwanzflughaut aufgeschöpft werden. Wasserfledermäuse können auch Fische fangen: Mit ihrem Echoortungssystem registrieren sie deren Wellen; mit den großen, krallenbewehrten Hinterfüßen ergreifen sie die direkt unter der Oberfläche schwimmenden Tiere.

IM FLUG
Tags schläft die Wasserfledermaus in Bäumen oder Bauten, in der Dämmerung bricht sie zur Jagd auf. Um in einer Höhle zu überwintern, fliegt sie bis zu 300 km weit.

WÄLDER

In Europa gibt es drei bedeutende Waldzonen: ausgedehnte Nadelwälder im Nordosten, subtropischen, immergrünen Strauchwald entlang der südlichen Küsten sowie die Laubmischwälder, die – außer in den genannten Bereichen – fast überall auf dem Kontinent vorkommen.

WALDTYPEN
In Europas bedeutendstem Wald, dem temperierten Laubwald, wachsen v.a. Buchen, Eichen, Birken, Ulmen und Kastanien, in den nördlichen Nadelwäldern meist immergrüne Koniferen wie Tannen, Kiefern und Fichten.

WÄLDER DES NORDENS UND OSTENS

Bevor ein Großteil von Europas Landschaft für Ackerbau und Viehzucht genutzt wurde, waren Bäume die vorherrschende natürliche Vegetation – von kleinen Baumgruppen bis zu großen Waldgebieten. In abgeschiedenen Bereichen blieben Reste dieser großen, ursprünglichen Wälder erhalten, ausgedehnte Flächen aber gibt es kaum noch. Die größten zusammenhängenden Waldzonen und auch die größeren wilden Säuger finden sich im entlegenen Norden und Osten des Kontinents.

Der größte europäische Säuger ist der europäische Bison oder Wisent (links), andere Großsäuger sind Elche (S. 80, 88–89), Hirsche und Wildschweine (oben). Ihre wichtigsten Fressfeinde sind Wölfe (S. 90) und Braunbären (gegenüber), die gelegentlich von ihrer überwiegend vegetarischen Kost abweichen und diese Pflanzenfresser angreifen. Neueste genetische Studien deuten darauf hin, dass es sich beim europäischen und amerikanischen Bison (S. 68–69) um dieselbe Art handelt. Der europäische Bison hat ein etwas dünneres, kürzeres Fell als der amerikanische, ist ihm sonst aber sehr ähnlich. Durch die Jagd in freier Wildbahn um 1910 ausgerottet, wurden europäische Bisons in Parks gezüchtet und in den Nadelwäldern von Bialowieza an der polnisch-weißrussischen Grenze ausgewildert, ebenso in Schutzgebieten im Kaukasus. Große Männchen wiegen knapp eine Tonne. Sie leben allein oder in Junggesellengruppen, außer während der Brunft (zwischen August und Oktober). Nach den Rivalenkämpfen, bei denen die Tiere ihre Köpfe und Hörner heftig gegeneinander stoßen, gesellen sich die siegreichen Männchen kurzzeitig den Weibchen zu. Diese leben, zusammen mit ihren jüngsten Kälbern und einem dominanten, alten Weibchen (der Matriarchin), in kleinen Herden mit 5–15 Tieren.

WILDSCHWEIN
Eine Wildschweinrotte besteht i.d.R. aus Sauen und dem Nachwuchs der letzten beiden Jahre. Männchen, v.a. ältere Keiler, leben eher als Einzelgänger – abgesehen von der Paarungszeit im Hochwinter.

WISENTMAHLZEITEN
Der Bison Europas, der Wisent, labt sich im Herbst an Eicheln, Bucheckern und Samen; im Winter frisst er immergrüne Sträucher, Moose und Flechten.

EUROPAS BÄREN

In Südeuropa sind Bären extrem selten. Schon in früheren Zeiten wurden sie vom Menschen verfolgt und in entlegene, felsige Hochländer vertrieben (S. 180). In Richtung Norden und Osten werden unberührte Wälder immer häufiger, Menschen seltener und die Bären folglich zahlreicher. Diese eurasischen Bären sind Unterarten des Braunbären – und zwar die kleinsten: Männchen wiegen selten mehr als 250, Weibchen selten mehr als 150 kg. Die Braunbären Alaskas (S. 81) und Nordostasiens können viermal schwerer werden.

Übers Jahr gesehen, ernährt sich ein Braunbär zu rund 90 Prozent vegetarisch. Je nach Jahreszeit frisst er Wurzeln, Zwiebeln, Knollen, Triebe, Knospen, Gräser, Blätter, Früchte, Beeren und Nüsse – ja so gut wie alles Pflanzliche. An Fleisch nimmt er entweder sehr kleine Tiere wie Maden aus verrottendem Holz und Larven aus Ameisennestern zu sich oder gleich viel Größeres, z.B. verwesende Hirschkadaver. In den kälteren Zonen ihres Ausbreitungsgebietes halten Braunbären meist Winterruhe, wobei sie sich in ihre Baue zurückziehen und vom Körperfett zehren. Während dieser Zeit bringen die Weibchen gewöhnlich ihre Jungen zur Welt.

Braunbären sind kurzsichtig, können aber vorzüglich hören und riechen. Sie sind dafür bekannt, dass sie sich bei Bedrohung aufrichten. Trotz ihrer Größe sind sie sehr agil. Oft trotten sie im Passgang mit etwa 5 km/h umher, sprinten aber, wenn sie Gefahr wittern, mit dem Zehnfachen dieser Geschwindigkeit davon.

ZEICHEN IM WALD — VERHALTEN

In Wäldern gibt es eine Fülle von Reviermarken, die Säuger hinterlassen haben. Rehe reiben Sekrete aus Duftdrüsen am Kopf und zwischen den Hufen auf Bäume, Büsche und Steine. Männliche Hirsche wetzen ihr Geweih an Büschen und Sträuchern, um die alte Haut, die noch darauf hängt, loszuwerden, aber auch, um mit abgerissenen Zweigen und Blättern ihre Anwesenheit zu signalisieren.

REVIERMARKE
Ein Rehbock markiert seine Reviergrenzen mit den direkt unter seinen Augen liegenden Voraugendrüsen.

MÜHSAMER ABSTIEG
Ausgewachsene Braunbären (unten) sind meist zu massig, um auf Bäume zu klettern – die neugierigen Jungen (links) tun es aber. Meist mit 18 Monaten entwöhnt, bleiben sie dann noch für rund ein Jahr bei ihrer Mutter. Den blassen »Fellkragen« tragen sie bis zur Geschlechtsreife mit 5–7 Jahren.

GROSSE SPRÜNGE
Eichhörnchen können über 2 m weit springen, wenn sie von einem Ast zum anderen wechseln. Verlieren sie aus irgendeinem Grund den Halt, überleben sie Stürze aus beträchtlicher Höhe.

HINAUS IN DEN WILDEN WALD

Bei Rotfüchsen leben Fähe und Rüde zusammen in einem Bau. Beide Elterntiere kümmern sich um die 4–5 Jungen. Diese sind zunächst braun, ihr rötliches Fell bekommen sie mit 8 Wochen, wenn sie ihre ersten Jagdausflüge starten.

EHER FORST ALS URWALD

Die meisten der westeuropäischen Laubwaldgebiete werden heute gezielt erhalten und bewirtschaftet, nur wenige bleiben sich selbst überlassen. Die Jagd auf große Säuger wie Hirsche und Wildschweine war lange ein Hauptgrund für den Erhalt. Die moderne Waldnutzung ist eher ein Mix aus Natur- und Wildtierschutz, Holzwirtschaft und Pflege von Freizeitgebieten. Waldspaziergänger können hier ab und zu Säugetiere wie z.B. Dachse, Rotfüchse (gegenüber), Hirsche (S. 184), Hermeline (S. 179), Igel und verschiedene kleinere Arten von Spitzmäusen, Wühlmäusen und Mäusen zu Gesicht bekommen.

NEUE KONKURRENZ

Zu den am besten ans Baumleben angepassten Säugern zählen die Hörnchen, die sich von Samen, Nüssen, Blüten, Pilzen sowie von Baumsaft und Rinde ernähren. In Europa gibt es zwei Arten: Eichhörnchen (S. 186–187) und Grauhörnchen (rechts und S. 83). Das Fell des Eichhörnchens, im Sommer rötlich, wird im Winter dunkelbraun mit einem gräulichen Anflug. Aber nicht nur die Farbe ist anders: Das Eichhörnchen ist auch kleiner als das Grauhörnchen, zudem hat es einen buschigeren Schwanz und Ohrbüschel. Grauhörnchen stammen aus Nordamerika und wurden in den 70er-Jahren des 19. Jahrhunderts an verschiedenen Orten in Großbritannien eingeführt. Dort gedeihen sie nun vielerorts prächtig, auf Kosten ihrer roten Vettern: In Großbritannien gibt es mehr als 2,6 Mio. Grau- und nicht einmal 150 000 Eichhörnchen. Die Grauen haben auch in kleinen Bereichen auf dem europäischen Festland Fuß gefasst, besonders in Italien, wo es aber auch noch ziemlich viele Eichhörnchen gibt.

Doch nicht nur die Grauhörnchen tragen Schuld am Rückgang der Eichhörnchen. Sogar dort, wo sie fehlen, sind Eichhörnchen z.T. seltener geworden. Die Gründe sind Viruserkrankungen und der Verlust ihres spezifischen Lebensraumes, in dem Haselnusssträucher und einheimische Nadelbäume vorkommen müssen.

HASELMAUS
Diese Maus klettert flink, ihr dicht behaarter Schwanz dient dabei der Balance. Selten kommt sie auf den Boden. Sie frisst Samen, Beeren, Nüsse, Früchte und Larven.

In Europa wurden noch verschiedene andere Säuger eingeführt, z.B. Sika- (S. 150) und Axishirsche (S. 150–151) sowie Muntjac-Hirsche aus Asien und Weißwedelhirsche (S. 80) aus Nordamerika. Umgekehrt wurden von Europäern auch Tiere exportiert, etwa der Rotfuchs nach Australien (S. 131). Er ist eines der anpassungsfähigsten und am weitesten verbreiteten Raubtiere der Welt. In Europa wird er teils als nützlich betrachtet, weil er Kaninchen, Mäuse und andere Pflanzen fressende Plagegeister kurz hält. Andererseits gilt er oft selber als Plage, weil er Hühnerställe heimsucht und die Tollwut verbreitet.

GRAUHÖRNCHEN
Dieses Grauhörnchen unterbricht an einem heißen Tag seine Mahlzeit, um in einer Astgabel ein Nickerchen zu machen.

WALDRÄNDER

Die Ränder eines Waldes, an denen die Bäume Büschen und Gräsern weichen, sind so vielseitig, dass sie zahllose Säugetierarten beherbergen. Auch Hecken sind sehr nützlich, denn sie bieten Schutz und verbinden Waldstücke und Dickichte. Dies ist wichtig für die Spitzmäuse, Igel, Mäuse und Wühlmäuse sowie für deren Fressfeinde, z.B. die Mauswiesel und Hermeline. Wald- und Gelbhalsmäuse sind in allen Laubwäldern Europas weit verbreitet und somit wichtige Beutetiere für Marder, Füchse und Greifvögel wie Habichte und Eulen. In Europas Wäldern gibt es noch ungefähr 25 weitere Arten von Mäusen, Wühlmäusen, Lemmingen und anderen Kleinnagern. Der Waldlemming ist in den Nadelwäldern Skandinaviens häufig zu finden, die Rötelmaus in Laubwäldern auf dem ganzen Kontinent. Der Graue Zwerghamster indes lebt nur in den kleinen, vereinzelten Waldgebieten weit im Südosten.

Es gibt auch fünf europäische Bilche, vom Siebenschläfer, der – wenn er im Herbst Nüsse, Beeren und Früchte verzehrt – bis zu 300 g schwer werden kann, bis zur Haselmaus (oben), die nur 30 g wiegt. Diese Bilche verbringen die kälteren Monate (meist Oktober bis April) im Winterschlaf (Kasten links). Im Frühling flicht die Haselmaus ein ballförmiges Wurfnest, das etwa 15 cm Durchmesser hat, aus Stängeln und Kletterpflanzen besteht und oft auf einem alten Vogelnest oder Eichhörnchenkobel errichtet wird – ein paar Meter hoch in den Zweigen eines Baumes. Ihr größerer Vetter, der rund 100 g schwere Gartenschläfer, baut ein ähnliches Nest, aber tiefer unten: in einem Strauch, zwischen Kletterpflanzen, in einer Höhle, unterm Dach eines Hauses oder in einem Schuppen.

ÜBERWINTERNDE SÄUGER — VERHALTEN

Viele Säuger, die vermeintlich Winterschlaf halten, schlafen – wie die Bären und Hörnchen – im Winter einfach nur tiefer als üblich, in wärmeren Phasen erwachen sie. Im echten Winterschlaf sinkt die Körpertemperatur auf 3–6 °C, Atmung und Herzschlag sind kaum wahrnehmbar. So ist es bei vielen Nagern, v.a. Bilchen und einigen Murmeltieren (S. 180). Ein Bilch kann während dieser 6 Monate die Hälfte seines Gewichts verlieren.

BILCH IM WINTERSCHLAF
Er baut sein Bett aus Zweigen, Laub und Moos zwischen Wurzeln oder in der Erde.

KURZPORTRÄT
FLEDERMÄUSE

Manche Fledermäuse unserer Wälder jagen auch bei Tageslicht. Der Große Abendsegler fängt Fluginsekten in der Luft; Braune Langohren und Kleine Hufeisennasen sammeln ihre Beute eher von Bäumen und Sträuchern ab.

GROSSER ABENDSEGLER

BRAUNES LANGOHR

KLEINE HUFEISENNASE

DIE MEERE

LEBENSRÄUME IN DEN MEEREN

Selbst die größten Lebensräume an Land verblassen neben dem marinen Biom, einem gigantischen Wasserkörper, der mehr als zwei Drittel der Erdoberfläche bedeckt. Man könnte vielleicht meinen, die Lebensbedingungen in den Meeren seien unveränderlich oder zumindest regelhaft, tatsächlich aber sind sie ziemlich unstet.

EVOLUTION

VOR 750 MIO. JAHREN hatte sich bereits das meiste Wasser der Erde zu Meeren formiert – heute sind es etwa 1,3 Mrd. km³. Die Landmassen waren lose zu einem frühen Superkontinent (Rodinia) gruppiert und von Urmeeren wie dem Moçambique-, dem Panafrikanischen und dem Brasiliano-Ozean umgeben.

VOR 500 MIO. JAHREN entwickelten sich aus den Einzellern, die seit mehr als 2500 Mio. Jahren in den Meeren existierten, erste komplexe Tiere wie die gepanzerten Trilobiten.

VOR 220 MIO. JAHREN brach der U-förmige Superkontinent Pangäa allmählich auseinander. Das Tethys-Meer wurde dabei z. T. umschlossen, Pangäa war vom immensen Superozean Panthalassa umgeben.

VOR 130 MIO. JAHREN entstand der Atlantik als ein gigantisches Binnenmeer zwischen Europa und Nordamerika. Zwischen Südamerika und Afrika lag eine Meeresstraße.

VOR 50 MIO. JAHREN entstand das Rote Meer. Die Säuger – bis jetzt aufs Land beschränkt – kehrten als frühe Waltiere ins Meer zurück.

VOR 25 MIO. JAHREN formten sich die Reste des Panthalassa zum Pazifik; der Indische Ozean bildete sich aus dem ehemaligen Tethys-Meer. Frühe Robben entwickelten sich.

VOR 1,7 MIO. JAHREN, als die letzten Eiszeitserien anbrachen, sank der Meeresspiegel bis auf 130 m unter dem heutigen Stand und legte Landbrücken frei, die viele Meerengen verschlossen. So wurden der Nordpazifik und das Nordpolarmeer durch die Beringlandbrücke getrennt.

VORIGE SEITE: ROBBE
An Land dösend, spart ein Seehund Energie. Im Meer ist er flink und anmutig, an Land langsam und unbeholfen.

WASSERWELT

Das Leben in der geheimnisvollen Unterwasserwelt kann genauso komplex und vielseitig sein wie an Land. Hinsichtlich der Zahl ihrer Tierarten gehören Korallenriffe zu den reichsten aller Lebensräume. Gemessen an dem, was über terrestrische Tiere und Pflanzen bekannt ist, ist unser Wissen über marine Lebensformen spärlich. Die Unterwasserstudien werden zwar zahlreicher und detaillierter, riesige Bereiche sind aber noch unerforscht. Dort liegen zweifellos noch Überraschungen verborgen. Eine solche war in den späten 70er-Jahren des 20. Jahrhunderts die Entdeckung der Tiefsee-Hydrothermalschlote, auch »black smokers« genannt. Aus düsenförmigen Rissen im Meeresboden strömt extrem heißes, mineralstoffreiches Wasser aus, das eine Nahrungsquelle für eine bislang unbekannte Lebewelt darstellt, darunter Schwärme bizarrer Würmer, Fische und Krebse.

MEERESSÄUGER

Trotz der Größe und Vielfalt der Ozeane sind Säuger unterrepräsentiert – wohl aufgrund ihrer terrestrischen Herkunft. Nur drei Säugerordnungen haben im Laufe der Evolution ihr »Landrattendasein« aufgegeben und sind in die See zurückgekehrt: erstens die Waltiere (83 Arten), z. B. Wale, Delphine und Schweinswale, zweitens die Pinnipedia oder Robben (34 Arten), etwa Seehunde, Seelöwen und das Walross, und drittens die Seekühe (4 Arten), also die Dugongs und Manatis.

Diese Wasserwesen zeigen einige der extremsten Abweichungen vom angestammten, typischen Säugerbauplan, dem 4-Beine-1-Schwanz-Schema: Für schnelle, effiziente Bewegungen im Wasser wurden sie von der Evolution mit stromlinienförmigen Körpern und paddelähnlichen Gliedmaßen ausgestattet (Waltiere und Sirenen auch mit fischähnlichen Schwanzflossen oder Fluken), zudem mit einer speziellen Physiologie, um mit dem Salzwasser zurechtzukommen – vom Trinken bis zum Tauchen.

KÜSTENGEWÄSSER (S. 194–197)
Rund 1/13 der Meere sind Festlandsockel (Kontinentalschelfe), flacher als 200 m. Hier ist das Leben am reichsten. Die Küste selbst ist wegen der Felsen, Wellen und vielen Beutegreifer gefährlich.

LEGENDE GEWÄSSER

- KÜSTENGEWÄSSER
- HOCHSEE
- POLARREGIONEN

POLARREGIONEN (S. 204–207)

Das Wasser wird nie wärmer als 5 °C. Im Winter können Meeressäuger vom Packeis eingeschlossen werden und ersticken. Der Frühling aber bringt einen Schwall nährstoffreichen Wassers und lässt das marine Kleintierleben geradezu explodieren. Viele große Meeressäuger wandern nun hierher, um am Festmahl teilzuhaben.

ZAHLEN UND FAKTEN

- **GRÖSSE:** Ozeane und Meere bedecken 362 Millionen Quadratkilometer, das sind 71 Prozent der Erdoberfläche.
- **DURCHSCHNITTLICHE TIEFE:** 3740 m.
- **GRÖSSTE TIEFE:** Marianengraben im Nordwestpazifik, 10915 m.
- **GRÖSSTER OZEAN, GRÖSSTES MEER:** der Pazifik mit 166 Mio. km², 46 % des marinen Bioms, durchschnittliche Tiefe 3950 m; die Korallensee (nordöstlich von Australien) mit 4,7 Mio. km² oder das Südchinesische Meer mit 3 Mio. km² – je nach Definition.
- **KLEINSTER OZEAN:** Nordpolarmeer mit 14 Millionen Quadratkilometern, Tiefe 1100 m.
- **OBERFLÄCHENTEMPERATUR:** Von –3 °C im Weißen Meer im Nordwesten Russlands bis zu 37 °C im Persischen Golf.

HOCHSEE (S. 198–203)

Das freie Oberflächenwasser oder obere Pelagial ist mal spiegelglatt, dann wieder durch heftige Stürme aufgepeitscht. Starke Strömungen können unvorsichtige Meeressäuger in fremde Regionen treiben, wo es ihnen an gewohntem Futter mangelt.

FELSKLIPPEN

SANDSTRAND

FLACH- UND STEILKÜSTEN
Küstenlinien bilden sich entsprechend der Geologie des Landes, der Wasserströmungen und der vorherrschenden Winde. Harte Felsen, die der Brandung standhalten, formen hohe Klippen. Weicheres Gestein wird zu sanft abfallenden Stränden mit Sand oder Kies abgetragen.

KÜSTENGEWÄSSER

Die Küstengewässer sind die längsten und schmalsten Lebensräume der Welt: Bänder von insgesamt 844230 km Länge – mit nackten Eisklippen, geröllübersäten Landstrichen, palmenumsäumten Stränden, Schlammflächen, so weit das Auge reicht, und üppigen Korallenriffen.

VIELFALT

Die Küstengewässer erstrecken sich von der Gezeitenzone (also der Küstenlinie selbst) über die seichten Bereiche bis zum Rand des Kontinentalschelfs: Zwischen Strand und offenem Meer ist das Wasser meist 150–200 m tief. Am Rand des Festlandsockels fällt der Meeresboden plötzlich in die Tiefe ab. Die Breite dieses Streifens reicht von wenigen Dutzend Metern bis zu mehreren Dutzend Kilometern.

Küstengewässer sind die variantenreichsten Lebensräume der Welt. Da das Sonnenlicht im seichten Wasser bis zum Boden gelangt, vom Land sowie durch die Strömung vom Meeresboden Nährstoffe eingetragen werden und zudem sehr vielfältige Umgebungsbedingungen herrschen, ist das Leben hier viel reicher als in anderen marinen Habitaten.

SEELÖWE
In der Paarungszeit wirft sich die männliche Mähnenrobbe am Strand in Pose und bellt und brüllt Rivalen nieder.

Viele Säuger suchen am Strand nach Nahrung: Wölfe, Füchse, Bären, Hyänen, Hermeline, Nerze, Waschbären, Katzen, sogar Affen und Ratten waten ins Wasser, angeln Fische und Krebse aus Tümpeln zwischen den Felsen oder vertilgen angeschwemmte Kadaver. Mehrere Otter kommen regelmäßig aus dem Süßwasser an die Küste, um im Flachwasser zu jagen. Doch die wichtigsten Säuger, die ihr Leben sowohl an Land als auch im Meer verbringen, sind die Robben oder Pinnipedier (Flossenfüßer) – so genannt, weil ihre Gliedmaßen zu paddelähnlichen Flossen umgebildet sind. Zu ihnen zählen z.B. Seehunde, Seelöwen und Walrosse. Ihre kurzen, kräftigen Beinknochen liegen innerhalb des Körpers und bilden die Basis der Flossen, die verlängerten Finger- oder Zehenknochen deren Hauptteil.

KÄMPFE VOR DER PAARUNG — VERHALTEN

Die meisten Robben pflanzen sich in Kolonien fort. Zur Paarungszeit versammeln sie sich an traditionellen Stellen, wo die Bullen um Territorien kämpfen – kleine Fleckchen Sand oder Felsen am Strand. Die größeren, stärkeren Männchen besetzen die begehrten Plätze im Inneren der Kolonie, denn dort halten sich die fortpflanzungsbereiten Weibchen am liebsten auf.

TRAINING
Junge Kegelrobbenmännchen lernen, durch Schieben, Brüllen und Beißen Reviere zu erstreiten.

Außer der Baikal-Ringelrobbe im Süßwasser des russischen Baikalsees leben Robben an Meeresküsten: Das Wasser ist ihr Jagdrevier; an Land wird geruht und das dicke, wasserfeste Fell gepflegt; hier finden auch die Werbung und die Jungenaufzucht statt. Einige Arten, z. B. die massigen See-Elefanten, verlassen die Küstengewässer nach der Fortpflanzungsphase und bleiben viele Monate auf offener See, wo sie – auf den Wellen treibend – auch ruhen und schlafen. Der Südliche See-Elefant ist die größte Robbe: Ein wohlgenährtes Männchen wiegt über 5 Tonnen – so viel wie ein echter Elefant.

FUTTEROPPORTUNISTEN

Robben sind Raubtiere. Auf der Suche nach einer Fischmahlzeit können sie über 50 m tief tauchen und mehrere Minuten den Atem anhalten. Viele Arten fressen auch Tintenfische, Muscheln (die sie aus dem Schlamm graben oder von den Felsen abschaben) sowie Krabben, Garnelen und weitere Krustentiere, zudem Seevögel wie Pinguine und Trottellummen. Größere Arten wie Stellers Seelöwe im Nordpazifik jagen andere Säugetiere, etwa Otter und kleine Robben.

ROBBEN — KURZPORTRÄT

Es gibt 3 Robben-Familien: 14 Arten gehören zu den Ohrenrobben (Seelöwen und Seebären), die kleine Ohrmuscheln haben, sich auf ihre Vorderflossen stützen und unter Mitwirkung der hinteren Flossen über Land watscheln können. Die Hundsrobben (19 Arten) haben keine äußeren Ohren und ihre Flossen taugen nicht zum Laufen, weshalb sie an Land auf dem Bauch »robben« müssen. Zur dritten Familie gehört nur eine Art: das Walross mit seinen großen Stoßzähnen. Seine Vorderflossen ähneln denen der Seelöwen, die Hinterflossen eher denen der Hundsrobben.

STELLERS SEELÖWE

SEEHUND

WALROSS

In den Küstengewässern ist das Leben viel reicher und weitaus vielfältiger als in anderen marinen Habitaten.

BULLEN SIND GRÖSSER
Bei den meisten Robben wie diesen Mähnenrobben sind die Männchen oder Bullen wesentlich größer als die Weibchen oder Kühe.

WELLENREITEN ZUM STRAND
Ein 10 Tonnen schwerer Schwertwal »surft« auf einer Wasserwand zum Strand, packt sich ein glückloses Robbenjunges und schleppt seine Beute aufs offene Meer hinaus.

MEERESSÄUGER-DRAMA
Ein entwöhntes Seelöwenjunges muss zum Jagen ins Wasser, doch nur ein paar Meter entfernt lauert Gefahr: Schwertwale wissen genau, wann Seelöwen Junge haben.

FREUND ODER FEIND?

EINFLUSS DES MENSCHEN

Unsere Sympathie für manche Meeressäuger, v.a. für kleinere Wale wie Delphine, ist ein zweischneidiges Schwert. Dass wir uns von der Verspieltheit und der hohen Intelligenz der Delphine angezogen fühlen, kann für die Tiere vorteilhaft sein, da das Interesse hilft, Schutzbemühungen zu unterstützen. Doch Streicheln und sonstiger enger Körperkontakt können den Tieren auch schaden.

TÖDLICHES VERTRAUEN
An Boote gewöhnte Delphine bringen sich oft selbst in Gefahr, wenn sie Fischern zu nahe kommen, die ihre Netze einholen.

OTTER DES MEERES

Viele Otterarten zieht es nur gelegentlich zum Meer, zwei jedoch haben sich auf das Leben an der Küste spezialisiert. Der Meerotter bewohnt den Südpazifik entlang der Westküste Südamerikas. Er jagt bis 500 m weit im Meer, gelegentlich auch in Flüssen, wohnt aber an Land. Anders der Seeotter des Nordpazifiks, der selbst bei rauem Wetter selten an Land kommt. Von allen Ottern ist er am stärksten ans Wasser angepasst. Mit einer Kopf-Rumpf-Länge von 120 cm, einem Schwanz von 20 cm und einem Gewicht von 25 kg ist er der kleinste Meeressäuger der Welt. Es gibt drei bedeutende Seeotter-Populationen: eine kalifornische (2000 Tiere), eine in Alaska (120000 Tiere) und im Nordpazifik eine asiatische (20000 Tiere).

Mit dem gekräuselten, blassen Fell, gebleicht von Sonne und Salz, den glänzenden Knopfaugen und der schwarzen Nase wirken Seeotter auf Menschen recht

AUF DEN WELLEN SCHLAFEN
Seeotter kommen kaum an Land. Sie fressen, schlafen, ruhen und putzen sich auf See; der Schwanz dient dabei als Ruder, die Hinterbeine als Paddel.

attraktiv. Auch ihr Verhalten ist ansprechend: Sie können Objekte mit den Händen greifen, lassen sich gern auf dem Rücken treiben (als ob sie ein Sonnenbad nähmen) und verbringen Stunden mit der Pflege und dem Einölen ihres dicken, Wasser abweisenden und isolierenden Fells. Das Weibchen wirft zwar auf Felsen am Strand, nimmt ihr Kleines aber gleich mit ins Meer und legt es sich auf den Bauch, damit es nicht untergeht.

Seeotter sind soziale Tiere, die normalerweise in Gruppen leben. Oft suchen sie küstennahe »Wälder« aus Seetang auf, großen, robusten, am Boden verankerten Braunalgen. Die schwebenden Wedel schwächen die Brandung ab und unterstützen und beschützen die Otter so beim Rasten – oft begeben sich die Tiere zum Schlafen zwischen die Wedel. Im verwobenen Labyrinth der Braunalgen gehen die Otter auch auf die Jagd.

WERKZEUGBENUTZUNG

Auf der Suche nach Muscheln, Krabben, Seeigeln und anderen Bewohnern des Meeresbodens können Seeotter bis zu 30 m tief tauchen und dabei bis zu 5 Minuten unter Wasser bleiben. Wann immer sie hartschalige Beute ergattert haben, bringen sie auch einen kleinen Stein mit an die Oberfläche. Sie drehen sich auf den Rücken, legen sich den Stein auf den Bauch, halten das Schalentier mit den Vorderpfoten fest und schlagen es auf dem Stein auf. Otter scheinen anspruchsvolle Esser zu sein, denn nach dem Öffnen der Schale streichen sie das Fleisch durchs Wasser, um den Schlamm und die Schalenbruchstücke abzuspülen.

AN DER KÜSTE GESTRANDET — VERHALTEN

Jedes Jahr werden Hunderte Wale und Delphine lebend angespült – häufig Grind-, Schwert- und Pottwale sowie Große Tümmler. Krankheiten und Altersschwäche können für Einzelfälle verantwortlich sein, Massenstrandungen sind rätselhafter: Verirren sich die Tiere in Stürmen oder ungewohnten Strömungen, macht sie die Meeresverschmutzung krank oder schädigen Unterwassergeräusche, z.B. von Schiffsschrauben, ihr Echoortungssystem?

SELTENER ANBLICK
Dieser Schnabelwal ist ein »Tiefseetaucher«, den man selten zu Gesicht bekommt. Vieles, was wir über solche Arten wissen, stammt von gestrandeten Tieren.

SCHUTZ

Trotz ihres reizvollen Aussehens und Verhaltens wurden Seeotter im 19. Jahrhundert, speziell in den südlichen Bereichen ihres Verbreitungsgebietes, massenhaft abgeschlachtet – v.a. wegen ihres üppigen Fells und ihrer Überfälle auf Schalentierfarmen. Heute ist die Art geschützt und an der kalifornischen Küste sehr beliebt. Andere Meeressäuger – besonders diejenigen, die uns nicht so auffallen, weil sie weit draußen leben – sind aber immer noch stark bedroht, etwa durch fortgesetzte Bejagung wegen ihres Fleisches und Öles, durch Verschmutzung und Fischernetze, in denen sie ertrinken.

SCHMAUS AUF SEE
Ein Seeotter schabt mit seinen einziehbaren Krallen die letzten Fleischreste aus dem Panzer eines erbeuteten Krebses.

MEERESBEDINGUNGEN
Auf hoher See sind die Bedingungen viel variabler, als sie scheinen. Unter der Mittagssonne steigen die Oberflächentemperaturen um 10–15 °C. Einen ähnlich großen Unterschied kann es zwischen einer kalten und einer warmen Strömung geben, die bisweilen nur 1–2 km voneinander entfernt sind. Stärke und Richtung der Strömungen verändern sich mit den Jahreszeiten und der Tiefe. Das Spektrum der Wellen reicht von einer unmerklichen Kräuselung bis zu haushohen Brechern.

DIE HOCHSEE

Der tiefe, geheimnisumwitterte Ozean ist der größte Lebensraum – und zugleich der, über den wir am wenigsten wissen. Er beherbergt eine Vielfalt von Leben, von mikroskopisch kleinen Organismen am unteren Ende der Nahrungskette bis zu gigantischen Säugern – den größten Tieren des Planeten.

RIESENSPEISEKAMMER

Im weltgrößten Lebensraum gelangt das Sonnenlicht nicht tiefer als 250 m. Daher konzentriert sich das Leben in dieser so genannten photischen Zone, in der Milliarden Kleinstorganismen die »Planktonsuppe« bilden, die den Krill (vor allem Kleinkrebse), Fische und Tintenfische ernährt, welche wiederum Futter für die Hochseesäuger sind. Es gibt so viel Krill, dass er sogar die größten Tiere der Welt ernährt.

FONTÄNE
Das Spritzloch auf der Kopfoberseite eines Wals (hier ein Grauwal) ist sein »Nasenloch«. Der Wasserdampf im warmen Atem kondensiert zum so genannten Blas.

Die Waltiere (Ordnung *Cetacea*) werden in Groß- bzw. Bartenwale (12 Arten) und Zahnwale (71 Arten) unterteilt. Bartenwale sind Filtrierer, Zahnwale – zu denen Delphine und Schweinswale gehören – aktive Jäger größerer Beute.

Zu den Bartenwalen zählen die größten Säugetiere der Welt; sogar ihre kleinste Art, der Zwergwal, wird über 10 m lang und 12 Tonnen schwer. Der größte ist der Blauwal mit 30 m und manchmal über 100 Tonnen.

KURZPORTRÄT

GROSSWALE

Die Körperform eines Großwals entspricht seiner Lebensweise. Der riesige, massige Glattwal schwimmt träge, taucht nur wenige Minuten und nur ein paar Meter tief. Die sehr schnittigen Finnwale eilen tagelang mit 25 km/h durchs Meer.

SÜDLICHER GLATTWAL

FINNWAL

ATEMPAUSE
Ein Finnwal – mit 70 t nach dem Blauwal die größte Art – gleitet zum Atmen an die Oberfläche. Finnwale überwintern in subtropischen Meeren (hier: Golf von Mexiko).

PLATSCHEN UND KLATSCHEN — VERHALTEN

Großwale produzieren viele verschiedene Töne – nicht alle jedoch sind stimmhaft. So schießen viele Arten mit hoher Geschwindigkeit und Kraftanstrengung nach oben, um ihre über 50 Tonnen aus dem Wasser zu hieven; dann fallen sie mit einem kolossalen Aufprall zurück. Dieses Verhalten trägt dazu bei, Entenmuscheln und andere Hautparasiten loszuwerden, doch es kann auch dazu dienen, Schallsignale an andere, in der Nähe befindliche Wale zu schicken. Auch das Schlagen mit der Fluke, bei dem der Wal nur seine Schwanzflosse aus dem Wasser hebt und sie anschließend wieder auf die Oberfläche klatschen lässt, könnte eine Form der Kommunikation sein.

KRACHMACHER
(Oben) Ein Buckelwal schießt aus dem Wasser und wird gleich Wellen schlagen. (Unten) Ein Südlicher Glattwal hebt die Fluke.

BARTENWALE

Bartenwale haben aus Horn oder »Fischbein« bestehende Barten, die es ihnen ermöglichen, Futter zu filtern. Diese Platten bzw. Streifen aus einer flexiblen, elastischen Substanz, die zähem Kunststoff ähnelt, hängen wie ein schwerer, gekrümmter Lamellenvorhang mit einem Bürstensaum vom Oberkiefer des Wals herab. Je nach Großwalart unterscheiden sich die Bartenplatten in Anzahl, Größe und Form. Die größten trägt der Grönlandwal: mehr als 600 Barten, jede über 4 m lang und 15–25 cm breit. Der Blauwal hat bis zu 400 Platten, die jeweils knapp 1 m lang sind.

AUS DEM MEER GESEIHT

Beim Fressen reißt ein typischer Bartenwal sein Maul weit auf und nimmt einen gigantischen Schluck Wasser, der seine gefältelte Kehle aufbläht. Daraufhin schließt er sein Maul fast vollständig; dabei wird das Wasser durch die Barten und zwischen den Lippen hindurchgepresst. Kleine Futterteile wie Krill oder Fische, die im Bartensieb hängen bleiben, leckt er mit seiner PKW-großen Zunge ab. Ein Blauwal vertilgt auf diese Weise 5 Tonnen Krill pro Tag.

Zu den Bartenwalen zählen die größten Säugetiere der Welt; der größte ist der Blauwal mit bis zu 30 m Länge und manchmal über 100 Tonnen Gewicht.

SICHTUNG — EINFLUSS DES MENSCHEN

Organisierte Bootstouren zur Walbeobachtung boomen – gerade im Sommer, wenn die Tiere in den Gewässern weit im Norden bzw. Süden ihre Nahrung zu sich nehmen. Die Einnahmen unterstützen die örtliche Wirtschaft, was wiederum dem Schutz der Wale dient, denn nur solange es Wale gibt, kann man an dieser Form des Tourismus gut vedienen.

LUNCHTIME IN ALASKA
Wal-Beobachtungsboote halten Abstand: zu ihrer eigenen Sicherheit und um die Säuger nicht bei ihrem Treiben zu stören.

EIN BUCKELWAL TAUCHT AUF
Im aufgerissenen Maul dieses gerade aufgetauchten Wals erkennt man den Gaumen und die gebogenen Bartenreihen. Das große Kinn und die Kehle sind vom aufgenommenen Wasser und Krill stark geweitet.

INDISCHE GRINDWALE
Mit 7 m Länge und über 1 t Gewicht gehören Grindwale zu den größten Delphinen. Wie viele Zahnwale bleiben sie dicht beisammen und jagen im Team.

IN KONTAKT BLEIBEN
Wenn sie Fisch- und Tintenfischschwärme verfolgen, tauchen Delphine bis zu 300 m tief. Dabei senden sie Klick- und Quieklaute aus, die der Beuteortung und der Information der Artgenossen dienen.

DELPHINE — KURZPORTRÄT

Alle Mitglieder der Delphinfamilie sind stromlinienförmige, flotte Schwimmer, die aus dem Wasser schnellen können, etwa um zu prüfen, wo sie sind, wo sich der Rest ihrer Schule gerade befindet, um Räubern wie Haien zu entkommen oder um Beuteschwärme zu orten oder zusammenzutreiben. Die Größenskala der Delphine reicht vom Commerson-Delphin mit nur 1,5 m und 80 kg Gewicht bis zum ähnlich gefärbten Schwertwal, der 6 Mal länger und 100 Mal schwerer ist.

DALL-HAFEN-SCHWEINSWAL

AMAZONASDELPHIN

COMMERSON-DELPHIN

ZAHNWALE DER WELT

Die Unterordnung der Zahnwale oder *Odontoceta* umfasst sechsmal so viele Arten wie die der Bartenwale. Dazu zählen die einzigen Süßwasserarten (5 Flussdelphine) sowie die Schweinswale (6 Arten), Gründelwale (Weißwal oder Beluga und Narwal) und Pottwale (3 Arten), außerdem die tief tauchenden, selten zu sehenden Schnabelwale (19 Arten) und die Delphine (33 Arten). Alle sind aktive, schnelle Räuber. Schweinswale gründeln in Küstennähe nach Fischen und Schalentieren, Delphine jagen im Oberflächenwasser Fisch- und Tintenfischschwärme und Schnabelwale tauchen auf hoher See nach Krebsen, Seesternen und Seeigeln.

Fast alle Zahnwale sind soziale Säuger, die in relativ kleinen, recht stabilen Gruppen – den Schulen – mit meist weniger als 20 Artgenossen zusammenleben. Die Bindungen halten lange, oft wird auch bei der Jagd zusammengearbeitet. Die Gruppenmitglieder kommunizieren mit Tönen und Körperhaltungen. Einzelne Schulen können zeitweise mit anderen (manchmal auch

solchen anderer Walarten) zu größeren Herden verschmelzen. Weshalb sie dies tun, ist unbekannt. Eine gemischte Schule aus Grindwalen, Großen Tümmlern, Delphinen und evtl. sogar kleinen Bartenwalen kann aus mehreren Tausend Tieren bestehen.

JAGDTECHNIKEN

Viele Zahnwale schwimmen so schnell und tauchen so tief, dass ihre Jagd draußen im Meer schwierig zu dokumentieren ist. Am besten sind die Arten untersucht, die in Gefangenschaft leben: Große Tümmler und Schwertwale oder Orkas, die größten Delphine. Beide beweisen ihre Intelligenz, indem sie Kunststücke erlernen, bisweilen sogar selber welche erfinden. In Freiheit besteht eine Schwertwalschule aus einer Großfamilie, die von einem alten Weibchen, der Matriarchin, angeführt wird. Die Mitglieder kommunizieren mit Pfiffen, Klicks, Quieken und Grunzen. Sie beherrschen mehrere Jagdtechniken: Oft kreisen sie einen verstreuten Fischschwarm ein und schwimmen dann so auf ihn zu, dass eine kompakte Masse entsteht, oder sie treiben den Schwarm in eine seichte Bucht. In manchen Gegenden schwimmen Schwertwale auf den Strand und packen unvorsichtige Seelöwen oder -hunde (S. 194–195), oder sie kippen kleine Eisschollen um, damit die Beute ins Wasser rutscht.

PARASITENPASSAGIERE
Viele Waltiere – v.a. die langsamer schwimmenden Bartenwale wie etwa der Grauwal – werden von Parasiten wie Entenmuscheln, Röhrenwürmern und krabbenartigen Krustentieren, den Fischläusen, überwuchert.

RIESIGE JÄGER
Pottwale – die größten Fleisch fressenden Räuber der Erde – ruhen oft dicht an der Wasseroberfläche und streicheln andere Schulenmitglieder mit ihrer Fluke und den Flossen.

VOM LAND INS MEER: WALENTWICKLUNG

EVOLUTION

Nach dem Aussterben der großen Meeresreptilien vor 65 Mio. Jahren entwickelten sich die Säuger sehr zügig. Einige zog es ins Meer. Eines der ersten bekannten Waltiere, das vor etwa 50 Mio. Jahren lebte, war *Pakicetus*, dessen Fossilien in Pakistan entdeckt wurden. Es entwickelte sich vermutlich aus einem frühen Ungulaten (Huftier), der eine karnivore und semiaquatische Lebensweise annahm. Vor 35 Mio. Jahren hatte sich Basilosaurus, dessen Fossilien aus Nordostamerika stammen, gänzlich ans Wasser angepasst: Er hatte bereits Flossen statt Vorderbeinen, keine Hinterbeine und eine breite Fluke am Ende des Schwanzes.

PAKICETUS
Auf halbem Wege zum Wal, konnte sich *Pakicetus* mit seinen paddelähnlichen Gliedmaßen an Land und im Wasser fortbewegen. Er war 1,8 m lang.

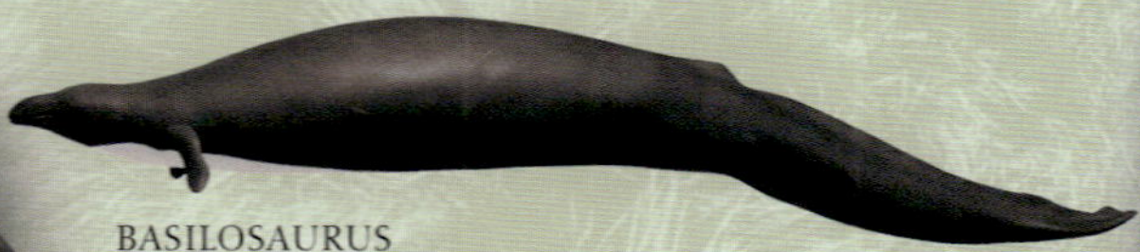

BASILOSAURUS
Dieser vollständig im Wasser lebende, 25 m lange Wal war gestreckter als heutige Zahnwale – fast schon aalförmig.

POTTWAL
Der am besten an die Tiefsee angepasste Wal ist der Pottwal: Er kann tiefer als 2000 Meter tauchen und länger als 2 Stunden unten bleiben.

POLARE HABITATE
Inseln mit steinigen Stränden in den subpolaren Gewässern bieten »Anlandeplätze« für Robben, doch im Winter sind sie mit Eis überzogen und zu kalt für andere Lebewesen. Näher an den Polen kalben ständig gewaltige Gletscher und bilden riesige Eisberge und Eisschollen.

POLARREGIONEN

Arktis und Antarktis unterscheiden sich stark: Erstere ist ein flacher, fast völlig von Land umgebener Ozean, letztere ein gigantischer Kontinent mit tiefem Meer ringsum. Doch beide haben einen kurzen Sommer, in dem das Wasserleben erblüht und zahllosen Meeressäugern Nahrung liefert.

EXTREMBEDINGUNGEN

Nirgendwo sonst auf der Erde zeigen sich die Jahreszeiten extremer als an den Polen. Wenn das 6-monatige Dauerdunkel des Winters dem rasch zunehmenden Tageslicht des Frühlings weicht, erblühen die winzigen Planktonpflanzen im kalten, aber nährstoffreichen Wasser. Die Kleinsttiere, die von ihnen zehren, sind Futter für Fische, Krill, Tintenfische und andere kleine Räuber, die wiederum von einigen der größten Fleischfresser verzehrt werden.

Viele Großwale (S. 198–203) wandern Tausende von Kilometern, um sich an der Ernte des 4-monatigen Polarsommers voll zu fressen, bevor sie in die wärmeren, aber nährstoffarmen subtropischen Gewässer zurückschwimmen, wo sie den Winter über fasten. Kleinere Wale und zahlreiche Robben unternehmen kürzere Reisen von einigen Hundert Kilometern. Sie folgen im Frühling dem schwindenden Eis polwärts und kehren im Herbst zurück, wenn sich Gletscher, Eisschollen und Eisberge wieder ausbreiten.

Rund die Hälfte aller 34 Robbenarten lebt zumindest einige Monate des Jahres in arktischen und subarktischen Gewässern. Mit ihrem dichten Fell und der dicken, isolierenden Speckschicht sind sie vorzüglich gegen die Kälte gewappnet. Der Speck hilft auch, die Körperkonturen abzurunden und das Tier fürs Schwimmen stromlinienförmig zu machen; zudem ist er Notration für magere Zeiten. Um bei Temperaturen um den Gefrierpunkt eine hohe Körpertemperatur aufrechtzuerhalten und genügend Kraft für das Tauchen nach flinker Beute aufzubringen, brauchen Robben viel Energie: Ihre Nahrung besteht zu 100 % aus Fleisch und in Relation zum Körpergewicht fressen sie fünfmal mehr als der Mensch.

FRISCHLUFT
Überfriert eines ihrer Atemlöcher, rammt und beißt sich die Weddell-Robbe durch die frische, bis zu 20 cm dicke Eisdecke, um Luft zu schnappen.

VERSCHNAUFPAUSE
Dieser männliche See-Elefant (wegen der rüsselartigen Nase und massigen Gestalt so benannt) macht eine Pause vom Brüllen und Rivalenbeißen.

SCHNELL UND TÖDLICH
40 % der Nahrung des Seeleoparden sind Warmblüter: andere Robben, Vögel und kranke, schwache Wale. Den Rest bilden Tintenfische, Fische, Muscheln und Krill.

ÜBERLEBEN IM EIS

Zur Fortpflanzung müssen Robben das Wasser verlassen. Im Sommer wimmelt es auf den kleinen Inseln, Eisschollen und Eisbergen der antarktischen Gewässer von Männchen, die um Weibchen buhlen, und von Weibchen, die ihre Jungen säugen. Am weitesten südlich pflanzt sich der Krabbenesser fort, der seine Jungen auf dem Packeis um die Antarktis großzieht. Sein Gesamtbestand wird auf 15 Mio. geschätzt, damit ist er vermutlich das häufigste größere Wildtier der Welt – und wohl auch das am unpassendsten benannte: In seinem Lebenraum gibt es überhaupt keine Krabben. Mit ihrem Seihgebiss siebt diese Robbe stattdessen Krill aus dem Wasser. Wie die meisten Robben taucht sie etwa 50 m tief und bleibt einige Minuten unter Wasser. Wesentlich besser tauchen kann die Weddell-Robbe (links), die Tiefen von 500 m erreicht und bei ihrer Suche nach Fischen, Tintenfischen und anderer Beute mehr als eine Stunde untergetaucht bleibt. Wenn sich im Winter das Eis ausbreitet, taucht die Weddell-Robbe bei der Jagd zum Luftschöpfen durch Löcher in der Eisschicht auf, deren Position sie sich merken muss. Das Jagen und die Aufgabe, das Loch eisfrei zu halten, beschäftigt sie vollauf.

Ein wenig länger, mit 350 kg aber leichter ist der geschmeidige Seeleopard (unten links). Wie sein Großkatzenname andeutet, hat er ein getupftes Fell und ist ein formidabler Jäger. Er erbeutet recht große Tiere, etwa Pinguine, Albatrosse und Robben.

FECHTWETTBEWERB EVOLUTION

Der obere linke Schneidezahn des männlichen Narwals hat sich zu einem durch die Lippe wachsenden Spieß entwickelt – je älter das Tier, umso länger der Stoßzahn (bis max. 3 m). Ihr Futter saugen Narwale mit den kräftigen Lippen und der Zunge ein; der spiralige Zahn dient also nur dazu, männliche Rivalen während der Fortpflanzungszeit in »Fechtwettbewerben« einzuschüchtern.

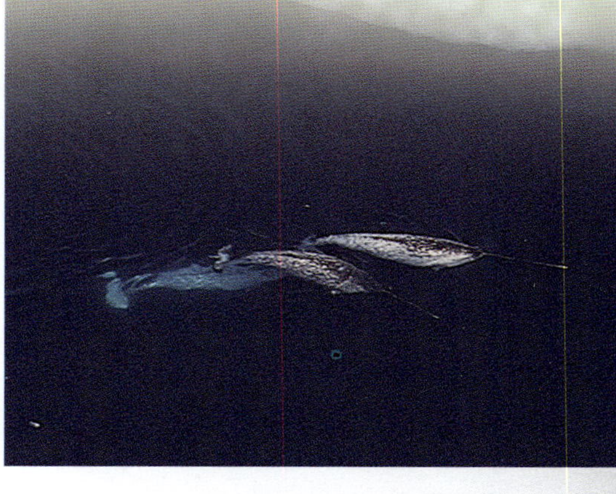

WIRKLICH ARKTISCH
Von allen Säugern lebt der Narwal am dauerhaftesten im Norden. Er sucht im Treibeis Futter, am Rande der Eisdecke.

ENERGIE SPAREN
(Oben) Krabbenesser ruhen auf einer Eisscholle. (Rechts) Unter dem Eis jagen sie nach den kleinen Fisch- und Krillschwärmen.

TASTHAARE UND STOSSZÄHNE

Die drittgrößte Robbe (nach dem Südlichen und Nördlichen See-Elefanten) ist – mit 2 Tonnen – das Walross. Es bewohnt die Küsten des Nordpolarmeeres, des nördlichen Pazifiks und des Nordatlantiks. Seine Vorderflossen ähneln denen eines Seelöwen: An Land kann es seine vordere Körperhälfte darauf abstützen. Seine Hinterflossen gleichen eher denen eines Seehundes, sind also äußerst effektiv im Wasser, aber nutzlos an Land. Wie andere Robben ist das Walross gut an die eisigen Bedingungen seines Lebensraumes angepasst. Zusätzlich zum isolierenden Speck hat dieses massige Tier eine faltige Haut, bis zu 4 cm dick und spärlich mit rund 1 cm langen Haaren bedeckt. Auf der stumpfen Schnauze sprießen lange, dicke Tasthaare. Seine Haut ist graubraun; ruht das Walross jedoch in der Sonne, weiten sich seine Blutgefäße, um die Wärmeaufnahme zu erhöhen. Als Folge färbt sich seine Haut rot. Bei Kälte und im Wasser ziehen sich die Blutgefäße wieder zusammen, um den Wärmeverlust zu reduzieren.

Das Walross wird in der Robben-Unterordnung als eigene Familie geführt: *Odobenidae*, also »Zahnläufer«. Arktisforscher hatten im 18. Jahrhundert berichtet, dass Walrosse an Land die langen Stoßzähne wie Pickel ins Eis rammen, um ihre Körper damit vorwärts zu ziehen. Beide Geschlechter haben solche verlängerten oberen Fangzähne, die nicht vor Ende des zweiten Lebensjahres über die Lippen hervortreten. Die Stoßzähne der Weibchen sind meist kürzer, schmaler und gebogener als die gleichaltriger Männchen. Ältere Bullen haben die längsten Stoßzähne: bis zu einem Meter.

STATUSSYMBOLE

Die »Eispickeltechnik« benutzen Walrosse gelegentlich, um sich am Rand des Eises aus dem Wasser zu ziehen. Ihre Stoßzähne setzen sie auch zur Verteidigung gegen Eisbären und Schwertwale ein, oder um Löcher ins Eis zu brechen, durch die sie dann abtauchen, um in bis zu 100 m Tiefe nach Nahrung zu suchen; zudem lässt sich mit ihnen Futter vom Meeresboden kratzen. Vor allem aber zeigen die Zähne Alter und Status an. Walrosse sind gesellig und ruhen in großen Herden, die manchmal Hunderte von Tieren umfassen. Die dominanten Bullen – die mit den größten Stoßzähnen – haben nicht nur Zugang zu den besten Ruheplätzen, sondern während der 3-monatigen Fortpflanzungszeit auch zu den Weibchen.

Bullen werden mit ca. 10 Jahren geschlechtsreif, doch meist haben sie erst mit ca. 15 Jahren die nötige Körpermasse und Stoßzahngröße, um im Wettbewerb um ein Weibchen zu bestehen. Die Kühe, etwa halb so schwer wie Bullen, bekommen ihr erstes Junges mit 6–7 Jahren; die Kälber werden mit rund 18 Monaten entwöhnt. Werbende Walrossbullen machen viel Lärm: Wann immer die Weibchen sich zum Fressen ins Meer begeben, werden sie von den Männchen mit lauten, langen Unterwasserrufen gelockt: mit Pfiffen, Glockenklängen, Pochen und etwas, das wie Beifallklatschen klingt.

WASSERREVIER — VERHALTEN

Walrossbullen kämpfen miteinander geräuschvoll um kleine Reviere gleich vor dem Strand. Von diesen Stützpunkten aus rufen sie nach vorbeikommenden Weibchen. Auseinandersetzungen zwischen ebenbürtigen Bullen können über symbolische Stöße hinausgehen und zu Verletzungen führen; tödliche Ausgänge sind aber selten. Kühe haben bisweilen ähnliche, aber weniger heftige Streitigkeiten.

GEZÜCKTE MESSER
Die Haut auf den Schultern älterer Männchen ist mit Narben aus vielen Kämpfen übersät.

ÜBERFÜLLTER STRAND
Im Wasser besteht eine typische Walrossgruppe aus einigen Weibchen mit ihren Jungen, die sich beim Sonnenbaden am Strand mit anderen Gruppen zusammentun. Auch Bullen mischen sich darunter.

ZWISCHEN ZWEI MAHLZEITEN
Ein junges Walross ruht mit dem Kinn auf der Vorderflosse. Ist es hungrig, sucht es den Meeresgrund nach Würmern, Schalentieren und am Boden lebenden Fischen ab, die es mit seiner empfindlichen Schnauze und den langen Tasthaaren findet.

GLOSSAR

A

Aquatisch Im Wasser lebend.

Arboreal Ganz oder teilweise auf Bäumen lebend.

Art Eine Gruppe ähnlicher Organismen, die sich in freier Wildbahn untereinander fortpflanzen und fruchtbare Nachkommen hervorbringen können, welche sich ähnlich sehen. Arten sind die grundlegenden Einheiten in der biologischen Systematik. Bei einigen Arten gibt es Populationen, die sich voneinander unterscheiden. Sind die Unterschiede groß und leben die Populationen in getrennten Gebieten, werden sie als Unterarten bezeichnet.

B

Beute Ein Tier, das von einem Beutegreifer gefressen wird.

Beutegreifer Ein Tier, das ein anderes (seine Beute) fängt, tötet und frisst. Einige Beutegreifer, auch Räuber genannt, lauern ihren Opfern auf, die meisten aber jagen ihnen nach.

Biogeografie Lehre von der Verbreitung der Pflanzen und Tiere auf der Erde.

Biom Eine charakteristische Lebensgemeinschaft von Tieren und Pflanzen in einem bestimmten Lebensraum.

Bovide Ein Hufe tragendes Säugetier der Ordnung Paarhufer, z.B. Antilopen, Büffel, Rinder, Schafe und Ziegen.

Brunftplatz Eine Stelle, an der sich Männchen, z.B. Hirsche, in Werbezeremonien zur Schau stellen oder miteinander wettstreiten.

Brunftzeit Eine Phase in der Fortpflanzungszeit, in der Männchen miteinander kämpfen, um als Sieger die Möglichkeit zur Verpaarung zu bekommen.

C

Caniden Die Mitglieder der Familie *Canidae*, einer Gruppe von Raubtieren, zu der die Wölfe und Hunde gehören. Auch Hundeartige genannt.

Chaparral Bewuchs, der sich aus immergrünen, Laub tragenden Büschen, Sträuchern und kleinen Bäumen (meist unter 2,5 m) zusammensetzt, welche gemeinsam oft ein undurchdringliches Dickicht bilden – typisch für Regionen mit heißen, trockenen Sommern und milden, feuchten Wintern.

D

Dasyuriden Die australische Familie der Raubbeutler, zu der die Beutelmarder, Beutelmäuse und -ratten sowie Beutelwölfe zählen.

Domestiziert Ganz oder teilweise unter menschlicher Kontrolle lebend. Bei vielen Tieren wurde durch die Zucht eine Vielzahl von Rassen erzeugt, die es in freier Wildbahn nicht gibt. Siehe: verwildert.

E

Echoortung Eine Methode, um mittels hochfrequenter Laute Objekte in der Nähe zu lokalisieren. Mit den von anderen Tieren und Hindernissen zurückgeworfenen Echos kann sich der Sender ein »Bild« von seiner Umgebung machen. Wird von mehreren Tiergruppen verwendet, z.B. Fledermäusen.

Eingeführte Art Eine Art, die zufällig oder absichtlich in ein Ökosystem verbracht wurde, in dem sie sonst nicht vorkäme.

Einheimisch In einem Gebiet entstanden oder schon sehr lange dort vorkommend.

Endotherm Fähig, unabhängig von den Umgebungsbedingungen eine konstante Körpertemperatur aufrechtzuerhalten. Auch warmblütig genannt.

Entwöhnung Die Lebensphase, in der die Mutter ihren Jungen immer weniger Milch zur Verfügung stellt.

F

Familie Eine Kategorie in der biologischen Systematik. Eine Familie ist Bestandteil einer Ordnung und wird in Gattungen untergliedert.

Filtrierer Tiere, die sich von kleinen Futterbestandteilen ernähren, die sie aus dem Wasser seihen, z.B. Bartenwale.

Fjord Ein langer, schmaler Meeresarm, der sich ins Binnenland ausdehnt und durch Überflutung von Gletschertälern mit Meerwasser entstanden ist.

Flossen Paddelförmige Gliedmaßen von Meerestieren.

Fluke Die Schwanzflosse der Waltiere. Anders als die Schwanzflosse der Fische ist sie horizontal ausgerichtet und bewegt sich auf und ab.

G

Gattung (lat. Genus; Mehrzahl: Genera) Eine Kategorie in der biologischen Systematik. Eine Gattung ist Bestandteil einer Familie und wird in Arten untergliedert.

Geweih Ein knöcherner Auswuchs am Kopf eines Hirsches. Anders als Hörner sind Geweihe oft verzweigt und werden – in Abhängigkeit vom Fortpflanzungszyklus – meist jährlich abgeworfen und wieder neu gebildet.

Gondwana Hypothetischer einstiger Superkontinent der Südhalbkugel, der aus dem heutigen Südamerika, Afrika, Australien, Indien und Großteilen der Antarktis bestand.

Groomen Soziale Fellpflege der Primaten, nach dem engl. *to groom* = striegeln, pflegen.

H

Habitat Lebensraum. Wohngebiet einer Art oder Population.

Herbivore Ein Tier, das sich nur von Pflanzen oder pflanzlichem Plankton ernährt.

Horn Ein harter, spitzer Auswuchs am Kopf eines Tieres. Anders als ein Geweih ist ein Horn hohl und besteht aus Keratin.

I

Insektivore Ein Tier, das sich von Insekten ernährt. Auch Bezeichnung für die Säugerordnung der Insektenfresser (*Insectivora*).

K

Kaltblütig Die Körpertemperatur ist hauptsächlich von den Umgebungsbedingungen abhängig. Auch (treffender) wechselwarm genannt.

Karnivore Ein Tier, das Fleisch frisst. Auch Bezeichnung für Vertreter der Ordnung Raubtiere (Carnivora).

Kobel Das in einem Baum angelegte Nest eines Eichhörnchens.

Koniferen Nadelhölzer. Diese Unterklasse gehört zur Klasse der Pinatae (holzige Pflanzen, die ihre Samen und Pollen in getrennten, zapfenförmigen Strukturen bilden).

Krustentier Ein Mitglied der Klasse *Crustacea*, einer Gruppe wirbelloser Tiere, von denen es weltweit etwa 39 000 Arten gibt. Vertreter sind u.a. Krabben, Hummer und Garnelen.

L

Laubgehölz Baum oder Busch, der keine Nadeln, sondern flächige Blätter hat. Man unterscheidet Laub werfende (sommergrüne) und immergrüne Laubgehölze.

M

Marsupialier Ein Mitglied der Säugerordnung Beuteltiere (*Marsupialia*), deren Junge unreif geboren werden und ihre Entwicklung fortsetzen, während sie an den Zitzen am Bauch der Mutter hängen.

Mäander Extreme, u-förmige Krümmung in einem Flusslauf, meist mehrfach hintereinander auftretend. Verursacht durch die besonderen Fließeigenschaften des Wassers.

Monotremen Mitglieder der Eier legenden Säugerordnung Kloakentiere (*Monotremata*), z.B. die australischen Schnabeltiere und Schnabeligel.

Morphologie Gestalt und Bau; die Form eines Tieres oder seiner Körperteile.

N

Nahrungskette Der Weg der Nahrung, der zwei oder mehr unterschiedliche Arten so verbindet, dass jeweils eine das Futter der nächsthöheren darstellt. An Land ist das erste Glied gewöhnlich eine Pflanze, im Wasser meist eine Alge oder ein anderer Einzeller.

O

Ökosystem Ein Lebensraum und alle darin lebenden Arten.

Omnivore Ein Tier, das sowohl pflanzliche als auch tierische Kost zu sich nimmt.

Opponierbar Gegenüberstellbar. Ein opponierbarer Daumen, wie ihn viele Primaten haben, kann gegen die anderen Finger gepresst werden.

Ordnung Eine Kategorie in der biologischen Systematik. Eine Ordnung ist Bestandteil einer Klasse und wird in Familien untergliedert.

P

Paarhufer (= *Artiodactyla*) Huftiere mit einer geraden Zehenzahl, etwa Kamele, Hirsche und Rinder.

Pampa Weite, grasbedeckte Ebene in Südamerika, von der Atlantikküste im Westen zu den Andenausläufern, v.a. in Argentinien.

Patagium Die zweischichtigen Hautlappen, die bei den Fledermäusen die Flügel bilden. Wird auch für die fallschirmartigen Hautstrukturen der Riesengleiter und anderer gleitender Säuger verwendet.

Plazenta Ein Organ, mit dem ein Säugerembryo bis zu seiner Geburt dem mütterlichen Blutkreislauf Nährstoffe und Sauerstoff entnehmen kann. Tiere, die sich so entwickeln, werden Plazentatiere oder plazentale Säuger genannt.

Plazentale Säuger Plazentatiere oder Plazentalier. Siehe: Plazenta.

R

Räuber Siehe Beutegreifer.

Raubtier Mitglied der Ordnung *Carnivora*. Zwei Unterordnungen: Landraubtiere und Wasserraubtiere oder Robben.

Refugium Rest des alten Lebensraums, an den ein Tier angepasst ist; Rückzugsgebiet, in dem es eine Klimaveränderung o.Ä. überleben kann.

Reisszähne Sehr kraftvolle, tief verwurzelte, klingenartige Zähne im Fang von Karnivoren, mit denen Fleischstücke abgetrennt und Knochen durchgequetscht werden.

Revier Ein Gebiet, das regelmäßig von einem Tier genutzt wird – hier findet es Nahrung, Schutz und Fortpflanzungsmöglichkeiten.

Rüssel Verlängerte Nase, die als Wühl- oder Greifwerkzeug eingesetzt wird.

S

Savanne Grasland der Tropen, meist mit vereinzelten Laubgehölzen.

Sasse Eine Vertiefung im Untergrund, in der Hasen sich selbst oder ihre Jungen verbergen.

Semiaquatisch Teils im Wasser und teils an Land lebend.

Steppe Graslandgebiet ohne Bäume, aber mit trockenresistenten, flachwüchsigen Gräsern. (Am häufigsten als Bezeichnung für den 8000 km langen Graslandgürtel, der von Ungarn im Westen über die Ukraine und Zentralasien bis in die Mandschurei im Osten reicht.)

Stosszahn Ein modifizierter Zahn, der meist aus dem Maul herausragt. Stoßzähne werden verschieden genutzt, z.B. zur Verteidigung und zum Graben nach Futter. Bei einigen Arten tragen sie nur die Männchen, dann dienen sie oft der Qualifikation als Paarungspartner.

Subtropisch Beidseitig an die Tropen anschließende Klimazone. Siehe: tropisch, temperiert.

Synapsiden Ausgestorbene Unterordnung säugerähnlicher Reptilien der Trias.

T

Tarnkleid Färbung oder Zeichnung, die einem Tier erlaubt, optisch mit dem Hintergrund zu verschmelzen. Dient als Schutz vor Beutegreifern und zur Tarnung beim Anpirschen.

Temperiert Gemäßigtes Klima mit langen, warmen Sommern und kurzen, kalten Wintern.

Terrestrisch Ganz oder teilweise auf dem Boden lebend.

Territorium Ein Gebiet, das von einem Tier oder einer Tiergruppe gegenüber Artgenossen verteidigt wird. In einem Territorium gibt es oft nützliche Ressourcen, mit denen ein Männchen eine Partnerin anlocken kann. Siehe: Revier.

Tropisch Von hohen Temperaturen, Feuchtigkeit und Regenfällen geprägtes Klima in einem Streifen um den Äquator, zwischen dem nördlichen und dem südlichen Wendekreis.

U

Unpaarhufer (= *Perissodactyla*) Huftiere mit einer ungeraden Anzahl Zehen, z.B. Pferd, Tapir und Nashorn.

Unterart Siehe: Art.

Unterfamilie Eine Kategorie der biologischen Systematik, die zwischen einer Familie und einer Gattung liegt.

Unterordnung Eine Kategorie der biologischen Systematik, die zwischen einer Ordnung und einer Familie liegt.

Unterwolle Das dichte Fell, das der Haut eines Tieres am nächsten liegt. Meist ist sie weich und isoliert gut.

Ungulat Hufe tragender Säuger.

V

Vertebrat Wirbeltier. Ein Tier mit einer Wirbelsäule.

Verwildert Ein Tier, das von einer domestizierten Rasse abstammt, nun aber wieder in der freien Wildbahn lebt. Man kennt v.a. verwilderte Katzen, Tauben und Pferde.

W

Warmblütig Siehe: endotherm.

Wechselwarm Siehe: kaltblütig.

Winterruhe Winterliche, nicht sehr tiefe, häufig zur Nahrungsaufnahme unterbrochene Ruhe- und Schlafphase vieler Säuger.

Winterschlaf Eine Schlafperiode im nahrungsarmen Winter, in der die Körperfunktionen eines Säugetieres stark herabgesetzt sind, um Energie zu sparen.

REGISTER

Fett gedruckte Seitenzahlen verweisen auf Abbildungen.

A

B

C

D

DANK

Dank des Redaktionsbüros
Vielen Dank an Jo Weeks (Korrektorat), Hilary Bird (Register), Jon Hughes (Illustrationen) und Rob Stokes (Karten). Dank an Sue Gordon, Aaron Brown, Tom Butler, Emily Hawkins und Abbey Cookson-Moore für redaktionelle Unterstützung. Besonderer Dank gilt Mic Cady für seine grenzenlose Energie und Begeisterung während des gesamten Projekts und sein unschätzbares Organisationstalent in der entscheidenden Anfangsphase. Danke auch an die Mitarbeiter von DK, OSF und Smithsonian, insbesondere Angeles Gavira und Ina Stradins. Ein ganz spezieller Dank gebührt Dr. George C. McGavin.

Bildnachweis
Der Verlag dankt den folgenden Personen und Organisationen für die Genehmigung zum Abdruck ihrer Fotos.

(Abkürzungen: o = oben, u = unten, r = rechts, l = links, m = Mitte, g = ganz; OSF = Oxford Scientific Films)

1: OSF/Mark Jones (m); 2-3: Getty Images/ Beverly Joubert; **4:** Corbis/Randy Wells (mru); **4:** OSF/Rafi Ben-Shahar (mro); **5:** OSF/Clive Bromhall (mlu), Frithjof Skibbe (or), L.L. Rhodes/ AA (ol); **5:** Royalty Free Images/Corbis (mlo), Getty/Digital Vision (mru); **8–9:** OSF/Richard Packwood; **10:** Corbis/Charles Philip (mlo); **10–11:** FLPA – Images of nature/Minden Pictures/Flip Nicklin **10:** OSF/Cynthia Moss (mgl); Mark Stouffer/AA (mor); Thomas Haider (u); **11:** OSF/Mike Hill (m), Raymond Mendez (oml); **12:** alamy.com/Steve Bloom (ul); **12:** OSF/Stan Osolinski (or), (omr); **13:** OSF/David Cayless (mro), Gerard Soury (ur), Mantis Wildlife Films (ul), OKAPIA (um), OSF (mru); **14:** OSF/Claude Steelman/SAL (mr), Des & Jen Bartlett/SAL (um); **14–15:** OSF/Norbert Rosing; **15:** OSF/ John Downer (uml), Mark Hamblin (umr), Martyn Colbeck (um), Stan Osolinski (ur), Werner Pfunder (m); **16:** Corbis/Tom Brakefield (mlo); **16:** N.H.P.A./John Shaw (ur); **16:** OSF/Daniel Cox (mlu), Eyal Bartov (ol), Nick Gordon (ur), Richard Herrmann (mlu), Stan Osolinski (ul); **17:** Corbis/John Conrad (u); **17:** OSF/Brian Kenney (mo), Daniel Cox (mro), Michael Leach (ol), Owen Newman (mru); **19:** Getty Images/ John Giustina. **20:** Corbis/Joe McDonald (mgl); **20:** DK Picture Library/Hunterian Museum (or); **20–21:** Getty Images/John Downer; **22:** OSF/ Ben Osborne (c), Nigel Smith/AA (mo), Paul Franklin (u); **23:** OSF/C. C. Lockwood/AA (m), Charles Palek (mo), Colin Monteath (or), Konrad Wothe (ur); **24:** Ardea London Ltd/Pat Morris (uml); **24:** Fotomedia/E. Hanumantha Rao (mro); **25:** OSF/K & L Laidler (mol); **26–27:** OSF/Rafi Ben-Shahar; **28:** Corbis/Gallo Images (ur); **28:** OSF/McKinnon Films Ltd. (mr); **29:** OSF/Gallo Images (mro), Martyn Colbeck (mgr), Rob Nunnington (um); **30:** OSF/Peter Lack (ol), Rafi Ben-Shahar (mo), Stan Osolinksi (mlo), Stan Osolinski (mgl); **30–31:** Rob Nunnington (m); **31:** Peter Cross (or); **32:** OSF/Norbert Rosing (mlo), Stan Osolinski (ol); **32–33:** Tim Jackson; **33:** Ardea London Ltd/Pat Moris (ur); **33:** Brock Fenton (or); **33:** N.H.P.A./Anthony Bannister (mru); **33:** OSF/Daniel Cox (omr), Steve Turner (om); **34–35:** OSF/David McDonald; **36:** Chris Mattison Nature Photographics/Martin Withers (om); **36:** OSF/Rafi Ben-Shahar (ur); **37:** Corbis/Jim Zuckerman (ur); **37:** OSF/ Johnny Johnson (o), Stan Osolinki (mru); **38:** Steve Bloom/steve bloom.com; **39:** Corbis/Chris Hellier (um); **39:** Peter Cross (or); **39:** Nigel Dennis (om), (oml); **39:** Chris Mattison Nature Photographics/ Martin Withers (omr); **39:** OSF (ur), Alan Root (mgr), Nick Gordom (mo); **40:** OSF/Berndt Fischer (mo); Michael Fogden (mgl); Richard Packwood (mlo); Stan Osolinski (ol). **40–41:** McKinnon Films Ltd (u); **41:** Ardea London Ltd/Chris Harvey (mro); **41:** Nigel Dennis (mgr); **41:** Brock Fenton (or); **41:** Mike Jordan (mru); **41:** OSF/Michael Fogdon (ur), Tim Jackson (om); **42:** Corbis/Tony Wilson-Bligh; Papilio (u); **42:** Peter Cross (ol); **42:** OSF/Alain Dragesco-Joffe (ml), Mark Deeble & Victoria Stone (mro); **43:** OSF/Richard Packwood **44:** OSF/Barbara Wright/AA (ul), David Cayless (mlo), Doug Allan (mgl), Richard Packwood (ol), Stan Osolinski (m); **45:** Corbis/Gallo Images (ur); **45:** OSF/Adam Jones (or), Mark Deeble & Victoria Stone (om); **46–47:** OSF/Anthony Bannister (u); **47:** Ardea London Ltd/Pat Moris (ur); **47:** Nigel Dennis (mgr); **47:** OSF/Jen & Des Bartlett (or), Owen Newman (om); **48:** OSF (mor), Partridge Films Ltd. (ol), Tony Bomford (mlo); **48–49:** Gallo Images (m); **49:** OSF/Adrian Bailey (mro), Bill Paton/SAL (mlo), Konrad Wothe (mru); **50–51:** OSF/Mark Deeble & Victoria Stone; **52–53:** OSF/Anthony Bannister; **52:** OSF/Gallo Images (ol), John Downer (um), Mary Plage (mgl); **54:** OSF/John Dower (mlo), Nick Gordan (mr), Richard Packwood (mgl), Steve Turner (ol); **54–55:** Martyn Colbeck (u); **55:** Ardea London Ltd/Alan Weaving (omr); **55:** Bruce Coleman Ltd/Rod Williams (om); **55:** DK Picture Library/ Jerry Young (ol); **55:** Brock Fenton (or); **55:** Nature Picture Library Ltd/Jeff Foott (oml); **55:** OSF/Stan Osolinksi (m); **56–57:** Corbis/ Gallo Images; **56:** S V Den Nieuwendjik (or); **56:** OSF/Konrad Wothe (um), Mike Birkhead (m); **56:** Art Wolfe (mlo); **58:** OSF/Ken Cole/ AA (ul); **58:** Kevin Schafer; **59:** Martin Harvey Photography (mr); **59:** FLPA – Images of nature: Terry Whittaker (ur); **59:** OSF/Gallo Images (mro), Richard Packwood (mo), Robert Harvey/ SAL (ul); **60:** Bruce Coleman Ltd/Rod Williams (m); **60:** OSF/David Haring (mlo), Mike Powles (om), (um); **61:** Nigel Dennis (mlu); **61:** Nature Picture Library Ltd/Alain Compost (mgl); **61:** OSF/Joe Blossom/SAL (um), Mark Pidgeon. **61:** Dave Watts (mlo); **62–63:** Corbis/Randy Wells. **64:** OSF/Daniel Cox (ur), Tom Ulrich (mr); **65:** Alamy (ur); **65:** Corbis/Farrell Grehan (mro); **65:** OSF/Judd Cooney (mu); **66:** OSF/Daniel Cox (um), John Gerlach (mgl), Mary Plage (mo), Professor Jack Dermid (mlo), Stan Osolinksi (ol); **67:** Alamy (u); **67:** OSF/Alan & Sandy Carey (mo), Wendy Shattil & Bob Rozinski (mro); **68:** OSF/Judd Cooney (oml); **68–69:** Getty Images/Paul und Lindamarie Ambrose (u); **69:** OSF/Stan Osolinski (or); **70:** N.H.P.A./Stephen Krassemann (mgl); **70:** OSF/Alan & Sandy Carey (m), Claude Steelman/SAL (mlu), Raymond Mendez/AA (ul), Wendy Shattil & Bob Rozinski (ol); **71:** Corbis/Westmorland (ur); **71:** OSF/James H. Robinson (mlo), Scott Camazine (mgr); Stan Osolinski (or); **72:** OSF/Alastair Shay (ol), Daniel Cox (u), Michael Fogden (mlo); **73:** Mary Clay (mgr); 73: Peter Cross (mro); **73:** OSF/Judd Cooney (ur), Mary Plage (om); **74:** OSF/Claude Steelman/SAL (ml), Michael H. Franci/OKAPIA (ol), Ronald Toms (m), Tom Ulrich (om); **74:** Corbis (um); **75:** Corbis/ Sanford/Agliolo (m); **76:** OSF/Judd Cooney; **77:** OSF/Henry Ausloos (m), Jack Wilburn (or), Richard Packwood (ur), Stan Osolinksi (mro); **78:** OSF/Daniel Cox (or), Erwin & Peggy Bauer (ur), Mike & Elvan Habicht (ul), Wendy Shattil & Bob Rozinski (ol); **79:** OSF/Alan Nelson (ur), Wendy Shattil & Bob Rozinksi; **80–81:** Corbis/ Farrell Grehan; **80:** OSF/Daniel Cox (mr), (mlu), Michael Fogden (mgl), Stan Osolinski (mlo), Zig Leszczynski (ol); **81:** Corbis/Chase Swift (ur); **81:** OSF/Breck P. Kent (om), Brian Kenney (mru), Norbert Rising (mro); **82:** OSF/C. C. Lockwood (mro), Daniel Cox (ul), Joe McDonald (ol); **83:** OSF/Alan & Sandy Carey (or), Liz Bomford (om), Ralph A. Reinhold (u); **84–85:** OSF/Stouffer Enterprises Inc; **86:** Robert E Barber (or); **86:** William Bernard Photography/William Bernard (omr); **86:** FLPA – Images of nature/S & D Maslowski (oml); **86:** OSF/Daniel Cox (m), Mike & Elvan Habicht (ur); 87: OSF/Richard Alan Wood; **88:** OSF/ Frank Huber (um), Tom Ulrich; **89:** OSF/E. R. Degginer (u), OKAPIA (mro), Ronald Toms (m); **90:** OSF/Lon E Lauber (m), Richard Kolar (mlo), Stan Osolinski (ol); **90–91:** Tom Ulrich (u); **91:** OSF/Alan & Sandy Carey (ol), Leonard Lee Rue (mlo), Mark Hamblin (or), Richard Packwood (mur), Rick Price (mru), Ted Levin (mgr); **91:** Andrey Zvoznikov (ur); **92:** OSF/ Bennett Productions/SAL (ul), Daniel und Julie Cox (mol); **92–93:** Norbert Rosing; **93:** OSF/ Dan Guravich (om), Daniel Cox (m), Sue Flood (um), (ur); **95–95:** OSF/L.L Rhodes; **96:** OSF/ Chris Catton (mru), Konrad Wothe (mgr); **97:** OSF/Michael Fogden (om), Rick Price/SAL (mru), Wendy Shattil & Bob Rozinski (mro); **98:** OSF/Berndt Fischer (ol), Colin Monteath (mlo); **98–99:** Wendy Shattil & Bob Rozinski; **99:** OSF/M Wendler/OKAPIA (or), Michael Dick/AA (mlo); **100–101:** Corbis/Tom Brakefield (l); **101:** Corbis/Martin Harvey; Gallo Images (or); **101:** OSF (ur), Alan Root/SAL (mgl); **102:** OSF/Chris Sharp (ol), Des & Jen Bartlett/ SAL (ul), Judd Cooney (m), Richard Packwood (mlo), (ml), Stan Osolinski (mul);

102–103: OSF/Rick Price/SAL; **103:** OSF/Partridge Films Ltd (or); **104:** N.H.P.A/Kevin Schafer (mlu); **104:** OSF/Daniel Cox (mgl), Konrad Wothe (m); **105:** OSF/Alan Root/SAL (mgr), Colin Monteath (mro), J. L. Klein & M. L. Hubert/OKAPIA (m), Konrad Wothe (or); Colin Monteath (mlo); Michael Fogden (ol); **106–107:** OSF/Chris Catton; **107:** OSF/David Macdonald (ur), Partridge Production Ltd. (om); **108:** OSF/Mary Plage (ol), Nick Gordan (m), (ul); Partridge Films Ltd. (mlo); **109:** Ardea London Ltd/K & L Laidler (or); **109:** N.H.P.A./Stephen Dalton (ur); **109:** OSF/Hans Reinhard/OKAPIA (mo), M. Wendler/Okapia (um), Partridge Films Ltd. (mru), Konrad Wothe (ul); **110–111:** OSF/Daniel Cox; 111: OSF/David Cayless (ur); **112:** OSF/David Tipling (mgl), Edward Parker (ol), Mike Powles (mlo); **112–113:** Michael Fogden; **114:** OSF/Brian Kenney (um), Martyn Colbeck (ur), (umr), Shane Moore (m); **115:** Bruce Coleman Ltd/Gunter Ziesler (mgr); **115:** N.H.P.A./Haroldo Palo Jr (ur); **115:** OSF/Brian Kenney (mo), Edward Parker (mu); **116:** Derek Harvey (omr); **116:** OSF/Manfred Pfefferle (mr), Mickey Gibson/AA (u); **117:** OSF/Edward Parker; **118:** OSF/Norbert Wu (ol); **118–119:** OSF/Michael Fogden; **119:** OSF/Michael Fogden (ur); **120:** OSF/Carol Farneti Foster; **121:** OSF/Aldo Brando (u), Mike Powles (or); **122–123:** OSF/Carol Farneti Foster; **124:** Corbis/Tom Brakefield (u), W. Perry Conway (ml); **124:** OSF/Mike Powles (om); **125:** OSF/Alan & Sandy Carey (or), Jany Sauvanet/OKAPIA (mr), (mu); **126–127:** Corbis; **128:** OSF/Roger Brown (mu); **129:** Nature Picture Library Ltd/Peter Scoones (ul); **129:** OSF/Bert & Babs Wells (mo), David Kurl (mr), Eric Woods (ur); **130:** Corbis/Charles Philip (ur); **130:** OSF/Bert & Babs Wells (mo), Kathie Atkinson (ol), (m), Michael Fogden (mgl), Roger Brown (mlo); **131:** OSF/Daniel Cox (mro), David Kurl (u), Richard Packwood (ol); **132:** OSF/Grant Dixon/HH (ol), Kathie Atkinson (ul), Nigel Westwood/SAL; **133:** Auscape/D. Parer & E. Parer-Cook (or); **133:** OSF/Eric Woods (u), Konrad Wothe (mol); **134:** OSF/Des & Jen Bartlett/SAL (mo), Kathie Atkinson (mlo), (mgl), Roger Brown (ol); **134–135:** Roger Brown (u); **135:** John Cancalosi (ur); **135:** Dr. C. Andrew Henley-Larus (umr), Dr. C. Andrew Henley-Larus (um); **135:** OSF/David Curl (or), Kathie Atkinson (oml); **136:** Ardea London Ltd/Hans & Judy Beste (mlu); **136:** Corbis/Joe McDonald (ur), Kevin Schafer (mru); **136:** OSF/Matthias Breiter (mlo); Roger Brown (ol); **137:** Nature Picture Library Ltd/Peter Scoones; **138:** OSF/Bert & Babs Wells (mo), Chris Perrins (mlo), Des & Jen Bartlett/SAL (ul), Kathie Atkinson (mgl), Lloyd Nielsen (ol); **139:** Peter Cross (ur); **139:** Foto Natura/Martin Harvey (mgr); **139:** OSF/Bert & Babs Wells (o); **140:** OSF/Hans & Judy Beste/AA (om), Hans & Judy Bester/AA (m), Robin Bush (ur); **141:** OSF/Daniel Cox; **142–143:** OSF/Bert & Babs Wells; **144:** OSF/Stanley Breeden; **145:** Chris Mattison Nature Photographics/Martin Withers (or); **145:** N.H.P.A./Ralph & Daphne Keller (mro); **145:** OSF/Belinda Wright (ul), Bert & Babs Wells (om), Konrad Wothe (mr); **145:** Dave Watts (mru), (ur); **146–147:** OSF/Clive Bromhall; **148:** OSF/Martyn Colbeck (mo); **148:** Getty Images/Art Wolfe (ur); **149:** Corbis/Nevada Wier (or); **149:** OSF/Ajay Desai (mr), Richard Packwood (ul); **150:** OSF/Colin Monteath (ol), David Tipling (mor), (mgl); George Reszeter (mlo); **150–151:** Getty Images/Art Wolfe (u); **151:** OSF/Dinodia Picture Agency (or), E R Degginger/AA (mlo); **152:** Corbis/Nevada Wier; **153:** OSF/David Tipling (mo), Konrad Wothe (mgr), Mike Powles (mro), Richard Davies (or), Stan Osolinski (ur); **153:** Otto Pfister (uml), (umr); **153:** Dave Watts (um); **154–155:** OSF/Martyn Colbeck; **156:** Ardea London Ltd/Kenneth W. Fink (mro); **156:** OSF/Henry M. Mix (ol), (mlo); **156–157:** Martyn Colbeck, (u); 156: Richard Matthews (mlu); **157:** OSF/Colin Monteath (or); **158:** Peter Cross (mru); **158:** OSF/Daniel Cox (mlo), Manfred Pfefferle (ol), Stan Osolinski (mgl); **158–159:** Richard Packwood (u); **159:** BIOS Photo/GV-PRESS/Seitre (ur); **159:** OSF/David Cayless (or); Stan Osolinksi (mgr); **159:** Still Pictures/Rowland Seitre (mru); **160:** FLPA – Images of nature/Terry Whittaker (ul); **160–161:** OSF/Jon Downer (o); **161:** OSF/Doug Allan (mgr), Konrad Wothe (ur); **162:** OSF/Mella Panzella/AA; **163:** BIOS Photo/Rowland Seitre (m), **163:** OSF/Michael Dick/AA (or), Stan Osolinski (ul), (umr); **164–165:** OSF/Ajay Desai (u), Colin Monteath (ol), Dinodia Picture Agency (mo), (mgl); **165:** Ardea London Ltd/Pat Morris (mgr); **165:** Bruce Coleman Ltd/Alain Compost (or), (mru); **165:** F. Jack Jackson (ur); **165:** Mark Kostich Photography (mro); **165:** OSF/Krupaker Senani (mlo); **166:** OSF/Peter Weimann (or), Stan Osolinski (mo); **167:** OSF/Keith & Liz Laidler (m), Mike Powles (mlu); **168:** OSF/Bob Bennett (om), **168–169:** OSF/Mike Hill (m); **169:** OSF/Barbara von Hoffman (mru), Daniel Cox (mro); **170:** OSF/Alan Nelson (mgl), Jorge Sierra Antinolo (um), Kathie Atkinson (or), Stan Osolinksi (ol); **171:** OSF/David Haring; **172:** OSF/Partridge Prod Ltd (om), Partridge Prod. Ltd (u); **173:** OSF/Hans & Judy Beste/AA (r), Vivek Sinha/SAL (l); **174–175:** OSF/Frithjof Skibbe; **176:** Corbis/Pat Jerrold; Papilio (ur); **176:** OSF/Chris Knight/SAL (mo); **177:** OSF/Berndt Fischer (mr), Gordon Maclean (or); **178:** OSF/Berndt Fischer (mlo), Chris Knight/SAL (u), Simon Tupper (ol); **179:** OSF (ur), Bill Paton/SAL (or), Carlos Sanchez Alonso (mlo), Mark Hamblin (ml), Tony Tilford (mgr); **180:** OSF/Daniel Cox (mur), Daniel Valla/SAL (ol), Harold Taylor (mlo), Konrad Wothe (mgl), Mark Hamblin (ul), Mike Brown (mor); **180:** Dave Watts (umr); **181:** Corbis/Pat Jerrold; Papilio (ur) **181:** OSF/David Tipling (ol); **182:** OSF/Gordon Maclean; **183:** OSF (ml), Berndt Fischer (mro), Doug Allen (or), Niall Benvie (mgr); **184:** OSF/Mike Birkhead (uml), Norbert Rosing (mor), Paolo Fioratti (mgl), Philippe Henry (mlo), Richard Packwood (ol), Tony Bomford/SAL (mul); **185:** OSF/Berndt Fischer (m), Peter Weimann/AA (ur); **186–187:** OSF/Keith Ringland; **188:** OSF (uml), Mark Hamblin (m); **189:** OSF/Ian West (mol), Owen Newman (ul), Philippe Henry (or); **190–191:** Getty/Digital Vision; **192:** OSF/Jeff Foott/Okapia (m); **193:** OSF/Ben Osborne (oml), Tui De Roy (ul), Dinodia Picture Agency (mlo), Robin Bush (ol); **194–195:** OSF/Claude Steelman/SAL; Jeff Foott/Okapia; **195:** William Bernard Photography/William Bernard (or); **195:** OSF/Gerard Soury (mr), Jeff Foott/Okapia (mru), Richard Herrmann (omr); **196:** Peter Cross (or); **197:** OSF/Jeff Foott/OKAPIA (mgr), Lon E Lauber (or); **198:** OSF/Gerard Soury (mlu), (mor), Peter Ryley (ol); **198–199:** Tui De Roy (ul); **199:** OSF/Daniel Cox (ur), Gerard Soury (om), (mlo); **200–201:** OSF/Duncan Murrell; **202:** Ardea London Ltd/Andrea Florence (uml); **202–203:** OSF/David Fleetham, Gerard Soury (ml), (um), Tony Bomford (ul); **203:** OSF/Gerard Soury (mr), Howard Hall (ur), Richard Kolar/AA (or); **204:** OSF/Ben Osborne (mlo), (mgl), Daniel Cox (ol), Doug Allan (mo), (ul), (ur); **205:** OSF/Ben Osborne, Rick Price/SAL (ur); **206–207:** OSF/Stan Osolinski, (u); **207:** OSF/Lon E Lauber (om), Norbert Rosing (mgr).

Der Verlag hat alle Anstrengungen unternommen, um sämtliche Rechtehalter zu ermitteln und entschuldigt sich im Voraus für eventuelle versehentliche Auslassungen. Auf Hinweis werden wir im Fall einer Nachauflage gerne die entsprechenden Bildnachweise ergänzen.